내 방에서 떠나는 우주여행

내 방에서 떠나는 우주여행 상 - 우주여행 설명서 편

발행일 2022년 12월 28일

지은이 윤영은
펴낸이 손형국
펴낸곳 (주)북랩
편집인 선일영 편집 정두철, 배진용, 김현아, 류휘석, 김가람
디자인 이현수, 김민하, 김영주, 안유경, 한수희 제작 박기성, 황동현, 구성우, 권태련
마케팅 김회란, 박진관
출판등록 2004. 12. 1(제2012-000051호)
주소 서울특별시 금천구 가산디지털 1로 168, 우림라이온스밸리 B동 B113~114호, C동 B101호
홈페이지 www.book.co.kr
전화번호 (02)2026-5777 팩스 (02)3159-9637

ISBN 979-11-6836-627-5 04440 (종이책) 979-11-6836-628-2 05440 (전자책)
979-11-6836-626-8 04440 (세트)

내 방에서 떠나는 우주여행 상

우주여행
설명서 편

윤영은 지음

누구나 한 대씩 가지고 있는 상상력이라는 이름의 우주선
그것을 타고 저 멀리 미지의 세계를 향해 떠나다

북랩

출처: ESA/Hubble

우리와 비교적 가까운 거리(약 230만 광년)에 위치해 있는 안드로메다 은하의 일부. 허블 망원경으로 촬영한 이 사진은 단 한 장이 무려 메모리 4.3기가에 해당된다. 이것은 지금까지 Hubble에서 공개한 사진 중 최대 크기를 가진 이미지이다. 이 한 장의 사진에 들어 있는 별의 개수는 직접 셀 수 있는 것만 약 1억 개가 넘는다. 1억 개라는 숫자가 거대하긴 하지만, 이것은 실제로 이 은하의 아주 작은 일부분에 불과하다. 보통 은하 하나에는 최소 1천억~4천억 개의 별이 존재한다. 그리고 이 우주에는 이러한 은하가 최소한 수천억 개 이상 있는 것으로 알려져 있다.

이제 우리는 이렇게 상상하기 힘들 정도로 거대하고 신비로움으로 가득 차 있는 우주로의 여행을 떠나게 될 것이다. 이것을 위해 필요한 것은 경제적 여유나 시간이 아니다. 우리에게 필요한 것은 다만 우주와 자연의 숨겨진 속성을 이해하고 바라볼 수 있는 통찰력이다. 이러한 세계관을 가지고 저 우주의 심연을 바라볼 때 느껴지는 가슴 두근거림과 떨림을 경험해보자. 필자와 함께 이 우주여행 설명서를 따라가다 보면 어느새 저 우주 공간 어느 구석을 여행하고 있는 자신을 발견할 수 있을 것이다.

밤하늘에 펼쳐져 있는 우주라는 저 상상의 놀이터는 그 어떠한 것도 품을 수 있을 만큼 넓고도 또 넓다. Hubble 홈페이지에서 해당 사진의 Zoom 기능을 제공하고 있어 매우 흥미로운 우주여행을 할 수 있느니 꼭 방문해보시기를 추천한다.

프롤로그

어린 시절에 나는 누구나 그렇듯이 형의 영향을 많이 받으면서 자랐다. 한 살 터울이었던 나의 형은 초등학생 시절부터 과학에 남다른 흥미와 열정을 가지고 있었다. 당시 우리 집은 단독주택이었고 비교적 커다란 지하실이 있었는데 형은 어머니를 여러 번 설득해서 이 지하실을 자신만의 실험실로 만들었다. 비밀스럽기까지 했던 당시의 이 지하 실험실은 다양한 크기의 비이커와 매스 실린더, 알코올 램프 같은 실험 도구들로 가득 채워져 있었다. 형은 당시 또래의 친구들이 좋아했던 장난감보다는 실험에 필요한 도구나 현미경 등을 사는 것을 좋아했다. 뿐만 아니라 당시 어린아이로서는 구하기 힘든 화학약품을 사기 위하여 어머니와 함께 이곳저곳으로 돌아다니는 것을 좋아했던 것으로 기억한다.

지금 와서 생각해보면 형은 참 유별난 어린아이였던 셈이다. 하지만 이렇게 유별난 형의 관심 덕분에 나는 자연스럽게 과학 실험에 관심을 가지게 되었다. 석유가 만들어지는 원리를 책에서 보고 난 후 어떤 날에는 석유를 만들어보자는 형과 함께 바닷가 모래사장의 모래 속을 뒤집어가면서 힘들게 조개껍질을 잔뜩 모았다. 그리고 몇 개의 유리병 속에 모래를 깔아준 후 물과 함께 집어넣고 잘 밀봉을 한 후에 창문 옆 선반에 올려놓은 뒤 집어 넣은 물이 석유가 되기를 함께 기다리기도 하였다. 또 어떤 때는 금을 모아봐야겠다는 형을 따라서 금 색깔로 반짝이는 돌들을 찾아 길거리를 돌아다니면서 금빛으로 반짝이는 돌 부스러기들을 긁어모으기도 하였다. 그리고 때로는 더 많은 금가루로 보이는 조각들을 긁어내기 위하여 돌무더기로 만들어진 높은 제방을 기어오르는 위험천만한 곡예를 감수하기도 하였다. 지금 와서 생각해보면 어린 시절 터무니없는 행동들이었지만 이 과정에서 형의 어깨너머로 보고 배웠던 여러 가지 실험들은 당시의 나에게도 커다란 재미를 주었다.

고학년이 되면서 형은 우주에 대해서 더 많은 관심을 가지게 된 것 같았다. 내가 초등학교 6학년쯤이었을 때 우연히 형 방의 책꽂이에서 당시 나이에 읽기에는 상당히 부담스러워 보이는 책 한 권이 눈에 들어왔다. 커다랗고 두툼한 책이었음에도 그 책이 내 눈에 들어온 것은, 아름다운 별들이 가득 찍혀 있는 은하수가 책 표지를 덮고 있었기 때문이었다. 나중에서야 알게 되었지만 이 책이 바로 그 유명한 칼 세이건의 『코스모스』였다. 그것은 딱딱하게 펼쳐지는 수식과 글자들로 가득 찬, 지루한 이론에 관한 것이 아니었다. 그것은 바로 칼 세이건이라는 걸출한 우주여행 가이드와 함께 하는 환상적인 우주여행이었다. 비록 많은 부분을 이해할 수 없었지만 다양한 사진 및 그림을 곁들인 책 속에서 그와 함께 상상의 우주선을 타고 처음으로 지구를 벗어나 아름다운 우주여행을 즐길 수 있었다.

그 이후 중년이 되어버린 지금까지 우주에 대한 호기심과 영감을 유지시킬 수 있었던 것은 어린 시절의 그때 광대한 우주와 처음 맞닿으며 느꼈던 가슴 두근거림과 떨림이었다. 『코스모스』라는 책은 우주라는 미지의 세계에 나로 하여금 첫발을 내딛게 한 고마운 존재였던 것이다. 『코스모스』의 저자 칼 세이건은 걸출한 천문학자이면서 감성 충만한 수필가이기도 했다. 그는 미국을 비롯한 전 세계 일반인들에게 우주에 대한 끝없는 영감을 선사한 고마운 과학자였다. 우주에 대한 그의 폭넓은 지식은 학자들과 같은 과학자의 영역에서만이 아니라 일반 대중에게도 그만의 쉽고 재미있는 방식으로 전파되며 현재 우주를 깊이 있게 연구하고 있는 천문학자들에게도 많은 영향을 끼친 것으로 알려져 있다. 우주 관련 다큐멘터리 영화를 볼 때마다 종종 등장하는 그의 이름은 현시대 유명 천문학자들의 어린 시절에도 미지의 세계인 우주에 대한 큰 영감을 선사해준 것으로 종종 회자 되곤 한다. 그리고 지금 그는 머나먼 우주 속에 영면하였지만, 그의 영향을 받아 호기심으로 충만했던 청춘들은 이제 우주의 비밀을 풀기 위한 주역이 되어 오늘도 밤하늘을 관찰하고 있다.

어린 시절 우연히 펼쳐본 책 한 권이 인생 전반에 걸쳐 영향을 주게 되는 것은 적지 않게 발생하는 일이다. 나는 비록 지금 천문학과 전혀 관련이 없는, 오히려 가장 작은 미시의 세계인 반도체를 관찰하는 일을 하고 있다. 하지만 나의 관심은 변함없이 유지되면서 이 세상 가장 큰 거시의 세계인 우주를 꿈꾸며 살아가고 있다. 그래서 틈이 나는 대로 관련 서적을 읽으면서 우주의 신비에 한 발자국씩 전진할 때마다 자연의 경이로움에 감탄하면서 다시 밤하늘을 쳐다보고 나만의 상상의 나래를 펼치곤 한다. 나는 우주의 탄생부터 우주의 미래에 이르기까지 인류가 공부하고 연구해왔던 발자취를, 이에 처음 다가서는 일반인(어린 학생들조차도)도 지루해 하지 않고 마치 감성 넘치는 수필을 읽는 것처럼 부담 없이 읽을 수 있는 책이 있으면 좋겠다는 생각을 해왔다. 이것이 내가 책을 써야겠다고 생각한 이유이다.

문제의 본질을 이해하고 관찰하기 위해서는 수학이라는 언어를 활용하여 이를 증명하고, 보다 깊이 숨겨진 의미를 통찰하려는 자세가 필요하다. 그럼으로써 우리의 학문은 세대를 거쳐 계승되고 발전하게 된다. 그러나 필자를 비롯한 일반 대중은 현자들의 노력으로 밝혀진 세상의 숨겨진 비밀들에 대하여 그 결과만 알면 될 일이다. 세세하고 어려운 풀이 과정은 현자들의 몫이며, 우리는 단지 그들의 수고에 감사하는 마음을 잊지 않기만 하면 된다. 컴퓨터를 사용하기 위해 컴퓨터가 작동되는 원리를 알아야 할 필요는 없다. 우리는 단지 컴퓨터의 편리한 기능만을 이용할 수 있으면 되는 것이다. 그것이 우리의 과학을 보다 발전시키는 것이고, 자라나는 꿈나무들에게 새로운 꿈과 희망을 주며, 일반 성인에게도 세상을 바라보는 다른 시각을 가지게 해주는 것이다. 이것이 바로 이제 세상의 비밀을 알고자 기웃거리며 생각을 시작하는 사람들에게, 그들에게 맞는 언어로 이 세상의 원리를 이해할 수 있게 해주는 것이 중요한 이유이다.

나는 천문학자도 아니며, 고등학교 정규 수업 시간에 배운 지구과학 이외에는 이와 관련된 어떠한 정규 교육도 받은 적이 없다. 대학교 학부 전공도 공학 계통으로, 천문과는 거리가 먼 분야였다. 대학교를 졸업한 이후에는 반도체 관련 회사를 다니게 되었는데 운이 좋게도 회사에서 전자공학 석사 과정을 이수할 기회를 가지게 되면서 전자기학과 양자역학에 대해서 보다 깊이 공부할 수 있게 되었다. 하지만 이때 배웠던 것 중 시간이 많이 흐른 지금까지도 기억하고 있는 것은 복잡한 전자기학 관련 수식이나 슈뢰딩거의 파동방정식이 아니었다. 그런 것들은 1~2년 후에는 머릿속에서 다시 꺼내기 힘든 것들이 되어 있었다. 다만 그때 전자와 양자에 대한 개념을 잡은 것은 자연의 본질을 이해하는 데 나에게 큰 도움이 되었다.

즉, 당연한 이야기이겠지만 학문을 연구하는 학자가 아닌 일반인으로서 이해할 수 있는 수준의 쉽고 단순한 개념은 쉽게 잊히지가 않는 것이다. 이렇게 자연의 섭리를 설명하는 간단한 개념을 대중에게 쉽고 효율적으로 전달하기 위해서는 가르치는 선생님의 기준이 아닌, 배우는 사람 입장에서 서술하고 설명하는 것이 중요할 것이다. 내가 이 책을 통하여 설명하기 위해 사용하는 '도구'는 학자나 현자들이 사용하는 크고 정교한 그것이 아니다. 내가 사용하는 도구는 아주 작고, 다듬어져 있지도 않지만 이제 막 자연에 대한 호기심에 눈을 떠 세상의 이치를 보고자 하는 사람들에게 그들의 눈높이에 맞는 언어와 개념으로 설명을 해주려는 노력이다. 또 그것이 그들에게 도움이 되기를 희망한다. 나는 명백히 일반 독자의 입장에서 그들의 시선으로 문제를 이해하려고 나름대로 최선을 다했다. 아무쪼록 이 책이 신이 만들어놓은 이 세상의 원리에 조금이나마 접근하는 데 보다 많은 분들에게 도움이 되었으면 하는 바람이다.

어느 쌀쌀한 겨울밤에

윤영은

가끔은 아이들과 서로 같은 것을 보면서 서로의 생각을 나눠보도록 하자.

그러면 그들의 놀라운 상상력과 마주할 수 있으며, 그동안 생각하지 못했던 다른 시선으로 세상을 볼 수 있는 즐거움이 생긴다.

목차

상

제 0 장
시작하며

캄보디아 앙코르와트 사원의 어느 복도에 조각되어 있는 부조. 앙코르와트 유적에서는 엄청난 규모로 정교하게 조각된 석조 건축물들을 감상할 수 있다. 거대한 건물은 물론, 복도 회랑마다 벽면에 조각된 부조들은 다양한 이야기를 전달해준다.

하지만 이에 대한 지식 없이 감상을 한다면 눈앞에 보이는 것은 그저 거대한 돌덩어리 조각들일 뿐이다. 이 유적에 대한 배경을 이해할 때 우리는 그 옛날 장인들의 손끝에서 만들어진 역사를 이해하고 그들의 생각과 감정을 느낄 수 있게 되면서 감흥의 폭이 훨씬 넓어진다. 같은 것을 보고 있더라도 얼마나 알고 있느냐에 따라 그 보이는 폭도 달라지는 것이다.

❶

집필의 목적과 방향

나는 사랑스러운 아내와 두 딸이 있는 평범한 가장이다. 어린 시절의 나는 우주에 관심이 많던, 그저 흔한 어린이 중의 하나였다. 어린 시절의 기억 속에서 누구나 경험해본 것일지도 모르겠지만, 나는 무엇보다도 매일 밤마다 나를 따라다니면서 어두운 밤하늘을 밝게 비춰주는 달이 그렇게 기특할 수가 없었다. 때로는 나를 따라오는 달에게서 벗어나보려고 달려보기도 하고 차를 타고 있을 때에도 과연 달이 나를 쫓아올 수 있나 유심히 지켜보기도 했다. 놀랍게도 달은 내가 어디에 있든지 언제나 나를 따라오고 있었다. 어린 마음에 내가 무엇인가 대단한 사람인 것 같기도 했고, 내게 특별한 능력이 있는 것은 아닐까 하며 터무니없는 생각도 했던 것 같다. 그러나 그런 어린 마음에도 이렇게 매일 밤 우리를 세심하게 밝혀주는 달에 토끼가 살고 있다거나 거기에서 방아를 찧고 있다는, 다소 허황된 이야기들은 믿지 않았던 것 같다. 달이 밤하늘에 왜 덩그러니 걸려 있는지는 몰랐지만, 나를 항상 따라와주던 그 달에 한번 가보고 싶다는 생각은 가졌다. 그리고 세월이 흘러 어느덧 중년이 되어버린 지금, 이 우주에 대한 이해도는 어린 시절의 그때보다 훨씬 더 높아졌다. 하지만 가보고 싶은 곳이 달뿐만이 아니라 밤하늘 저편에 빛나는 머나먼 별들로 바뀌었을 뿐, 밤하늘의 저편에 보이는 저곳으로 여행을 하고 싶다는 생각은 여전히 달라지지 않았다. 그것은 아마 내가 어릴 때나, 시간이 흘러버린 지금에도 밤하늘의 저 달과 별들은 항상 그 자리를 흔들림 없이 지키고 있으며 또 지금 이 순간에도 오래전의 내가 그랬던 것처럼 변함없이 항상 이들을 볼 수 있기 때문일 것이다.

만약 내가 동경하는 대상이 밤하늘의 달이나 별처럼 항상 보이는 것이 아니었다면 어떠했을까? 지금처럼 별들을 바라볼 때 마다 느끼는 가슴 떨림이 계속될 수 있었을까? 눈에 보이지 않으면 마음도 멀어지는 법이다. 아름다운 옥빛 바다가 그림처럼 펼쳐져 있는 남태평양의 섬들이나, 마치 세계가 창조되기 전의 모습을 보여주는 것 같은 그랜드캐년의 장엄한 협곡들, 하늘과 땅이 하나처럼 보이는 볼리비아의 우유니 소금 사막 등 자연의 아름다움을 보여주는 사진을 보고 있노라면 당장 사진 속으로 들어가 만지고 호흡하면서 그 자연을 느끼고 싶은 마음이 솟구쳐오른다. 그럼에도 불구하고 사진첩을 접거나 시간이 조금 지나면 그러한 욕망을 조금씩 잊게 된다. 아무래도 눈에 보이지 않으면 쉽게 잊히는 법이기 때문이다. 하지만 밤하늘의 저 별들은 예나 지금이나 항상 한결같이 그 자리에 있다. 그리고 나는 또 같은 자리에 앉아 같은 별들을 바라보면서 생각에 잠기곤 한다. 누구나 항상 볼 수는 있지만 실제로 가볼 수는 없는 곳. 그래서 이 우주가 더 애틋하게 느껴지는지도 모르겠다.

나의 큰딸이 초등학교 4학년이 될 무렵으로 기억한다. 그 무렵 큰딸은 지구와 태양계를 설명해주는, 만화로 된 과학책을 재미있게 읽고 있었다. 그래서인지 생명이 어떻게 탄생이 되었으며, 우리가 바라보는 저 별들이 무엇이고 얼마나 떨어져 있으며, 별들이 그렇게 멀리 떨어져 있다면 어떻게 우리가 이렇게 볼 수 있는지 등에 대한 우주의 실체에 대하여 몹시 궁금해하였다. 물론 그 호기심의 발단이 아빠의 영향을 받은 것인지는 알 수 없다. 어쨌든 그 무렵부터 큰딸아이는 이러한 문제에 대하여 질문이 많아졌고, 내가 설명을 해주면 알 듯 모를 듯한 표정으로 머릿속에서 상상의 나래를 펼치며 흐뭇한 표정을 짓곤 했다. 물론 대부분은 어렵다거나 잘 모르겠다는 반응이 나왔지만 부녀가 함께 이 문제에 대하여 서로 의견을 주고받는 순간이 나는 그렇게 즐거울 수가 없었다. 선선한 바람이 등 뒤에서 부는, 공기 좋은 한적한 동네에서 딸과 나란히 앉아 밤하늘을 쳐다보며 별들의 일생과 우주의 탄생에 대하여 이야기하면서 이 세상이, 이 우주가 얼마나 큰 것인지에 대해 이야기를 하다 보면 정말 시간이 가는 줄도 몰랐다. 가끔은 엉뚱한 질문을 쏟아내기도 하였지만 순수한 아이들의 눈으로 봤을 때만 가능한, 발칙한 상상들과 마주할 수 있다는 것이 나에게는 너무나 큰 즐거움이었다.

이 우주는 아직도 많은 부분이 미지의 영역으로 남아 있다. 지금까지 인류의 역사 속에서 많은 현자들의 노력으로 수많은 비밀들이 밝혀졌지만 어떤 분야에 대해서는 여전히 우리가 갈 길이 멀다. 아직까지 여전히 정답이 무엇인지 알 수 없는 것들이 많다는 것이다. 그렇기 때문에 이렇게 아이들에게 들려주는 우주 이야기는, 옳고 그른 것을 이야기하는 단순한 지식의 전달이 아니라 서로의 생각을 나눌 수 있는 토론의 대상이 될 수 있다. 만약 저 하늘에 떠 있는 별들이 우리가 언제든지 방문할 수 있는 대상이었다고 한다면 이렇듯 감성이 충만하고 상상력을 극대화할 수 있는 대화는 이어지지 않을 것이다. 남태평양의 몰디브 섬이 아름답다고 이야기하는 것은 거기까지가 끝이다. 이런 이야기는 더 이상의 상상력을 요구하지 않는다. 시간과 비용이 허락한다면 우리는 언제라도 그곳에 다녀올 수 있기 때문이다. 설사 내가 직접 그곳에 가보지 못하더라도 그곳을 다녀온 많은 사람들의 책이나 영상 등을 통해 우리는 몰디브의 구석구석을 정확하게 알게 될 것이다.

하지만 우리가 바라보는 저 별은 결코 그런 대상이 될 수 없다. 현재 우리의 눈에 직접적으로 보이지 않음에도 불구하고 여력이 된다면 가볼 수 있는 남태평양의 몰디브와는 달리 밤하늘의 저 별들은 우리 눈앞에 이렇게 뚜렷이 보이고 있음에도 우리가 살아 있는 동안, 아니 한참 시간이 지나서 엄청난 과학의 발전이 이루어진 먼 미래의 후손들조차도 그 별들로의 직접적인 여행은 쉽지 않을 것이다. 그렇기 때문에 우리는 누구나 눈앞에 펼쳐져 있는 별들에 대해 자신만의 생각을 가지고 자유롭게 이야기할 수 있다. 그리고 거기에는 그 장소에 직접 가본 사람과 가보지 못한 사람의 차별이 존재하지 않는다. 돈이나 시간의 많고 적음과 상관없이 저 우주는 누구에게나 평등하게 오직 상상의 여행만을 허용하며 우리 눈앞에 펼쳐져 있다. 그리고 앞으로도 항상 변함없는 모습으로 그렇게 항상 자신의 모습을 보여주고 있을 것이다. 그런 의미에서 밤하늘의 저 별들과 이 우주는 우리 모두가 언제나 상상 속에서 여행할 수 있는 최적의 여행지인 것이다.

내가 인생 영화 중 하나로 꼽고 있는 '콘택트'라는 영화가 있다. 조디 포스터 주연의 이 영화에서 그녀도 그녀의 아버지와 밤하늘의 별들을 바라보며 감성 충만한 이야기를 하면서 어린 시절을 보냈다. 훗날 천문학자가 된 조디 포스터는 우주에 대한 연구를 할 때마다 이미 저 하늘나라로 돌아가신 아버지와 어린 시절을 함께 했던 추억을 마음에 새기며 살아간다. 그러던 어느 날 우연히 수신하게 된 외계로부터의 신호를 받으면서 아버지의 모습을 매개로 한 외계인과 접촉하게 된다는 내용이다. 내가 이 영화를 처음 본 것은 결혼을 하기 전이었지만 두 딸아이의 아빠가 되어 있는 지금, 조디 포스터가 그러했던 것처럼 나중에라도 우리 아이들이 그녀들의 자녀들과 오손도손 앉아서 밤하늘의 별들을 함께 바라보며 아빠와 함께 이야기했던 시절을 회상하면서 웃음 지을 수 있지 않을까 하는 상상을 하면 가슴 한 켠이 흐뭇해지는 것을 느낀다. 그 어느 순간 나는 존재하고 있지 않더라도 우리의 자녀들이 밤하늘의 별을 볼 때마다 아빠와의 추억을 생각하게 한다는 것은 정말 가슴 뛰는 일이 아닐 수 없기 때문이다.

나는 이 책을 읽는 독자들이 우주의 신비스런 비밀을 알아가는 기쁨을 자녀들과 혹은 가까운 지인들이나 연인, 친구들과 함께 나눈다는 것이 얼마나 즐거운 일인지를 가슴 깊이 체험해보았으면 한다. 이야기했듯이 이는 시험을 대비한 지식 전달이 아니고, 인생을 바르게 살라는 다소 지루한 교훈도 아니며, 방을 깨끗이 정리하라는 것과 같은 잔소리는 더더욱 아니다. 부모와 자녀가 함께 상상하고 생각해볼 수 있는 공통의 주제이며 남녀노소, 신분과 체제, 인종과 국가를 넘어서 공통의 관심사가 될 수 있는 것이 바로 우리 우주라고 생각한다. 내가 알아가는 우주의 비밀에 대한 즐거움으로 우리의 자녀들, 혹은 좋아하고 사랑하는 사람들과 함께 공감대를 형성할 수 있다는 것은 자연이 우리 모두에게 주는 최고의 선물인 것이다. 내가 우주 관련 분야에 가장 관심을 많이 가졌던 때는 시간적인 여유가 많았을 때가 아니었다. 그것은 아이러니하게도 회사에서 가장 바쁘고 힘든 시기를 보내던 때였다. 현실에서는 너무 힘들었지만 관심 있는 책들의 책장을 넘길 때마다 나는 마치 신이 만들어놓은 비밀의 방을 조그맣게 열린 문틈을 통해서나마 힐끗 들여다보는 듯한 재미를 느꼈으며, 어느새 잠시나마 현실 세계를 벗어나서 저 우주 한구석을 여행하고 있는 나 자신을 발견할 수 있었다.

이때의 기분을 나는 영화 '매트릭스2'의 마지막에서 주인공 키아누 리브스가 이 세상이 매트릭스로 구성되어 있음을 깨닫고 난 후 온 세상이 숫자와 문자의 조합으로 갑자기 변환되는 장면을 보았을 때의 기분에 비유하곤 한다. 키아누 리브스는 이 세상의 실체, 즉 기계가 자신의 생존을 위하여 인간을 숙주로 하는 에너지원을 유지하기 위해 만든 가상의 매트릭스라는 실체를 깨닫는 순간 가상의 현실 공간을 구성하는 코드에 의해 만들어져 있던 세상의 내면을 정확하게 볼 수 있게 된다. 이 순간 키아누 리브스가 느꼈을 그 감정을 나는 우주를 여행하는 과정에서 조금씩 느끼고 있으며, 이 책을 읽고 있는 독자 여러분들도 앞으로 이러한 기쁨을 느껴보기를 희망한다. 영화 속의 키아누 리브스는 세상이 매트릭스라는 것을 각성하는 순간 매트릭스의 세상에 의해 지배를 받는 것이 아니라 그것을 지배할 수 있는 힘을 가지게 된다. 그렇다고 해서 필자가 추구하고자 하는 것은 이 우주를 다룰 수 있게 하는 힘을 가지려는 것이 아니다. 그것은 인간의 영역 밖의 문제이다. 우리가 우주에 대해 더 많이 알수록 얻게 되는 것은, 매일 밤마다 어느 누구나 볼 수 있고 우리 앞에 광대하게 펼쳐져 있는 저 우주를 우리의 자녀와 혹은 우리의 친구와 함께 더 재미있게 감상할 수 있도록 하는 설명서이다. 이것이 내가 목표로 하는 것이며 책을 쓰는 이유이다. 그렇다. 이 책은 바로 우주여행을 알차고 재미있게 하기 위한 우주여행 설명서인 것이다.

캄보디아의 앙코르와트에 간 적이 있다. 앙코르와트 사원은 12세기경 지금의 캄보디아 지역에서 당시 전성기를 누리던 앙코르 왕조에 의해 지어진, 정말 아름답고 훌륭하며 엄청난 규모의 예술적인 결정체이다. 하지만 앙코르와트가 만들어지게 된 이야기와 복도 회랑에 부조되어 있는 등장인물들의 신화, 그리고 그들의 역사에 대한 공감대가 곁들여지지 않는다면 앙코르와트는 그저 거대한 돌덩어리들로 만들어진 건축물에 불과하다. 따라서 이에 대해 설명을 해주는 가이드나 역사적 배경 지식 없이 여행을 하게 되면 주변의 아름다운 건축물들이 단순한 돌덩어리들로만 느껴지는 경험을 하게 될 것이다. 그렇게 되면 이 아름다운 역사적 유적에 대한 감흥은 금방 사라지게 되고 이내 싫증을 내게 되며 기억 속에서도 금방 잊히게 될 것이다.

하지만 앙코르와트에 대한 역사적 배경부터 각 회랑 부조 속에 등장하는 신화의 인물과 돌벽 하나하나에 새겨진 역사적 흔적들을 감칠맛 나는 언어로 구사하는 가이드를 만나게 된다면 앙코르와트 여행에 대한 당신의 느낌과 평가는 완전히 달라질 것이다. 그러한 역사적 배경이 머릿속에 들어오는 순간 앙코르와트 사원의 세밀한 구조물과 대칭성이 보여주는 아름다움은 단순히 장인의 손에서 우연히 나온 아름다움만이 아니라 신화와 역사를 기가 막히게 잘 설명해주는, 한편의 잘 만들어진 드라마이자 거대한 역사의 서사시가 되는 것이다.

우리가 저 하늘의 태양과 달 그리고 별들을 쳐다볼 때 느끼는 감정도 이와 완전히 동일하다. 우리가 주변의 자연과 우주에 대해 더 많이 알면 알수록 이 아름다운 자연이 우리에게 주는 감동의 크기도 점점 커지게 된다. 우리 주위에 있는 저 하늘의 달과 별들은 언제나 항상 우리 주위에 존재하고 있어서 단지 이들에 대한 지식만 가지고도 끝없는 상상력을 활용해서 우리의 방에서조차 아무런 비용도 없이 우주의 저 너머까지 즐겁고 황홀한 여행을 언제든지 떠날 수 있게 되는 것이다. 그래서 이 책은 내 방에서 아무 조건 없이 자유롭게 아무 때나 우주여행을 떠날 수 있는 설명서인 것이다.

아이들이 어느 정도 크고 난 후 나는 밤하늘의 별을 볼 기회가 있을 때마다 태양계부터 우리 은하, 우주가 어떻게 형성이 되었고 저 먼 곳의 별이 어떤 의미를 가지는지를 설명해주었다. 다행히 아이들도 만화로 되어 있는 과학 서적을 재미있게 읽고 있던 터여서 흥미롭게 경청했는데, 아이들이 나에게 질문하는 것은 나의 기대와 전혀 달랐다. 그들의 질문은 시간이 느려지고 공간이 수축되는 것보다는, 하늘에 보이는 별들은 모두 동그랗게 생겼다는데 왜 우리는 별을 그릴 때 뿔이 달리고 각이 진 '별' 모양으로 그리고 있느냐는 등의 질문이었다. 그때 나는 누군가와 상호작용을 하기 위해서는 철저하게 상대방의 눈높이로 바꿔서 바라보아야 한다는 것을 다시 한번 깨달았다.

미국에서 근무하고 있을 당시 나는 시간이 날 때마다 미국의 광대하고 아름다운 자연을 아이들에게 한 번이라도 더 보여주고 싶어서 장거리 로드트립을 자주 떠나곤 했는데, 여행을 다녀온 이후에는 이번 여행에서 어떤 곳이 가장 재미있고 감명 깊었냐는 질문을 습관적으로 하곤 했다. 내 질문들에 대한 아이들의 대답은 그랜드캐년의 광대한 대협곡이나 옐로스톤의 화려한 천연색 온천 혹은 대지에서 용맹하게 뿜어져 나오는 카이저가 아니었다. 그들은 로드트립 과정에서 잠깐 들른 어느 이름 모를 동네의 맥도널드 가게에 있는 놀이터에서 놀았던 기억이나, 여행 중 한적한 변두리 어느 호텔 수영장에서 물장구를 치며 즐겼던 기억을 최고로 평가했고 그들의 그러한 반응은 여행하는 내내 변하지 않았다. 나는 내 기준에서 아름다움과 경이로움의 기준을 정의하고 우리 아이들도 동일할 것이라는 잘못된 가정을 적용해서 우리 아이들에게 이것은 아름다운 것이고 그래서 재미있어야 한다는 것을 무의식 중에 강요했던 것이다.

이는 꼭 부모와 자녀 사이에서만 적용되는 것은 아닐 것이다. 선생님과 학생 사이에서도 흔하게 일어난다. 선생님이 바라보기에 당연히 알아야 할 것들 중 일부는 그것을 처음 배우는 학생들에게는 태어나서 들어본 적도 없는 것들이다. 모든 것을 이미 이해하고 있는 선생님은 그 사실을 모른다는 것을 잘 이해할 수 없을 것이고, 학생 입장에서는 자신은 도저히 이해할 수 없는 것을 왜 이해 못 하냐고 다그치는 선생님이 야속하기만 한 것이다. 필자도 가끔 아이들을 가르칠 때 너무나 쉬워 보이는 문제를 아무리 반복 설명해도 이해를 못 하는 아이에게 화가 났던 경험을 한 적이 있다. 우리는 단지 아이들보다 어떤 목적지를 향하는 버스를 먼저 타보았을 뿐이다. 이는 버스를 처음 타보는 아이들에게 너는 이 버스가 어디에서 정차하는지를 왜 모르냐고 다그치는 것과 마찬가지니 아이들에게 너무나 미안한 일이다. 우리는 부지불식간에 상대방도 나와 같이 생각하고 판단할 것이라는 전제로 행동하며, 그것이 합의에 이르지 못할 때 오해가 생기고 갈등이 깊어지기도 한다. 이러한 관점의 차이를 극복하기 위해서는, 쉽지는 않겠지만 먼저 상대방의 시선으로 나를 바라보는 태도가 매우 중요할 것이다. 이것을 마음에 새기면서 나는 여러분들과 함께 저 미지의 세계인 우주로의 여행에 감칠맛 나는 입담을 가진 가이드의 역할을 하고 싶다.

이제 여러분들은 필자와 함께 저 먼 우주로의 여정을 떠날 것이다. 본격적인 여행에 앞서서 우리는 여행에 필요한 기초 지식들을 알고 가야 한다. 이러한 과정이 때로는 조금 지루할 수도 있고, 기존에 당신이 가지고 있었던 고정관념을 완전히 버려야 하는 경우도 있을 것이다. 하지만 조금은 인내심을 가지고 필자의 설명에 귀를 기울여준다면 당신은 이미 당신의 방 안에서 언제든지 저 머나먼 우주로의 여행을 떠날 준비를 마친 셈이다. 그것도 아무런 비용을 들이지 않고서 말이다. 요즘 시대에 이렇게 훌륭한 가성비를 보여주는 여행이 또 어디 있겠는가? 밤하늘에 보이는 저 머나먼 미지의 공간은 그렇게 지금도 우리의 여행을 기다리고 있는 것이다.

나는 이 글을 쓰면서 다음과 같은 점에 유의하고자 하였다.

• 수식 사용금지

나는 이 책을 통틀어서 단 하나의 수식도 사용하지 않으려고 하였다. 하지만 아쉽게도 단 한 개의 수식은 사용하게 될 것이다. 이 점은 사전에 독자들에게 양해를 구하는 바이다. 그것은 $E=mc^2$이다. 에너지와 질량이 가지는 관계를 설명하기 위하여 이것은 반드시 등장할 수밖에 없다. 하지만 평소 물리에 관심이 없는 사람이라고 할지라도 위의 수식은 낯이 익기 때문에 어려움 없이 받아들일 수 있을 것이다. 이것 말고는 책을 읽는 동안 머릿속에서 수식을 계산할 필요는 전혀 없을 것이라는 것을 약속드린다.

• 어려운 용어 사용 최소화

책을 읽다가 익숙하지 않은 용어가 나오게 되면 일단 흥미가 떨어지게 된다. 그래서 나는 이 책을 쓰면서 낯설다고 여겨지는 용어들을 최대한 풀어 쓰려고 노력하였다. 그러다 보니 간혹 필요 이상으로 설명이 장황하게 되는 경우도 있을 것이다. 또한 중요한 내용에 대해서는 의도적으로 반복적인 설명을 하였다. 고정관념을 바꾸는 데 반복만큼 좋은 것은 없다. 우리의 머릿속에 박혀 있는 고정관념은 바로 우리의 반복된 경험에 의해서 생겨난 것이기 때문이다. 그런 점에서 전문가 혹은 관련 지식을 많이 가지신 분이 이 글을 본다면 오히려 난잡하다고 느낄 수도 있다. 하지만 이 책은 과학자나 전공자가 아닌, 평범한 일반인과 학생들을 대상으로 하는 것임을 다시 한번 밝힌다.

• **상황 예시 설명 극대화**

이해하기 어려운 현상을 쉽게 설명하기 위해서 나는 이러한 현상들을 최대한 우리 실생활과 밀접한 관련이 있는 익숙한 현상에 비유하여 설명하려고 노력하였다. 여기에 철수와 영이라는 가상의 인물이 등장한다. 그들은 우리가 어떤 상황을 쉽게 이해할 수 있도록 열심히 뛰어다닐 것이다. 독자 여러분들도 철수와 영이가 진행하는 상상의 상황들 속으로 천천히 자연스럽게 빠져들게 된다면 더욱 흥미진진한 여행이 될 것이다. 또한 보다 효과적인 개념 정립을 위해, 중요한 개념에서는 되도록 많은 그림과 설명을 추가하도록 노력하였다.

• **정보 전달의 목적이 아니라 자연에 대한 영감을 주는 것**

나는 이 책을 단순한 정보 전달의 목적으로 쓰지 않았다. 이 책은 우리의 정신을 풍요롭게 해주는 교양서적이다. 그런 면에서 이 책의 분야는 과학이라기보다는 오히려 인문학에 가깝다고 할 수 있다. 필자는 이미 널리 알려져 있는 사실에도 필자가 자연의 조화 속에서 느낀 나름대로의 의미를 부여하면서, 이러한 것들이 결국은 우리의 삶과도 밀접하게 연결되어 있다는 것을 보여주려고 노력하였다. 따라서 세상을 바라보는 필자만의 개인적 가치관이나 우주관이 들어가 있을 수 있다. 여러분들도 이 책을 읽으면서 느껴지는 자연의 숨겨진 모습들을 본인만의 시선으로 즐기려는 시도를 해보기 바란다. 밤하늘에 떠 있는 저 달은 하나의 모습이지만 그 달을 바라보는 시선과 상상에 따라 수많은 또 다른 모습으로 존재할 수 있다. 그렇게 우리 자연은 그를 바라보는 우리들에게 자신의 모습을 맡긴 채 깊이를 알 수 없는 영감을 전달해주는 존재로서 지금도 우리 앞에 존재하고 있는 것이다.

우주의 신비는 현재까지도 우리에게 그 본연의 모습을 드러내놓고 있지 않다. 어떤 미지의 부분에서는 아직도 여러 가지의 이론이 상충하고 있으며 이제 막 그 연구의 발걸음이 시작된 곳도 있다. 만물의 원리에 대한 해답은 아직도 우리가 계속 풀어 나가야 할 숙제이다. 아무쪼록 이 글이 자연에 대한 여러분 자신들만의 가치관이나 우주관의 정립에 조금이나마 도움이 되기를 바란다.

유타주 Salt Lake City에서

우리에게 동계 올림픽 개최지로 잘 알려져 있는 Salt Lake City에서 도시의 상징인 소금 덩어리와 함께 한 아이들. 그들에게는 이 소금이 어떻게 만들어졌는지와 같은 교육적 내용이나 Yellow Stone 국립공원에서 본 장엄한 자연의 아름다움보다는, 햄버거를 먹을 때마다 들르는 이름 모를 도시의 맥도널드 지점 놀이터나 한적한 호텔의 조그마한 실내 수영장이 최고의 휴양지였다.

세상을 바라보는 시선과 세계관은 본인이 경험하고 알고 있는 것에 따라 결정된다. 이들과 교감하기 위해서는 나의 기준이 아니라 그들의 시선으로 바라보아야 한다.

제1장
진리를 찾아서

강원도에서도 북쪽으로 한참을 올라가면 만나게 되는 거진. 성수기에도 붐비지 않고 한적하게 자연과 바다 내음을 음미할 수 있는 곳이라 거의 매년 찾는 편이다. 이곳에서 김일성, 이승만, 이기붕 등 건국 초기 유력 인사들의 별장을 방문해볼 수도 있는데 이런 곳에 이런 유명 인사들의 별장들이 모여 있는 것을 보면 이곳이 과연 비경을 가진 곳이기는 한 것 같다.

오래전 우리의 선조들도 이곳에서 나와 같은 모습을 바라보며 사색에 잠기곤 했을 것이다. 많이 변해버린 육지와는 달리 바다는 오래전 그 모습을 그렇게 유지하고 있다. 시선이 허락하는 한 가장 멀리 바라볼 수 있는 곳, 그래서 바다는 우주를 닮아 있다. 이것이 바다가 보여주는 매력이다.

한적하고 조용한 곳에서 바다의 느낌을 진하게 느껴보고 싶은 분들에게 추천하고 싶다.

❶
서문

나는 여행을 좋아한다. 누가 여행을 좋아하지 않겠느냐마는 나는 그중에서도 특히 바다 여행을 좋아한다. 이른 아침 한적한 해변가에서 호기롭게 들이키는 바닷바람의 상쾌한 느낌과 약간은 짠맛이 느껴지는 바다 내음을 좋아한다. 그래서 여행지를 선택할 때 도심 관광이나 산 등 내륙보다는 바다를 볼 수 있는 곳을 특히 선호한다. 내가 바다를 좋아하는 또 다른 이유는, 저 멀리 끝없이 펼쳐져 있는 수평선을 볼 수 있어서이다. 땅덩어리가 작고 산이 많은 우리나라에서는 도시에서는 물론 시골에서도 지평선을 보기가 쉽지 않다. 산과 언덕 때문만이 아니고 곳곳에 들어선 아파트와 건물들이 우리의 시야를 방해하기 때문이다. 그런 점에서 필자는 탁 트인 시야를 보장해주는 바다를 마주하면서 수평선 너머를 바라보며 느끼는 그 감정을 매우 좋아한다. 시야가 허락하는 한도에서 가장 먼 곳까지 볼 수 있는 곳. 그곳이 바로 바다이며, 그래서 바다는 그렇게 우주를 닮아 있다.

나의 경험이 항상 실체적 진실과 일치하는 것은 아니다

파도가 치는 해변가에 서서 수평선 저 너머를 고요하게 바라보자. 만약 우리가 지구에 대해 아무런 지식을 가지고 있지 않다면 이 세상은 그저 평평하게 보인다. 고대의 그 누군가가 상상했던 것처럼 저 수평선 너머에는 거대한 괴수가 입을 벌리고 있다고 생각할 수도 있다. 이처럼 아무런 지식이 없는 상태에서는 단지 보고 경험하는 것에 의존해서 사실을 판단할 수밖에 없다. 우리는 보고 경험한 것으로부터 배우며, 직접 볼 수 없는 것은 추론과 상상을 통하여 지식을 축적해왔다. 고대로부터 현대에 이르기까지 이러한 과정은 자연스러운 것이었다. 지금에 와서는 지구가 평평하고 그 바닥을 거대한 거인이 떠받치고 있다는 생각이 어처구니가 없다고 생각할지 모르겠지만, 제한적인 지식을 가지고 있던 그 시대에서는 그것이 최선이었을 것이다. 그리고 미약하기만 했던 이러한 지식의 계승이 결국은 지금 시대 과학의 토대가 된 것이다.

현대를 살아가고 있는 우리는 숨 쉬고 있는 우리 주변이 빈 공간이 아니라 수많은 공기 분자들로 가득 차 있기 때문에 숨을 쉴 수 있는 것이며, 냉장고 밖에 놓아둔 음식물이 시간이 지나면서 자연스럽게 부패하는 것은 눈에 보이지는 않지만 작은 미생물이 증가하면서 발생하는 현상이라는 것을 상식적으로 잘 알고 있다. 고대의 사람들이 이런 점들을 몰랐다고 해서 그들이 무지했던 것이 아니다. 그들은 그 시대에 밝힐 수 있는 최대의 것들을 후손에게 알려주었고 이러한 진실들이 켜켜이 모여 지금 우리의 문명이 이뤄진 것이다. 그런 의미에서 고대로부터 근대에 이르기까지 과거에는 이 세상을 어떻게 설명하려고 했는지 알아보는 것은 우리의 여정에서 중요한 출발점이라고 할 수 있다. 이는 우리의 할아버지와 또 그 할아버지의 할아버지를 알아가는 과정과 같은 것이며, 우리의 뿌리를 알아가기 위한 여정인 것이다. 그러면 이제 앞으로 나아가기 전에 잠시 과거로 눈을 돌려 우리의 선대들이 세상을 바라보았던 시선에 대한 이야기를 해보도록 하자.

출처: 픽사베이

현대사회에서도 여전히 지구가 평평하다고 주장하는 사람들이 있다. 이들은 Flat Earth라는 단체를 구성하여 지구가 둥글다는 것은 세상 사람들을 속이는 음모론이라고 주장하고 있다. 유튜브나 인터넷을 통해서 조금만 검색을 해보면 지구가 평평하다는 이들의 주장을 어렵지 않게 찾을 수 있다. 하지만 이들이 지구가 평평하다며 내세우는 근거는 대부분 단순 경험에만 의지해서 주변 현상을 해석하는 것으로부터 나온다. 지금의 내가 움직이고 있는 것처럼 느껴지지 않는다고 해서 정말 내가 멈춰 있는 것은 아니다. 지금 이 순간도 우리는 지구라는 거대한 우주선에 편히 앉아 엄청난 속도로 이 우주 공간을 여행하고 있다. 단순히 내가 보고 느끼는 것에 의지해서 자연을 판단하고 해석하는 것이 얼마나 많은 오류를 가지고 있는지 우리는 이제 앞으로의 여정에서 만나게 될 것이다.

필자는 이러한 이미지를 보고 있노라면 한 가지 아주 단순한 의문이 든다. 지구가 평평하다고 주장하는 이 이미지에서조차 태양과 달은 지구와는 달리 모두 둥근 구의 모습을 하고 있다. 그런데 왜 오직 지구만 둥근 구의 모습이 아니라 평평하다고 생각하는 것일까? 다른 사람의 얼굴을 보고서 내 얼굴의 눈과 코 그리고 입이 어떻게 생겼는지 미루어 짐작할 수 있는 것처럼, 우리 지구의 모습을 추정하는 가장 간단한 방법은 다른 천체들의 생김새를 바라보는 것이 아닐까? 내가 바라보는 땅의 모습이 평평하다고 해서 지구 전체의 모습이 평평한 것은 아니다. 단순 경험에 의해서 모든 것을 판단하는 것은 커다란 오류를 만들어낸다.

❷

평평한 지구

아는 만큼 더 많이 보인다

오늘도 우리는 이른 아침 자연스럽게 침대에서 일어나 식탁에 얌전하게 붙어 있는 주전자를 들어 물을 한잔 마시고는 집을 나섰다. 그리고 바닥에 붙어 있는 튼튼한 두 다리를 사용해서 도로를 걷거나 바퀴를 사용하여 도로 위를 굴러가는 버스나 자동차를 타고 학교로, 회사로 이동을 하였다. 잠시 우리 주변을 한번 둘러보자. 어떠한 모습들이 보이는가? 자동차와 사람들, 그리고 나무와 풀조차도 모든 것들이 땅을 지지하고 지탱하며 살아가고 있다. 혹시라도 허공을 걸어다니거나 공중에서 거꾸로 뿌리를 뻗고 있는 나무를 본 사람은 없을 것이다. 태어나서 우리가 보고 경험한 모든 것은 땅에 의지하며 살아가고 있다. 혹시 땅이 없는 절벽 같은 곳이 있다면 그 주변에서는 낭떠러지로 떨어지지 않기 위하여 매우 조심하며 걸어가야 할 것이다. 이처럼 땅에 붙어 있지 않은 모든 것은 다시 땅을 만날 때까지 떨어지는 것이 자연스러운 것이다. 무엇인지 이유는 모르겠지만 만물은 땅에 붙어서 살아가야 하는 것으로 보인다. 오늘날을 살아 가고 있는 우리는 중력이 존재하기 때문에 이 모든 것이 가능하다는 것을 잘 알고 있다.

그렇다면 고대 사람들은 우리가 밟으며 살아가고 있는 이 지구가 어떻게 생겼다고 생각했을까? 고대 수메르인들은 하늘은 둥근 천장으로 되어 있고 땅은 평평하며 달, 태양, 별이 그 안에 있다고 생각했다. 고대 인도인들은 코끼리 3마리가 이 지구를 지탱하고 있으며 이 코끼리들은 거북이 등에 앉아 있어 떨어지지 않으며 거대한 뱀이 온 세상을 둘러싸고 있다고 생각했다. 또한 고대 그리스인들은 이 세상은 평평한 땅으로 이루어져 있고 이 땅을 거북이 또는 거인 등이 받치고 있다고 생각했다. 중국, 아시아에서는 대체적으로 하늘은 반구 형태이며 땅은 바둑판처럼 네모난 모양이라는 인식이 있었다고 한다. 이처럼 다양한 지역에서 다양한 사람들이 지구의 모습을 상상하여 그들 나름대로의 방식으로 이해하려고 노력했다. 그들이 상상한 이 지구의 모습은 그들이 사는 문화와 종교 등과 다양하게 연결이 되어 있다. 하지만 이들 모두에게는 동일한 공통점이 있는데, 그들이 설명하는 지구는 모두 매끈한 평면이라는 것이다. 또한 고대인들은 바다와 땅이 하늘 아래의 평면 위에 존재하며 땅 밑에는 상상 속의 존재가 이 땅이 떨어지는 것을 막기 위해 떠받들고 있다고 생각했다.

이것은 어떻게 보면 자연스러운 생각이다. 우리가 살고 있는 이 지구가 둥그런 모양으로 휘어져 있다는 것은 당시 사람들의 상식으로는 도저히 받아들일 수 없었을 것이다. 만약 지구가 정말 둥그런 구 모양을 하고 있다면 지구 반대편에 있는 사람들은 어떻게 땅에 발을 딛고 살아갈 수 있단 말인가? 만약 고대의 누군가가 이런 질문을 던졌다면 당 시대에 이를 논리적으로 설명할 수 있는 사람은 별로 없었을 것이다. 하지만 모두가 이러한 생각을 했던 것은 아니다. 고대에도 일부 사람들은 이미 지구가 둥글 것이라는 것을 면밀한 관찰과 논리적인 사고를 통하여 추정하고 있었다.

평평한 지구에 제기된 의문

기원전 약 200년, 그리스의 한 해안가. 누군가 깊은 생각에 잠긴 채로 저 멀리 해안선 너머로 사라져가는 배들을 바라보고 있었다. 그는 자신의 시야에서 사라져 가는 배들을 주목하였다. 우리는 가까이 있는 것들은 크게 보이고 멀리 있는 것은 작게 보인다는 것을 잘 알고 있다. 따라서 배들이 항구를 떠나면서 우리로부터 멀어지면 점차 작게 보이다가 결국에는 보이지 않게 될 것이다. 이것은 너무나 당연하고 합리적인 생각이었다. 그런 데 평소에 논리적인 사고로 훈련이 되어 있던 이 사람의 눈에 특이한 현상이 관찰되었다. 저 멀리 시야에서 사라져가는 배들은 가장 아랫부분인 배의 몸통부터 사라지면서 결국 가장 윗부분인 돛을 마지막으로 시야에서 사라져갔다.

별다를 것 없이 보이는 이 현상은, 조금만 깊게 생각해보면 분명 큰 모순을 가지고 있었다. 당 시대 대부분의 사람들이 생각하고 있는 것처럼 만약 이 지구가 평평하다면 배들이 해안가에서 멀어질수록 배 전체가 조금씩 작게 보이다가 어느 순간에는 보이지 않을 정도로 조금씩 작아져야 한다. 하지만 우리에게 관찰되는, 해안가로부터 멀어지고 있는 배는 분명 배의 아랫부분부터 무엇인가에 가려지듯이 시야에서 사라져가는 것이었다. 이것은 지구가 평평하다면 결코 설명될 수 없는 현상이었다. 이러한 현상을 설명하기 위해서는 저 먼 곳의 땅은 평평한 것이 아니라 오히려 공 모양으로 휘어져 있어야 했다. 세밀한 관찰을 통해서 이런 의문점을 품은 사람은 바로 에라토스테네스였다. 그는 수평선으로 멀어지는 배가 배의 아랫부분부터 시야에서 안 보이게 되는 점 등에 착안해서 지구가 둥글다는 것을 이해하게 되었다. 여기에서 그치지 않고 그는 한 걸음을 더 나아갔다. 만약 지구가 평평한 것이 아니고 공과 같은 구의 모양으로 생겼다면 그 크기는 얼마나 클 것인지까지도 예측해본 것이다.

사실 에라토스테네스가 지구의 크기를 계산해낸 과정은 현재 기준으로 보면 중학생 수준의 수학 능력만으로도 충분히 계산해낼 수 있는 수준이므로 놀라운 기술은 아니었다. 하지만 이 선구자가 처음으로 만들어준, 지구를 바라보는 새로운 기준을 통하여 고대 사람들도 육안으로 보이는 관측 결과를 통해서나 혹은 기하학을 통해서 지구가 둥글다는 것을 조금씩 인지하기 시작하였다는 점에서 상당한 의미를 가지고 있다. 물론 당 시대에는 만약 지구가 둥글다면 지구 반대편에 있는 사람들이 어떻게 안전하게 땅에 발을 딛고 살아가고 있는지, 또 지구 자체는 어떻게 공간에 떠 있을 수 있는지 하는 근원적인 질문에는 대답할 방법을 찾지 못한 것도 사실이다. 이렇게 관측되는 현상들을 논리적으로 설명할 수 있는 방법을 찾지 못하게 될 때 우리는 우리가 이해하는 수준에서 다양한 제약을 제시하면서 조건과 상황을 구분해야 하기 때문에 설명이 매우 길어지고 장황해지게 된다. 이 시기에 주류를 이루는 학자들은 이러한 논리적 오류를 수정하기 위하여 세상을 천상계와 지상계로 구분하는, 아주 손쉬운 방법을 택하였다. 즉, 천상계에서 벌어지는 많은 운동들을 우리가 이해할 수 없는 것은, 그곳은 우리가 사는 이곳과 전혀 다른 법칙이 적용되는 세상이기 때문이라는 것이다. 고대에는 이러한 방식으로 논리적인 설명이 부족한 부분을 봉합하려는 철학적인 시도가 계속 이어지게 된다. 그럼에도 불구하고 인류에게 있어 큰 진보는 지구가 둥글다는 것을 관측 결과와 실험을 통하여 증명을 해내었다는 것이다. 그러면 지구가 둥글다는 것과 그 크기에 대해 처음으로 논리적인 계산을 해낸 고대의 선지자 에라토스테네스의 이야기를 조금 더 해보도록 하자.

카리브해 항해 중 어느 아름다운 섬에 잠시 정박 중인 크루즈

해변가에 한가로이 앉아 저 멀리 수평선을 바라보면 분명 지구는 평평하게 보인다. 하지만 인류의 지성은 이것이 지표면에서 좁은 시야를 가질 수밖에 없었던 우리의 착시 현상이라는 것을 밝혀내었다. 그리고 두렵지만 용기를 내어 저 먼바다를 향해 끝없이 나아간 선지자들은 어느새 출발한 자리로 다시 돌아와 있는 자신들을 발견할 수 있었다. 저 바다로의 끝없는 여정에서 종착지는 놀랍게도 우리의 출발지였던 것이다.

이렇게 출발과 끝을 연결해주는 바다로의 여행을 가장 재미있게 할 수 있는 방법으로 필자는 크루즈 여행을 추천하곤 한다. 거의 미동조차 느껴지지 않는 거대한 배에서 펼쳐지는 수많은 공연과 볼거리들, 그리고 아침부터 저녁 늦은 시간까지 공급되는 맛있는 먹거리까지…. 어린 자녀들도 안심하고 맡길 수 있는 다양한 액티비티 프로그램은 물론 중간중간 정착지에서 만날 수 있는 육지에서의 관광은 덤이다. 조금은 수고스럽더라도 성수기를 피해서 크루즈 선사들이 운영하는 홈페이지를 통하여 직접 예약을 한다면 이만큼 가성비가 뛰어난 여행은 단언코 없다고 할 것이다. 카리브해의 깊은 바다와 아름다운 섬들을 느끼며 여행했던 그 기억은 지금도 아련하게 머릿속 깊이 저장되어 있다. 그리고 멀지 않은 미래에 우리 가족은 다시 같은 자리를 여행하게 될 계획이다.

❸

지구는 둥글다

작은 막대기와 각도기로 지구의 크기를 측정하다

이집트의 도시 알렉산드리아에 위치한 도서관의 관장이었던 에라토스테네스는 다른 사람들보다 책을 통하여 인류가 축적해온 지식을 습득할 기회가 많은 사람이었다. 지금처럼 책이 충분히 보급되지 않았던 당시의 상황을 떠올려보면 그는 자연의 섭리를 찾아가기에 참 좋은 환경을 가지고 있었던 셈이다. 평상시에 자연을 세밀하게 관찰하면서 지구는 평평한 것이 아니고 둥근 공 모양이라고 생각을 하고 있던 그는 만약 지구가 둥근 공 모양이라면 그 크기는 얼마나 될지 늘 의문을 가지고 여러 가지 책들을 통하여 의문점을 해결하고자 하였다. 그러던 중 평소와 다를 것 없이 도서관에 있는 책을 읽고 있던 그는 '시에네'라는 마을에 역사가 깊은 깊숙한 우물이 존재하는데 해가 가장 높이 뜨는 하짓날에는 이 깊숙한 우물의 바닥까지 해가 비치게 된다는 현상이 기록된 책을 발견하게 되었다. 깊숙한 우물의 바닥까지 해가 비친다는 것은 해가 우물 위에 수직으로 위치하기 때문일 것이다. 해가 수직으로 위치한다는 것은 그림자가 생기지 않는다는 것을 의미한다. 그런데 만약 지구가 평평하지 않고 휘어져 있는 구 모양을 하고 있다면 같은 시간에 지역에 따라서 같은 우물 안에 비치는 햇살의 높이가 달라지게 될 것이다.

이와 같이 에라토스테네스는 지구의 모양이 평평한지 혹은 공처럼 휘어져 있는지를 하짓날 하늘의 해가 지표면에 내리쬐는 각도를 통해서 유추해낼 수 있다는 것을 간파한 것이다. 그렇다. 지구의 모양이 어떻게 생겼는지를 확인하기 위해서 반드시 지구 밖으로 날아가서 지구를 바라볼 필요는 없다. 우리가 자연의 원리를 잘 이해하고 있다면 이렇게 주변에서 관찰할 수 있는 간접 증거들을 통하여 지구의 생김새를 어렵지 않게 유추할 수 있는 것이다. 에라토스테네스는 지구가 완전한 구형이라고 가정하고 지구에 유입되는 태양 빛은 어느 곳에서나 평행할 것이라고 가정하였다. 그리고 하짓날 정오에 자신이 살고 있는 알렉산드리아와 이로부터 정북 방향에 위치한 도시 시에네의 우물에 각각 막대기를 세워놓고 햇살에 의하여 만들어지는 그림자의 각도를 측정하였다. 측정 결과 분명 시에네에서는 그림자가 생기지 않았던 것에 반하여 알렉산드리아에서는 내리쬐는 태양에 의해 막대기에 그림자가 발생하였다. 이것은 지구가 둥글다는 것을 의미하는 것이었다. 뿐만 아니라 그는 서로 떨어진 두 지역에서 보여주는 막대기와 그림자의 각도 차이를 확인하고 당시에도 잘 알려져 있었던 유클리드 기하학을 이용하여 지구의 둘레가 약 46,250km라고 예측하였다. 이는 오늘의 측정값인 40,008km와 거의 근접한, 놀라울 만한 수치이다. 에라토스테네스는 유클리드 기하학을 활용하여 지금으로부터 2,200년 전 지구의 크기를 단지 막대기와 각도기를 사용해서 거의 근사하게 측정을 해낸 것이다.

이것은 아는 만큼 보인다는 것을 단적으로 증명해주는 많은 사례 중의 하나이며 그것이 가져다주는 경이로운 선물이다. 단순하고 명쾌한 논리로 놀라운 주장을 했던 에라토스테네스의 이러한 가정이 당 시대에 크게 인기를 끌지는 못했을 수도 있지만 훗날 진실로의 여정을 하는 많은 현자들에게 중요한 영감을 제시해주었다는 사실은 분명하다. 그렇다. 오늘 당신이 찾은 작은 진리의 한 조각이 지금은 비록 많은 사람들에게 환영을 받지 못할지라도 먼 훗날 누군가에게 심오한 진리의 비밀을 푸는 중요한 주춧돌로 작용하게 될 수 있음을 잊어서는 안 될 것이다. 행동하는 지성이 인류의 역사를 바꾼다. 사실 거창하게 유클리드 기하학이라는 수학적 접근 방식을 적용하지 않더라도, 태어나면서부터 항상 우리를 쫓아다녔던 달이 저처럼 둥그렇게 보이는 것을 보거나 혹은 저 하늘의 태양이 둥근 형태를 한 채로 하늘에서 빛나는 것을 보고 혹시 우리가 살고 있는 지구도 저렇게 둥그렇게 생긴 것이 아닐까 하는 상상을 과거 그 누군가는 여러 번 했을 것이다. 하지만 그러한 상상을 생각에 그치지 않고 행동으로 옮겨 증명을 해내는 사람들을 역사는 기억한다. 우리 인류는 항상 치밀한 관찰과 연구를 통하여 기존의 상식을 깨고 새로운 발견을 하는 사람들로부터 발전을 거듭해왔다. 물론 새로운 발견과 혁신이 항상 옳은 것만 있었던 것은 아니었을 것이다. 하지만 수많은 시행착오와 실패 속에서도 행동하는 지식인들로 인하여 우리는 결국 진리를 찾을 수 있었으며, 그것을 통하여 지금까지 인류는 찬란한 문명이라는 금자탑을 쌓아온 것이다. 이는 오늘날을 살아가는 우리에게 많은 배울 점을 안겨준다. 실패를 두려워하지 말고 진리 탐구를 위하여 노력하는 것, 그리고 자신이 탐구한 결과물을 정리하고 문자로써 그 결과물을 후대에 남기는 것, 그것이 의미하는 바가 작거나 크거나 혹은 심지어 별다른 심오한 의미가 없는 것일지라도 그 과정들 하나하나가 우리 인류가 쌓아온 거대한 금자탑의 중요한 밑거름이 되고 있다는 것을 항상 기억했으면 한다. 우리 인류의 역사는 이렇게 행동하는 지성들에 의해 발전을 해왔고 또 앞으로 그렇게 발전해나갈 것이다.

내가 존재하는 바로 여기가 이 지구의 중심이다

기원전 200년에 에라토스테네스에 의해 지구가 둥글다는 것이 간단한 실험으로 증명된 이후 수많은 논쟁을 거치면서 지구가 둥글다는 증거들이 무수히 쏟아져 나왔다. 우리는 월식이라는 현상이 밤에 지구의 그림자가 달에 비치는 현상이라는 것을 이해할 수 있게 되었으며, 낮에 달의 그림자가 태양을 가리는 현상으로 인하여 일식이 일어난다는 것도 알게 되었다. 이런 현상들은 하늘이 불손한 인간 세상에 노하여 빛을 거두어 가려고 한다거나 또 다른 신의 심오한 계시가 담긴 메시지가 아니었던 것이다. 이는 단지 지구를 비롯하여 우주 공간에 존재하는 대부분의 거대한 천체들이 둥그렇기 때문에 주기적으로 발생하는 자연스러운 현상들이었다. 이러한 간접적인 경험들을 토대로 해서 지구가 둥글다는 것을 직접 인류가 경험하게 된 것은 1519년 9월 서쪽으로만 계속 항해한 마젤란이 1522년 9월 다시 스페인의 세비야라는 도시로 돌아온 사건이었다. 서쪽을 향해 오직 앞으로만 나아간 배가 다시 출발했던 자리로 돌아왔다. 지구가 둥글다는 것 말고는 이러한 현상을 설명할 수 있는 또 다른 방법이 있을까? 이 사건을 통해서 인류는 비로소 둥그런 지구의 모양을 직접적으로 경험할 수 있게 된 것이다.

이렇듯 지구는 둥글다. 그렇기 때문에 지구의 중심은 없다고 할 수 있으며 혹은 지구상에 존재하는 모든 곳이 바로 중심이 될 수 있다. 구 위에서 기어다니는 개미를 상상해보자. 이 구 위의 중심은 어디인가? 그렇다. 개미가 어디에 있든지 바로 그 위치가 중심이다. 과거 역사를 돌이켜보면 강성했던 나라들은 자신들의 나라가 이 세상의 중심일 것이라는 생각을 가지고 있었다(심지어 현대사회를 살아가는 지금도 자신들의 국가가 세계의 중심이라고 믿는 사람들이 있다). 강성한 국력을 바탕으로 세상을 지배했던 그들의 시선으로는 내가 살고 있는 바로 이 나라가 이 세상인 지구의 중심이어야 했다. 그리고 오만한 인류는 동일한 원리로 이 지구가 우주의 중심이라고 생각을 해왔다. 세상을 아우르고 있는 자신과 같이 고귀한 존재가 설마 이 세상의 중심이 아닌 변두리에 있다고는 생각할 수 없었던 것이다. 하지만 앞서 살펴보았듯이 둥그런 구 모양의 지구에서는 절대적인 중심이 없다. 이 둥그런 지구 위에 사는 우리 모두는 각자 모두 지구의 중심에 있는 것이다. 신은 고귀한 신분을 가지고 태어난 인간이나 단체, 민족 혹은 국가에게도 세상의 중심이라는 특별함을 별도로 부여하지 않았다. 우리 모두는 태어나는 바로 그 순간부터 각자가 모두 존중받아야 할 귀중한 존재인 것이다. 이런 이야기를 조금만 확장하면 우주의 중심이 우리 지구라는 생각도 얼마나 오만한 것인지를 어렵지 않게 이해할 수 있다. 지구는 이 우주의 중심이 아니다. 이 우주에 존재하는 모든 개별적인 천체 모두가 바로 이 우주의 중심인 것이다.

지금까지 이렇게 지구가 둥글다는 증거들이 셀 수 없이 많이 나왔다. 하지만 지구가 둥글다는 사실을 거의 모든 사람들이 의심할 수 없이 확실하게 목격하게 된 사건은 바로 우주 밖에서 지구를 직접 찍은 사진이었을 것이다. 지구 밖으로 우주선을 띄워 지구의 모습을 스스로 찍을 수 있게 된 것은 1970년대이므로 비교적 최근의 일이다. 즉, 우리는 최근에야 비로소 우리가 살고 있는 지구의 전체 모습을 우리의 눈으로 직접 확인할 수 있게 된 것이다. 하지만 지구가 둥글다고 예견한 것은 지금으로부터 최소한 약 2,200년 전이라는 점을 떠올려보자. 이러한 사실은 비록 우리 육안에 보이지 않는다고 하더라도 내면의 진실은 우리 주변에 대한 깊은 연구와 통찰로 밝혀질 수 있다는 교훈을 다시 한번 우리에게 알려주고 있다.

미국 3대 캐년 중의 하나인 브라이스캐년. 물과 바람이 흙으로 만들어진 바위를 빚어 이런 예술 작품을 만들어냈다. 자연은 이러한 방식으로 지금도 자신만의 조각을 아로새기고 있다. 우리의 선조들도 이러한 자연의 경이로운 힘을 잘 알고 있었다. 그래서 이 세상이 물, 공기, 흙 그리고 이와는 다른 신비로운 현상인 불로 이루어져 있다고 생각했다. 물론 이러한 사고의 과정에는 어떠한 논리적인 설명은 없었다. 다만 오랜 시간 동안 인류의 경험이 켜켜이 쌓이고 심오한 철학자들의 구전과 경험에 기반한 생각으로 이러한 주장이 만들어진 것이다.

다소 실망스러울 수도 있지만 지금의 과학은 이러한 철학적 사고로부터 시작되었다. 하지만 이러한 철학적 사고는, 셀 수 없이 다양한 물질로 만들어져 있는 것처럼 보이는 이 거대하고 매우 복잡한 자연이 사실은 단순한 몇 가지 물질들이 조합되어 만들어진 서로 다른 모습일 뿐이라는 관점을 만들어주었다는 점에서 그 의의가 크다. 이렇게 세상을 단순화하여 바라보려는 노력과 시도가 결국 지금 우리의 과학 문명을 만들어낸 것이다. 이것이 우리가 우리의 과거를 알아야 하는 이유이며, 우리는 이 점을 잊어서는 안 된다.

❹

물, 불, 공기, 흙으로 세상을 만들다

이 세상은 어떻게 만들어졌을까? 신이 이 세상을 창조하였다는 창조론은 과학이 발전함에 따라 점차 설 자리를 잃어가고 있다. 하지만 진보된 현대 과학조차도 아직까지 창조의 기원에 대해서는 명확한 설명을 내놓지 못하고 있다. 과학이 이에 대한 명확한 설명을 하지 못하는 이유는 현재 우리의 과학 수준으로는 아직 자연 속에 깊이 봉인되어 있는 그 비밀을 풀지 못했기 때문이다. 따라서 단지 현대 과학이 창조의 기원을 명쾌하게 설명하지 못하는 것을 근거로 해서 신비주의로 빠지는 것은 경계 해야 한다. 필자는 여기에서 창조론과 과학적 진화론에 대한 오래된 논쟁을 꺼내고자 하는 것은 아니다. 다만 우리의 기원에 대하여 명확한 설명을 할 수 있기 전까지는 창조론을 포함하여 진화론까지도 모든 가능성을 열어놓는 것, 그것이 바로 우리가 이 아름다운 자연과 세상을 진심으로 대하는 자세가 아닐까 생각한다. 무한한 가능성을 인정하고 그것을 상상하는 것에서부터 과학은 시작되었고, 발전되어가고 있다. 이 세상은 도대체 어떠한 것을 계기로 시작되었는지 아직까지는 명확하게 알 수 없다. 하지만 어떠한 이유로든 만들어진 이 세상이 어떻게 시작되었고 어디로부터 온 것일까 하는 이와 같은 질문은 동양과 서양은 물론이고 철학과 과학의 경계가 없었던 고대로부터 지금까지 계속 이어져오고 있다.

과학은 철학에서 시작되었고 철학을 통하여 발전해왔다

우리 세상은 무엇으로 만들어져 있을까 하는 질문에 대하여 처음으로 이에 대한 설명을 한 사람은 역사의 기록 속에서 기원전 약 600년 탈레스라는 사람이라고 전해진다. 그는 보편적인 자연현상으로부터 과학적인 원리를 찾으려고 노력한 사람이었다. 탈레스는 이 세상의 근원이 '물'로 이루어져 있다고 생각했다. 이 세상의 다른 모든 물질은 모두 물의 다른 모습이라는 것이다. 그렇다. 고대 사람들의 이러한 생각은 과학적 근거에 기반한 것이 아니라 깊은 고뇌와 생각에서 나오게 된, 철학적 접근이었다. 그러나 이렇게 수많은 철학적 시도들이 결국은 인류가 현대의 고도 문명을 이룰 수 있게 된 출발점임을 잊어서는 안 될 것이다. 우주에 대한 지식이 여전히 많이 부족한 현시점에서도 저 우주 심연 속에 숨겨진 비밀의 문을 열기 위해서는 이러한 철학적 시도들이 필요하다. 물질의 기원에 대한 고대 사람들의 이러한 생각은 조금씩 발전하여 엠페도클레스에 이르러서는 세상의 모든 물질은 물, 불, 흙, 공기의 4가지 원소로 이루어져 있으며 이 세상은 이 4가지 원소의 조합으로 이루어져 있는 것이라고 설명을 하는 수준으로 발전하였다. 이를 '4원소설'이라고 한다. 이후 알렉산더 대왕의 스승이기도 했던, 우리에게도 잘 알려진 아리스토텔레스에 의해 4원소설이 이론적으로 잘 다듬어지면서 고대에 이 세상의 구성을 설명하는 주요 이론으로 상당 기간 동안 자리 잡게 된다. 물, 불, 흙, 공기 이 4가지가 적절한 환경 속에서 조합되면서 이 세상의 만물이 만들어졌다는 이 4원소설은 지금의 우리가 보았을 때는 가당치도 않은 소리로 들릴 수도 있다. 하지만 먼 옛날 고대 사람들이 복잡하고 다양하게 구성되어 있는 것처럼 보이는 이 세상 만물이 단순한 몇 가지 물질의 조합만으로 만들어진 것이라는 생각을 하기 시작했다는 점에서 높이 평가할 수 있다. 이것은 겉으로 보이는 세상의 복잡한 현상을 단순화시켜서 쉽고 아름다운 법칙으로 보여주고자 하는 현대 과학의 기본 철학과도 일맥상통하기 때문이다. 고대 사상가들의 바로 이러한 점들이 후대의 현자들에게 깊은 영감을 심어주면서 또 다른 발전을 하게 되는 계기가 된다.

자연의 이치는 결코 다수결로 결정되지 않는다

이처럼 고대로부터 우리는 이 세상을 구성하고 있는 것이 무엇인지에 대한 철학적 고민을 끊임없이 해왔다. 세상은 무엇으로 이루어져 있느냐는 질문에 대하여 철학적인 접근이 계속되면서, 흥미로운 것은 '원자'라는 개념이 등장하게 되었다는 것이다. 기원전 약 300년 고대 철학자 중의 한 명이었던 데모크리토스는 물질을 계속 쪼개다 보면 더 이상 쪼갤 수 없는 아주 작은 입자가 되며 만물은 모두 이렇게 더 이상 쪼갤 수 없는 가장 작은 기본 입자들로 구성되어 있다고 주장하였다. 그는 이 기본 입자들에 원자(atom)라는 이름을 붙이기도 하였다. 이것이 바로 현재 우리가 사용하는 원자의 어원이 된 것이다. 데모크리토스의 이러한 주장은 아마 깊은 사색과 철학의 결과였을 것이다. 어떤 물질을 계속 작게 쪼갰는데 무한하게 계속 쪼갤 수 있다면 결국 아무것도 남지 않는 상황과 마주하게 될 것이다. 분명 존재했던 물질이 단순히 쪼개는 과정을 통해서 사라지는 마법이 존재할 리는 없을 것이다. 이렇게 시작된 데모크리토스의 원자론은 현대의 원자론과 매우 유사한 모델이었다. 하지만 당 시대에 영향력이 매우 컸던 플라톤과 아리스토텔레스에 의해 '세상은 4가지 물질들의 조합으로 이루어져 있다'라는 4원소설이 정설이 되어 있는 상태였기 때문에 오랜 시간 동안 어둠에 묻혀 있다가 19세기가 되어서야 다시 세상으로 나와 이 세상 물질의 기원을 설명하는 중심에 자리 잡게 되었다. 우리는 많은 분야에서 다수결이나 유명 학자의 권위에만 의존하는 것이 때로는 얼마나 무모한 것인가를 역사 속에서 수없이 경험해왔다. 그중에서 적어도 과학 분야에서만큼은 다수결이나 학자로서의 권위가 아니라 실험과 증명을 통해서만 앞으로의 전진이 가능한 것임을 잊지 말아야 할 것이다.

이처럼 고대로부터 자연에 대한 이해를 하고자 했던 철학적 시도들은 현대 과학의 모태가 될 수도 있는, 설득력 있는 많은 이야기들을 쏟아내었다. 하지만 당시에는 그들의 주장을 논리적으로 증명할 수 있는 언어로서 발전된 수학이라는 도구가 부족하였고 이를 실험적으로 증명할 수 있는 기술은 더더욱 없었다. 따라서 주로 철학적인 접근 방법에서 출발하여 과학적 근거보다는 경험에 의한 직관적인 이해를 기반으로 하고 있었다는 데 그 한계가 있었다. 그럼에도 불구하고 세상의 본질에 대하여 탐구하려는 이러한 시도는 철학을 통하여 후대에까지 계속 이어지게 된다. 그리고 이러한 것들이 문명의 발달과 함께 실제 실험과 수학적 검증이 가능한 과학으로의 분화가 이루어지게 되는 밑바탕이 되었음을 부정할 수는 없을 것이다.

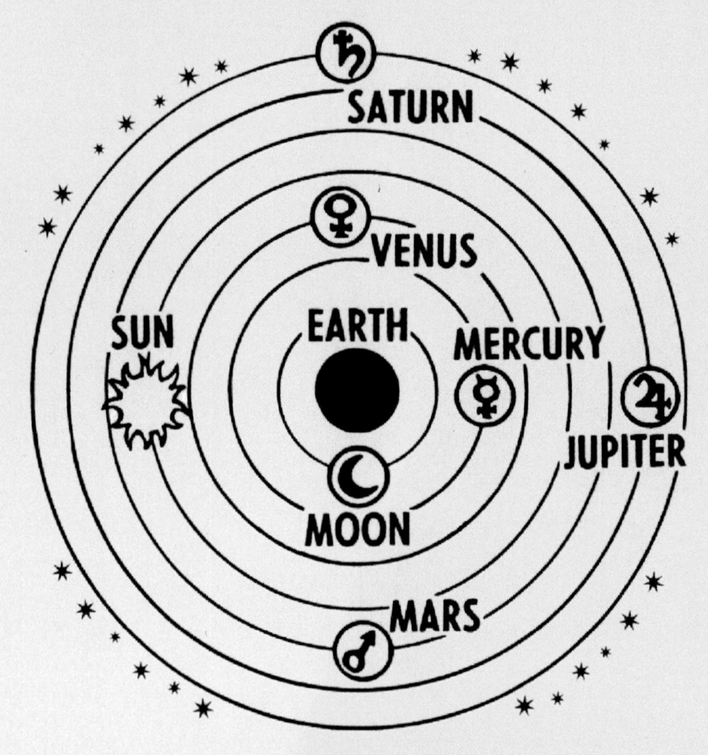

출처: 픽사베이

지구를 중심으로 모든 천체가 공전하고 있다는 천동설은 고대인들의 눈에는 오히려 자연스러운 것이었다. 이것은 세상의 중심이 지구임을 알려주고 있으며 그렇기에 지구는 온 우주의 주인공인 동시에 유일무이한 존재가 된다. 그러므로 그러한 지구에서 살아가는 인간은 자연스럽게 세상에서 가장 고귀한 존재가 되는 것이다. 이것은 후대로 가면서 신이 세상을 창조하면서 그 중심에 지구와 인류를 만들었다는 종교적인 사상과 결부되며 오랜 시간 동안 인류의 역사를 지배하게 된다. 천동설의 세계관 속에서는 지구를 중심으로 태양과 달이 공전하고 있으며 당시에는 별이라고 여겨졌던 태양계의 5개 행성들의 공전 궤도도 표현이 되어 있다. 그 외부의 천구에는 세상의 나머지 모든 별들이 천구에 박힌 채 고정이 되어 있다. 실제로 세상이 이러한 구조를 가지고 있다고 생각하고 마주해보자. 이 우주에서 지구가 가지는 의미가 얼마나 대단한 것인가? 지구를 제외한 이 세상 모든 천체는 오직 지구만을 위하여 존재한다. 물론 지구상에 살고 있는 우리가 듣기에 어깨를 으쓱하게 만드는 대단한 일이긴 하지만 현대의 우리는 이것이 얼마나 잘못된 생각인지 이미 알고 있다. 자기중심적인 세계관은 언제나 이렇게 많은 오류를 만들어낸다.

❺
지구가 우주의 중심이다, 천동설

나를 중심으로 모든 것이 움직이는 세상

지구가 둥글다는 것을 이해하게 된 일부 고대 그리스인들은 이제 지구뿐만 아니라 달, 태양, 그리고 우리 주변 별의 운동에 대하여 눈길을 돌렸다. 우리에게 잘 알려져 있는, 기원전 약 400년경의 플라톤도 그중 한 명이었다. 소크라테스의 제자이기도 했던 그는 태양과 달을 비롯한 천체의 모든 만물이 지구를 중심으로 운동하고 있다고 생각했다. 이를 천동설이라고 하며 플라톤은 이러한 주장을 한 대표적인 인물이었다. 지금 우리들의 상식으로는 말도 안 되는 주장이라고 생각할 수 있지만 당시에 고대 사람들이 이 세상 모든 것들이 지구를 중심으로 돌고 있다고 생각한 것은 전혀 이상한 것이 아니었다. 바쁘시겠지만 우리 일과 중 하루를 정해서 여유를 가지고 유심히 하늘을 한번 관찰해보도록 하자. 별것 아닌 것 같지만 일상 중에 이러한 잠시 동안의 여유가 우리에게 얼마나 많은 위안과 휴식이 될 수 있는지 직접 경험해보시기를 바란다.

아침에 조금 일찍 일어나 산 너머의 동쪽 하늘을 응시하고 있어보자. 그러면 이내 저 멀리 산등성이에서 조금씩 붉은 빛을 아름답게 퍼트리며 떠오르는 태양과 마주하게 된다. 그렇게 동쪽에서 떠오른 태양은 조금씩 고도를 높여가면서 한낮인 정오에는 하늘의 가장 높은 곳까지 이동한다. 그렇게 가장 높은 곳까지 떠오른 태양은 우리의 머리 위에서 서쪽 방향으로 이동을 계속하여 결국은 서쪽 하늘 아래로 자신의 모습을 감추면서 자신이 등장한 모습 그대로 이 세상을 붉게 장식하며 사라진다. 혹시나 이렇게 사라져버린 태양을 내일은 볼 수 없다면 어쩌지 하고 걱정하는 사람은 아마 없을 것이다. 고대에 살았던 플라톤의 눈에도 이와 완전히 같은 방식으로 태양은 동쪽에서 뜨고 서쪽으로 사라져갔다. 그리고 내일도 그 태양은 우리에게 변함없이 아름다운 모습을 선사해줄 것이다.

분명 태양은 지구 주위를 그렇게 돌고 있다. 우리의 눈으로 보기에 움직이는 것은 분명 지구가 아니라 바로 태양인 것이다. 그렇게 태양이 서쪽 땅 아래로 사라지게 되면 이제는 비로소 낮에는 보이지 않았던 달과 별이 그 존재감을 드러낸다. 하지만 사실 낮에도 달과 별은 변함없이 하늘에 같은 모습으로 떠 있었다. 지구에서 낮에 별이 보이지 않는 이유는 지구를 둘러싸고 있는 대기층이 햇빛에 의해 파란색으로 산란되기 때문이다. 따라서 달과 같이 대기층이 없는 작은 천체에서 하늘을 바라본다면 낮에도 별들을 잘 관찰할 수 있다. 우리가 보고 느끼고 경험하는 것이 지구를 벗어난 다른 장소에서도 항상 같을 것이라는 것은 분명 우리의 착각이다.

세상이 변하는 것이 아니라 내가 바라보는 세계관이 세상을 변화시키는 것이다

이렇게 우리의 눈에 비치는 모든 달과 별들은 마치 태양이 그러하였던 것처럼 분명 나의 머리 위에서 지구를 중심으로 공전하고 있는 것처럼 보인다. 자, 만약 당신이 저 먼 옛날 고대에 살고 있으며 어느 한적한 시골에 있는 언덕에서 위에서 이야기했던 것처럼 하늘을 관찰하고 있었다고 해보자. 내가 바라보는 저 하늘의 태양과 달과 별들이 나를 주위로 돌고 있는 것처럼 보이지 않는가? 분명 태양과 달은 지구를 중심으로 돌고 있다. 그렇다. 당신의 눈이 이상한 것이 아니다. 만약 천문학에 아무런 지식도 없는 상태에서 내 눈앞에서 일어나는 현상만을 본다면 분명 태양과 달뿐만 아니라 천체의 모든 별들은 지구를 중심으로 회전하고 있다.

우리는 아주 어린 시절 내가 세상의 주인공인 것처럼 느꼈던 경험이 한 번쯤은 있다. 하지만 나이가 들어가면서 이 세상이 얼마나 큰지, 나와 같은 사람들 또한 얼마나 많은지를 깨닫게 되면서 나는 자연스럽게 세상의 주인공에서 내려오게 된다. 변한 것은 아무것도 없다. 오직 나의 깨달음이 세상을 객관적으로 바라보게 해주는 것이다. 천문학 지식이 부족했던, 고대 사람들이 바라보았던 세상에서는 분명 지구가 이 세계의 중심이었다. 무슨 이유인지는 모르겠지만 세상 모든 천체는 내가 살고 있는 지구를 중심으로 공전하고 있는 것으로 보인다. 그렇다면 지구는 분명 세상의 중심에 위치해 있는 것이 분명하다. 따라서 그러한 관점에서 세상을 바라본다면 분명 우리가 살고 있는 지구는 이 세상의 주인공이고 그러한 지구상에 살고 있는 우리 자신 또한 세상의 중심에 서 있는 고귀한 존재가 되는 것이다. 고대로부터 중세에 이르기까지 인간이 가졌던 고귀한 자부심은 바로 이러한 관측 결과에 뿌리를 내리고 있는 것이다. 과거의 세상과 지금의 세상이 달라진 것이 아니다. 나의 어린 시절이 그러했듯이 내가 세상을 바라보는 세계관이 달라진 것이다. 우리는 종종 자신이 변화하는 것은 느끼지 못한 채 오히려 세상이 변하고 있다고 생각하는 경우가 많다. 하지만 관점을 돌려서 생각을 해보면 사실 변하고 있는 것은 세상이 아닌 자신이었음을 종종 깨닫게 된다. 이렇게 진리로의 여정에서 얻게 되는 교훈이 곧 나의 삶과도 연관이 되어 있는 경우를 우리는 심심치 않게 만나게 된다. 이것은 나 자신조차도 곧 자연의 일부이기 때문이며, 따라서 자연을 알아가는 과정은 곧 나를 알아가는 과정이기도 한 것이다.

자연을 탐구하는 우리에게 필요한 것은 너그러운 포용적 자세이다

이제 현시대를 살아가는 우리 대부분은, 나를 주위로 온 세상이 움직이고 있다는 것은 실체적 진실이 아니라는 것을 학습과 교육을 통해서 알고 있다. 오늘도 태양과 달은 과거 그리스 시대에 그러했던 것처럼 정확하게 동일한 방식으로 지구를 중심으로 공전을 하고 있다. 내 눈앞에서 펼쳐지는 상황은 과거와 전혀 달라진 것이 없다. 하지만 천체의 운동에 대한 지식을 교육을 통하여 학습한 사람이라면 이것이 상대적인 운동 상태에 따른 착시 현상일 뿐이라는 것을 쉽게 알아차릴 수 있다. 사실 지구는 이 세상의 중심도 아니었으며 단지 태양 주위를 공전하는, 다른 많은 행성 중의 하나에 불과한 존재였던 것이다.

필자가 여기서 강조하고 싶은 것은, 하늘의 천체들을 관측하면서 이 세상의 모든 것이 지구를 중심으로 돈다고 생각하는 것이 어리석거나 우스꽝스러운 것은 아니라는 것이다. 오히려 그것은 우주에 대한 천문학적 지식이 없다면 아주 자연스러운 생각이다. 다만 우리가 가져야 할 자세는 내가 바라본 관점만이 항상 진실이 아닌 경우도 많기에 실험과 증명에 의하여 그 사실이 증명된다면 그런 것들도 언제든지 받아들일 수 있는, 한없이 너그러운 포용적인 자세라는 것이다. 현시대를 살아가는 우리는 아직도 문화, 종교, 국가, 인종, 이데올로기 등등의 측면에서 자기중심적 가치관에 매몰되어 발생하는 갈등의 현장들을 어렵지 않게 목격할 수 있다. 지구에서 살아가고 있는 우리 입장에서 보이는 달과 태양의 모습에서 벗어나서 달과 태양에서 보이는 지구의 모습을 상상해보는 것처럼 만약 우리가 상대방 입장의 관점도 한번 생각을 해보는 노력을 한다면 어떨까? 서로에 대한 관점을 동등하게 경험해보고 대화와 타협을 통하여 문제를 해결할 수 있다는 확고한 신념만 가질 수 있다면 우리가 사는 세상은 분명 지금보다 훨씬 더 아름답게 만들어질 것이다.

물론 현실에서 이러한 노력을 한다는 것은 결코 쉽지 않은 길이다. 하지만 적어도 상대방 관점에서 나를 바라볼 때에 대한 인식도 분명 존재한다는 사실을 인지하고 앞으로 나아가는 것이 진실을 향해 여행하는 우리의 자세가 아닐까 한다. 어떠한 사실을 전혀 알지 못하는 것과 그 사실에 대하여 무엇을 알지 못하는지 모르는 것과는 분명 큰 차이가 있기 때문이다. 내가 바라보는 시선과 상대방이 바라보는 시선에 대한 관점이 동등하다 는 사실은 자연을 탐구하고자 하는 사람들뿐만 아니라 세상을 살아가는 우리 관계에서도 항상 적용되어야 하는 기본자세인 것이다.

세상을 천상계와 지상계로 구분하다

고대의 저명한 학자 플라톤은 달, 태양 그리고 천상계의 모든 별들이 지구를 중심으로 돌고 있다고 생각했다. 그런데 저 하늘의 달과 태양은 어떻게 떨어지지 않고 그렇게 안정적으로 계속 이 지구 주위를 돌고 있는 것일까? 그리고 도대체 어떤 방법으로 그렇게 일정하게 규칙적인 주기를 가지고 공전하는 것일까? 플라톤이 이것을 논리적으로 설명할 수 없었음은 당연하다. 따라서 그는 이러한 현상을 설명하기 위하여 매우 편리한 가설을 채택하였다. 그는 우리가 사는 세상과 저 하늘 위의 세상을 지배하는 법칙이 근원적으로 다르다고 생각을 했다. 이 세계는 이상적인 세상을 의미하는 천상계인 이데아의 세계와 불완전한 지상계를 나타내는 이미지의 세계로 나뉘어 있다는 것이다. 그리고 우리는 불완전한 현실 세계인 지상계에 살고 있으며, 하늘에 보이는 태양과 달과 별 등이 존재하는 천상계는 모든 것이 이상적으로 완벽한 이데아의 세상에 존재하고 있다. 그러므로 천상의 세계는 모든 것이 완벽하게 운영되는 이상적인 세상이기 때문에 하늘의 태양과 달과 별들은 아무런 어려움 없이 규칙적인 원운동을 하면서 끝없이 지구 주위를 돌고 있다는 것이다. 하지만 우리가 살아가는 현실 세계에서는 이렇게 완벽하고 규칙적인 운동을 하는 것은 불가능하다. 왜냐하면 모든 것이 불완전한 현실 세계에서는 운동을 만들어내는 법칙 또한 불완전하기 때문이라는 것이다.

현실 세계에 있는 나는 아무리 힘차게 공을 굴려도 어느 지점에서는 이내 힘없이 멈추고 만다. 또한 하늘을 향해 던져올린 조약돌은 얼마 오르지 못하고 나에게로 다시 떨어진다. 한번 생각을 해보자. 분명 내가 던진 이렇게 조그만 조약돌도 얼마 지나지 않아 결국 힘없이 땅으로 떨어지게 된다. 그런데 천상에 있는 저 하늘의 거대한 달과 태양은 어떻게 땅으로 떨어지지 않고 영겁의 세월을 그렇게 운동하고 있을까? 상당히 어렵고 난해한 질문 같지만 이를 해결하려는 플라톤의 설명은 매우 단순하다. 이 모든 것은 하늘에 속해 있는 모든 천체들이 우리와는 달리 이상적인 천상계에 존재하기 때문이라는 것이다. 어제 떠올랐던 태양은 어김없이 오늘도 동쪽 하늘에서 솟아오르고 밤이 되면 저 지평선 너머로 떨어졌다가 내일이면 다시 떠올라 우리를 반겨준다. 천상계에 있는 저 거대한 태양과 달은 어느 누구의 도움도 없이 스스로 이러한 운동을 하고 있으며, 밤하늘의 배경 속에 고정되어 있는 저 반짝이는 별들은 결코 떨어지는 일이 없다(별똥별이나 유성 등은 별이 아니다). 이렇게 거대한 천체들의 운동은 게다가 매우 일정하게 규칙적인 패턴을 가지고 있다. 이렇듯 천상계의 운동에서 결점이라고는 찾아볼 수 없는 것은 그 자체로 완벽한 이상적인 세상이기 때문이며 그 운동 법칙 또한 이상적인 운동 법칙이기 때문이라는 것이다. 하지만 우리가 살고 있는 지상계는 어떠한가? 천상계에서는 매일 일어나고 있는 이러한 물체의 운동들을 지상계에서 구현하는 것은 불가능하다. 플라톤은 이것이 현실 세계가 가지고 있는 불완전성 때문이며 그렇기 때문에 현실 세계에서 일어나는 모든 운동들 또한 불완전하다는 것이다. 그는 완벽한 법칙이 적용되는 것처럼 보이는 저 하늘의 천상계는 그 자체가 이상적인 질서가 작용하는 세상이므로 그곳만의 천상의 법칙이 적용된다고 생각한 것이다.

플라톤은 이렇게 천동설을 설명하기 위하여 이 세상을 천상계와 지상계로 분리를 한 것이다. 심호흡을 한번 하고 천천히 우리 주변을 한번 둘러보자. 인간들이 사는 세상은 슬픔과 기쁨, 그리고 분노와 같은 다양한 감정으로 가득 차 있다. 뿐만 아니라 사회는 선과 악으로 나뉘며 오늘도 회사에서 나는 완벽하지 못한 업무처리로 상사에게 꾸지람을 들었다. 우리 주변은 이렇게 완벽하지 못한 상태들과 불완전한 감정과 능력 등으로 가득 차 있다. 그뿐만이 아니다. 인간을 포함한 모든 생물은 태어나면 언젠가는 다시 흙으로 돌아가야만 하는 삶과 죽음을 가지고 있다. 즉, 시작과 끝이 모두 동시에 존재하고 있는 것이다. 이러한 생명체들뿐만 아니라 영원할 것만 같은 돌로 만든 석상조차도 오랜 세월이 지나면 조금씩 마모되어 이내 이전의 형태를 잃어버리게 된다. 이처럼 모든 것이 불완전하고 시작과 끝이 존재하는 지상계와는 달리 천상계는 항상 변함없이 영원한 모습을 우리에게 보여주며 결점이라고는 도저히 찾아볼 수 없다.

이처럼 공통점이라고는 찾아볼 수 없는 두 세계의 다른 모습만을 보아온 당 시대의 사람들이 천상계와 지상계가 전혀 다른 법칙이 지배하는, 완전히 다른 세상이라는 생각을 가지게 된 것은 어찌 보면 전혀 이상한 것이 아니었다. 그것은 오히려 자연스러운 생각이었을지도 모른다. 그렇기 때문에 플라톤의 이러한 주장은 당 시대에 많은 사람들의 호응을 얻게 되었다. 뿐만 아니라 오랜 세월을 거치며 후대에 하늘의 권위와 순수성을 강조하는 종교의 교리와 잘 부합되어 서로 결합되면서 그 위상이 더욱 공고해지게 되었다. 따라서 천상계와 지상계에 대한 이러한 개념은 플라톤 이후 1,500여 년이 넘는 긴 시간 동안 우리 인류의 역사와 문화, 그리고 사상을 지배하게 된다.

철학에 논리라는 옷을 입히면 과학이 된다

앞서 설명했던 것처럼 우리가 하늘의 천체들을 단순히 관찰하면 분명 모든 천체는 지구를 중심으로 돌고 있다. 이것이 천동설의 기원이다. 이처럼 어찌 보면 천동설은 당 시대에 누구나 생각할 수 있는 당연한 관측 결과이기도 하다. 하지만 이러한 천동설을 주장한 사람으로서 플라톤이 역사에 기록된 것은 그가 이러한 주장을 단지 막연하게 한 것이 아니었기 때문이다. 그는 태양이 1년 365일 지구 주위를 어떻게 도는지를 나름대로 논리적으로 설명하였으며 낮과 밤의 길이가 계절에 따라 변하는 이유 등을 천동설을 바탕으로 하여 논리적인 근거를 가지고 설명했다. 그의 이러한 천동설은 아리스토텔레스에 이르러 더 다듬어지면서, 천동설이 단순한 가설을 넘어서 천문학이라는 과학적 학문의 주류로 자리 잡게 되는 시발점이 된다. 철학에 논리라는 옷을 입히면 과학이 된다. 그리고 시간이 지나면서 밝혀지는 새로운 사실들에 의해 이러한 사실은 더 논리적인 방법으로 언제든지 수정될 수 있다. 과학은 이러한 방식으로 고대로부터 지금까지 발전을 해오고 있는 것이다.

플라톤에 의하여 논리라는 옷을 입고 오랜 기간 동안 인류의 세계관을 지배해온 천동설은 지구에 살고 있는 관측자의 입장에서는 매우 설득력 있는 이야기처럼 보인다. 하지만 시간이 흐르면서 이러한 천동설로는 조금 이해하기 힘든 현상들이 천상계의 운동에서도 조금씩 관찰되고 있었다. 그것은 바로 지금도 육안으로 관측이 되는 태양계 내의 다른 행성들의 운동이었다. 고대에도 이미 수성, 금성, 화성, 목성, 토성 이렇게 5개의 행성은 육안으로 쉽게 관찰이 가능하여 그 존재가 알려져 있었다. 물론 당시에는 육안으로만 하늘을 관찰해야 했기 때문에 이러한 행성들조차도 밤하늘의 다른 별들과 마찬가지로 동일한 별들이라고 여겨졌다. 지금은 우리 모두가 알고 있듯이 태양계 내의 이러한 행성들은 다른 별들과 비교해서 지구와 매우 가까운 거리에 있다. 따라서 이들 행성의 움직임은 지구에서도 그 변화가 쉽게 관찰이 된다.

하지만 이런 태양계 내의 행성들과는 달리 밤하늘에서 빛나는 대부분의 별들은 지구와의 거리가 너무 멀리 떨어져 있기 때문에 그 별들이 아무리 빠른 속도로 이동하고 있다고 하더라도 지구에서 보면 마치 정지해 있는 것처럼 보인다. 이는 버스를 타고 여행을 다닐 때 버스 창 너머 바로 보이는, 가까이 위치한 가로수들은 눈앞에서 빠르게 스쳐 지나가지만 저 멀리 지평선 너머에 보이는 산은 마치 정지해 있는 듯 보이는 것과 같은 이치이다. 이처럼 하늘에서 움직이고 있는 천체의 거리가 얼마나 떨어져 있느냐에 따라 실제 관찰되는 천체의 운동 속도는 다르게 보일 수 있는데 이를 천체의 겉보기 운동 속도라고 한다. 물론 지구로부터의 거리가 매우 멀다 하여도 겉보기 운동 속도가 전혀 없는 것은 아니기 때문에 오랜 시간이 지나면 별들의 위치가 이동했다는 것을 알아차릴 수 있게 된다. 2천 년 전 북극성의 위치와 지금의 위치는 그 차이가 크지는 않지만 분명 다르다. 하지만 길어야 100년을 넘기지 못하는 인간의 수명을 생각해본다면 고대 사람들이 별들의 위치가 조금씩 바뀌고 있다는 것을 알아차리기는 불가능했을 것이다. 그래서 고대 사람들은 별들은 이동하지 않고 밤하늘의 별들이 천구에 고정되어 있다고 생각했던 것이다.

움직임이 매우 잘 관찰되는 특이한 별들

그러나 정말 신기하게도 고대 사람들의 육안에도 인지가 될 정도로 큰 움직임을 보이는 천체들이 있었다. 후대에서야 별이 아닌 수성, 금성, 화성, 목성, 토성으로 밝혀지게 된 이 5개의 천체들은 천구에 고정되어 있는 다른 수많은 하늘의 별들과는 전혀 다른 움직임을 보여주고 있었다. 사실 이 행성들이 빛나는 이유는 스스로 빛을 내고 있기 때문이 아니라 단지 태양과의 가까운 거리로 인하여 태양 빛에 반사되기 때문이다. 하지만 지금도 이들 5개의 천체가 육안으로는 다른 별들과 구분되지 않는다는 것을 떠올려본다면 고대 사람들이 이러한 태양계 내의 행성들도 별이라고 생각했던 것이 전혀 이상하게 느껴지지 않을 것이다.

따라서 다른 별들과는 달리 신비한 움직임을 보여주는 이 5개의 별은 천동설을 주장하는 이들에게는 매우 기이한 현상이었다. 지구가 이 세상의 중심이 되어 있는 그들의 이론 체계에 따르면 지구 주위를 움직이고 있는 달과 태양 이외의 모든 별들은 반드시 천구에 고정되어 있어야 했던 것이다. 천동설을 주장하는 사람들의 생각에는 이상적인 운동 법칙이 적용되어야 하는 천상계가 이렇게 불완전한 모습을 보여준다는 것은 있을 수 없는 일이었다. 즉, 천동설에 무엇인가 모종의 수정이 필요하게 된 것이다.

그러므로 그들은 이 5개의 별들은(물론 실제로는 별이 아니고 행성이다) 천구에 고정되어 있는 하늘의 다른 별들과는 달리 어떠한 이유에서인지는 모르지만 각자 독특한 나름의 이상적인 운동 경로를 가지고 움직인다고 생각했다. 무언가 어설픈 설명이긴 했지만 이렇게 함으로써 이 5개의 별들이 다른 별들과는 달리 왜 천구에 고정되어 있지 않고 움직이고 있는 것처럼 보이는지를 설명하려고 했던 것이다.

이제 앞으로 우리의 여정 속에서 자연스럽게 알게 되겠지만 세상을 설명하는 법칙은 결코 복잡하지 않다. 단순하고 아름다우며 단 하나의 원리로 만물을 설명할 수 있는 것이 세상이 운영되고 있는 법칙이다. 혹시라도 예외되는 상황을 설명하기 위해 상황에 따라 수정하거나 부차적인 조건을 설명해주어야 하는 이론이 있다면 그것은 법칙이라고 이야기하기에는 아직 완성이 되지 않은, 불완전한 이론으로 봐야 한다. 하나에 하나를 더하면 둘이 되는 원리는 지구뿐만 아니라 저 우주 너머의 또 다른 행성에서도 같이 적용이 되어야 한다. 혹시 하나에 하나를 더하면 셋이 되는 현상을 발견했다면 셋이 될 수밖에 없는 다른 이유를 찾기보다는 우리가 아직 덧셈의 원리를 완벽하게 이해하지 못했다고 판단하는 것이 합리적이다. 따라서 우리가 진리를 찾기 위하여 나아가야 할 방향은 우리가 보지 못하는 숨겨진 덧셈의 원리를 찾는 데 집중해야 할 것이다. 그것이 최소한의 노력으로 자연의 법칙을 발견해나갈 수 있는 방법인 것이다. 이처럼 완벽하고 이상적인 운동 법칙이 적용되던 순수한 천상의 세계는 그렇게 모순과 불완전한 설명의 방법으로 계속 덧칠이 되면서 그 순수성이 조금씩 무너져가고 있었다.

반대 방향으로 움직이는 천체들

사실 천상계에서 보이는 예외적인 상황을 설명하려는 이런 노력만으로도 고대 당시를 살아가는 일반적인 사람들을 설득하기에는 부족함이 없을 수도 있었다. 하지만 시간이 흐르면서 이러한 설명만으로는 도저히 해석이 될 수 없는 기이한 현상들이 계속 발견된다. 지구는 자전을 한다. 그러므로 밤하늘에서 별들을 바라보면 모든 별들이 자신들의 위치는 고정이 된 상태에서 모두 한 방향으로 움직이는 것처럼 보인다. 이것은 모든 별들 또한 천구에 고정이 된 채로 정해진 궤도를 따라 지구를 돌고 있다면 설명이 가능해진다. 마치 해와 달처럼 말이다.

하지만 앞서 언급했던 5개의 천체들은 정해진 궤도를 따르는 것이 아니라 매우 독특한 움직임을 보여주고 있어 의문을 자아내게 했다. 따라서 천동설의 이러한 오류를 해결하기 위하여 이 5개의 천체는 무슨 이유인지는 모르지만 천구에서 이탈되어 자신만의 운동 궤도를 돌고 있다는 방식으로 이런 현상을 설명하게 된 것이다. 그런데 이 5개의 천체들은 운동 궤도뿐만 아니라 그 운동 방향까지도 매우 괴이하였다. 항상 일정한 한쪽 방향으로 운동하는 다른 모든 별들과는 달리 이 천체들은 어느 순간에는 일시적으로 반대 방향으로 움직이는 역행 운동을 하는 것이었다. 이것을 '행성의 역행 운동'이라고 한다.

한번 생각해보자. 만약 지구를 중심으로 천구의 모든 천체들이 공전을 하고 있다면 그들의 운동 방향은 일관되게 한쪽 방향이어야만 할 것이다. 그런데 특정한 천체들의 운동 방향이 어느 순간에는 갑자기 반대 방향으로 이동하는 것으로 관측되는 것이었다. 이것은 지구를 중심으로 다른 모든 천체들이 돌고 있다고 생각하면 도저히 일어날 수 없는 현상이다. 하지만 지구를 세상의 중심에서 내려놓고 생각을 해본다면 이러한 현상을 설명할 수 있다. 정확한 비유는 아니지만 원형 트랙에서 각자의 레인에서 달리고 있는 달리기 선수들의 모습을 상상해보자. 본인들은 같은 속도로 달리더라도 관찰자 입장에서는 달리고 있는 각자의 레인 위치에 따라 달리기하는 선수들이 역행하는 것처럼 보이는 순간이 관찰된다. 이처럼 우리 자신이 움직이고 있는 대상이라고 생각하고 사고를 해나가게 되면, 행성들의 갑작스러운 역행 운동의 원리는 쉽게 설명이 가능하다.

즉, 태양을 중심으로 지구를 비롯한 모든 행성들이 돌고 있으며 지구는 태양 주위를 공전하고 있는 하나의 작은 행성에 불과하다는 지동설이 나오고 나서야 행성의 역행 운동에 대하여 논리적인 설명을 할 수가 있게 된다. 하지만 고대 이후 하늘의 천체 움직임을 설명하는 천문학은 우주의 중심이 지구일 것이라는 지구 중심주의에서 벗어나지 못하고 정체와 답보를 거듭하고 있었다. 그리고 이러한 잘못된 세계관으로는 설명이 안 되는 현상이 관찰될 때마다 자신들의 세계관을 바꾸려는 시도보다는 모순이 되는 현상을 설명하기 위하여 세상을 더욱 복잡하고 괴이한 모양으로 수정을 해나갔다. 따라서 이렇게 명확하게 보이는 불합리한 현상들이 꾸준히 관측되었음에도 불구하고 오랜 세월 동안 지구를 중심으로 모든 천체가 공전을 한다는 천동설이 우리의 우주를 설명하는 주류로 명맥을 유지하게 된다. 이는 인간이 살고 있는 지구가 온 우주의 중심이며 그것은 바로 인간은 특별한 존재라는 기본적인 인식이 바탕이 되었기 때문에 오랜 기간 동안 큰 거부감 없이 받아들여졌을 것으로 생각된다. 하지만 우리가 사는 지구가 태양을 중심으로 공전하는 다른 하나의 행성일 뿐이며 우주의 중심은 더더욱 아니라는 생각들이 본격적으로 태동하기 시작하는데, 이는 15세기에 들어서면서 코페르니쿠스에 의하여 우주 시대로의 본격적인 또 다른 서막을 알리는 계기가 된다.

종교재판장에서 지동설을 부정하고 있는 갈릴레오

갈릴레오는 지동설을 주장했다는 이유로 종교재판에 회부되어 고초를 겪었다. 종교적 가치관에 의해 지배받고 있던 당시의 중세 사회는 신의 섭리에 반하는 어떠한 사상도 허용치 않았다. 하지만 지구가 이 세상의 중심이어야만 한다는 것이 정말 신의 뜻이었을까? 그것은 신의 뜻과는 상관없이, 단지 자신의 사익을 위하여 몇몇 인간에 의해 만들어진 자의적인 기준이었을지도 모른다. 오히려 태양이 세상의 중심이 되어야지만 이 세상이 아름다운 조화로 운영이 된다면, 그것이 바로 신의 뜻 아니었을까?

❻ 그래도 지구는 돈다, 지동설

창조론에 논리적 근거를 부여해준 천동설, 종교계의 전폭적인 지지를 받다

지구가 태양을 중심으로 공전을 하고 있다는 지동설을 최초로 주장한 사람은 기원전 270년경의 아리스타르코스라는 인물로 알려져 있다. 그는 지구가 태양을 중심으로 돌고 있다고 주장하며 당 시대에 이미 널리 알려져 있던 피타고라스의 정리를 활용하여 태양과 달의 크기를 직접 계산해보기도 했다고 한다. 물론 그 값은 실제와는 상당한 차이가 있었으나 당 시대에 이러한 혁신적인 생각을 하고 시도를 했다는 것 자체로 높이 평가받을 만하다. 물론 그의 주장은 당대에는 어이가 없는 웃음거리로 취급당했다. 반복되는 이야기이지만 지식과 학문의 세계에서는 다수결이 적용되지 않는다. 다수의 생각이 항상 옳지만은 않다는 이야기이다. 당대에는 비록 공감을 얻지 못하였지만 이러한 생각들은 훗날 또 다른 지식인들의 영감을 자극하는 출발점이 될 수 있었기에 이들의 진실에 대한 도전은 충분히 가치를 인정받을 자격이 있다.

지구를 중심으로 온 세상이 움직이고 있다는 천동설은 지구가 이 우주의 중심이라는 것을 의미한다. 세상의 중심이라는 것은 지구가 이 세상에서 매우 특별한 존재라는 것이다. 따라서 지구가 온 우주의 중심에 있다는 설명은 조물주께서 이 세상을 창조하신 것이라는 당시 종교의 교리와 매우 잘 부합되는 내용이었다. 따라서 천동설은 종교의 전폭적인 지원을 받으며 더욱 그 위상이 높아지게 되었고, 이후 천 년이 훨씬 넘는 세월 동안 이 세상을 설명하는 절대적인 원리로 자리를 잡게 되었다. 필자가 창조론을 완전히 부정하려고 하는 것은 아니다. 필자는 단지 신이 이 세상을 만드셨다고 해서 꼭 우리가 사는 지구를 유일한 주인공으로 만드실 필요는 없었을 것이라고 생각한다. 우리들의 부모님께서는 나만 낳아주신 것이 아니라 존경하는 우리 형과 예쁜 내 여동생도 낳아주셨다는 것이다. 나뿐만 아니라 나의 형제들을 같이 낳아주셨다고 해서 우리의 부모님이 나를 사랑하지 않는 것은 아닐 것이다. 나의 형과 내 동생을 부정하면서 나만이 부모님의 자식이라고 이야기하는 것은 오히려 부모님의 뜻을 부정하는 이기적인 생각일 수 있다. 조물주께서는 이 모든 우주를 창조하셨으며 우리 지구도 그중 하나일 수 있다. 따라서 설사 우리 말고도 또 다른 지구가 존재한다고 해서 조물주께서 우리를 사랑하지 않는다는 것은 아닐 것이다. 적어도 필자는 그렇게 생각한다. 아무튼 고대에서부터 중세에 이르기까지 오랜 시간을 거쳐 천동설에는 종교관까지 가세되며 더욱 진실을 이야기하기 힘든 시기가 이어지고 있었다. 이러한 시대적 배경에도 불구하고 진실을 밝히기 위하여 노력하는 한 선구자에 의하여 그 비밀이 밝혀질 준비가 서서히 되고 있었으니 그가 바로 그 유명한 코페르니쿠스였다.

지구 중심의 세계관에 대한 도전

코페르니쿠스는 성직자이면서 관측 천문학자였다. 그의 업무는 밤하늘을 바라보면서 별들의 운동을 관찰하는 것이었다. 그래서 그는 매일 밤마다 오랜 시간 동안 밤하늘을 유심히 관찰하였다. 그 결과 그는 지구가 천구의 중심에 있다면 도저히 설명이 될 수 없는 현상들을 직접 눈으로 목격하게 된다. 앞서 언급했던 것처럼 행성들이 역행 운동을 하는 현상은 지구가 세상의 중심이라면 도저히 설명하기 힘든 현상이었다. 사실 행성의 역행 운동이 알려지자 천동설을 지지하는 학자들은 이 오류를 수정하기 위하여 천구에서의 행성 운동을 더욱 기괴한 모양으로 바꿔가면서 천동설의 세계관 아래에서 나름대로 논리적으로 문제를 해결하려는 시도에 집중을 하고 있었다. 하지만 코페르니쿠스는 천구의 중심에 태양을 넣고 지구가 태양의 주위를 공전한다고 생각하면 5개의 행성들이 보여주는 역행 운동이 자연스럽게 설명이 될 수 있다는 것을 간파하였다. 코페르니쿠스, 그는 우리의 지구가 이 우주의 주인공이 아니라는 사실을 하늘을 관찰하면서 얻은 직접적인 관찰 결과를 통하여 이해하게 된 것이었다.

그렇다. 사실 지구는 화성이나 금성처럼 단지 태양 주위를 공전하고 있는, 태양계를 구성하는 조연 중의 하나에 불과했던 것이다. 지금은 담담하게 받아들일 수 있는 이 단순한 사실은 당 시대에서는 매우 놀랍고 혁신적인 발상이었다. 신이 창조한 지구가 이 세상의 중심이 아니라 태양의 변두리를 공전하는 다른 행성들과 다를 바가 없이 조연에 불과하다는 생각은 자칫하면 신을 부정하는 생각일 수도 있기 때문이었다. 당시 독실한 성직자였던 그는 이것이 만약 사실이라면 앞으로 닥치게 될 파장이 매우 엄청날 것임을 누구보다도 매우 잘 알고 있었다. 코페르니쿠스는 핵심을 간파하는 뛰어난 관찰력을 지닌 학자였지만 이러한 거대한 도전을 감당할 만큼의 모험심을 가진 사람은 아니었던 것 같다. 그래서 코페르니쿠스는 그가 발견한 사실들을 외부에 공개하지 않고 착실히 그 관측 결과만을 기록해두었다. 그런 그가 평생 동안 관찰한 이 기록들을 세상에 공개하기로 마음먹은 것은 큰 병에 걸린 자신이 얼마 살지 못하게 될 것을 알게 된 이후였다. 또한 그는 책의 서문에서 이 세상이 태양을 중심으로 공전을 하고 있다는 것은 단순히 자신의 관측 결과를 해석하는 하나의 방법일 뿐이며, 지구가 태양을 공전한다는 사실은 허구일 수도 있다는 사실을 책에 기록하기까지 함으로써 자신은 신이 만들어놓은 질서를 거부할 의도가 없음을 분명히 하였다. 이것은 당시에 지구가 태양을 중심으로 공전한다는 사실을 세상에 알리는 것에 대하여 그가 얼마나 부담을 느꼈는지 충분히 이해할 수 있는 부분이다. 결국 코페르니쿠스는 1543년 『천구의 회전에 대하여』라는 책을 통하여 지동설의 모태가 되는 현상들을 기록한 책을 출판하게 되는데 책 출판 이후 1년이 채 되지 않아 그는 세상을 떠났다.

주연에서 내려와 조연이 된 우리의 지구

이야기했던 것처럼 우리의 지구가 태양 주변을 공전하고 있다는 사실을 코페르니쿠스가 확신하게 된 것은 책 출판보다 훨씬 이전으로 알려져 있다. 하지만 그는 자신이 얼마 살지 못할 것을 눈치채고 나서야 이 책을 출간하리라는 결심을 하게 된다. 그만큼 당시대는 종교적, 사회적으로 지구가 세상의 중심이 아닌, 그저 변방의 행성일 뿐이라는 사실을 받아들이기 어려운 구조였다. 코페르니쿠스는 또한 우주가 무한하게 크다면 거기에는 중심이 없을 것이고 생각했다. 우리가 어느 곳의 중심이라고 이야기하는 것은 크기가 유한한 공간을 기준으로 놓고 이야기할 때 가능하다는 것이다. 하지만 무한한 공간이라는 것은 크기조차도 없다는 것을 의미한다. 따라서 무한한 공간에서의 중심은 존재할 수 없으며 의미도 없다는 것이다.

이러한 그의 설명은 이 우주가 무한하다고 한다면 우리가 살고 있는 지구가 우주의 중심은 아닐 것이라는 것을 보충하여 설명하는 의미이기도 하였다. 지금은 너무나도 당연하게 여겨지는 이 지동설은 그로부터 400여 년이 지난 2008년이 되어서야 로마 교황청에서 공식적으로 인정을 하게 된다. 이제 명실상부하게 과학적으로나 종교적으로 지구는 우주의 주인공으로부터 내려와 조연으로 다른 행성과 함께 어깨를 나란히 하게 된 것이다. 비록 코페르니쿠스가 완곡한 표현으로 지동설을 주장하기는 하였지만 이러한 그의 발상 자체는 당시의 확고한 신념으로써 뿌리 깊게 박혀 있던 천동설을 깨고자 하는 혁명적인 시도였다. 따라서 오늘날 우리는 어떤 분야에 대하여 기존의 틀을 완전히 깨는, 획기적이고 혁명적인 사건에 대해 그의 이름을 따서 '코페르니쿠스적 혁명'이라고 부르면서 그의 진실에 대한 거침없는 도전을 기리며 되뇌이고 있다.

수학이라는 언어로 지동설을 증명하다

코페르니쿠스는 단순히 하늘을 관측하는 관측 천문학자였다. 그는 지구도 태양 주위를 공전하는 하나의 행성이라는 것을 보여주는 방대한 관측 자료를 남기면서 천문학사에 보기 힘든 큰 업적을 이루었다. 하지만 이는 단순히 관측 결과만을 기록한 결과물에 불과했다. 이러한 관측 결과를 객관적으로 증명하기 위해서는 수학이라는 언어를 통하여 사실을 증명하는 과정이 필요했다. 아쉽게도 관측 천문학자였던 코페르니쿠스에게는 이러한 능력이 없었다. 따라서 이를 이론적으로 체계화시키고 발전시킨 것은 그 이후 갈릴레오(1564~1642)에 의해서였다. 당시 수학 교수이기도 했던 갈릴레오는 자연의 현상을 수학으로 표현하는 데 그의 뛰어난 능력을 유감없이 발휘하였다. 그는 코페르니쿠스의 방대한 관측 자료를 토대로 당시 동시대의 케플러(1571~1633)가 밝혀낸 법칙들을 활용해서 태양을 중심으로 공전하는 지구의 운동을 매우 정확하게 수학적으로 설명하게 된다. 이로써 지동설은 육안으로 관찰되는 관측 결과와 더불어 수학적 증명까지 뒷받침됨으로써, 단순한 가설이 아니라 학문적으로도 인정을 해야 하는 대상이 된 것이다.

하지만 당시의 서구 사회는 종교적 세계관과 가치관에 의해서 지배당하고 있었다. 따라서 그들의 근본적인 사상을 부정하는 지동설은 사회의 근원을 떠받치고 있는 가치관을 부정하는, 지배층에 대한 중대한 도전으로 여겨졌다. 그런 결과로 지구가 자전을 하면서 태양 주위를 공전하고 있다고 주장했던 갈릴레오는 지배층에 의해서 공격을 받을 수밖에 없었다. 그는 이내 종교재판에 회부되었고 재판 과정에서 본인이 주장하였던 지동설을 부인하고 천동설을 인정할 수밖에 없었던 일화는 유명하다. 그가 종교재판이 끝난 뒤에 "그래도 지구는 돈다"라는 말을 실제로 했는지는 알 수 없다. 하지만 그는 한 명의 수학자이자 과학자로서 관측 결과에 근거하여 수학적으로 증명해낸 사실들에 분명한 확신을 가지고 있었던 것은 틀림없는 일이다. 갈릴레오 갈릴레이, 우리는 그에 대해 조금 더 알아볼 필요가 있다.

미국 유타주 남부와 애리조나주 북부에 걸쳐져 있는 모뉴먼트밸리. 마치 수많은 기념비들이 세워져 있는 것처럼 보인다 하여 이런 이름이 붙여졌다. 모뉴먼트밸리 내부로 들어가서 곳곳에 솟구쳐 있는 모뉴먼트들을 감상하는 것도 좋지만, 모뉴먼트밸리로 이어지는 한적한 도로의 한편에 멀리 서서 이들을 감상하는 것도 또 다른 즐거움을 선사해준다. 아무도 없는 한적한 공간에 시원하게 뻗어 있는 길이 저 멀리 모뉴먼트밸리로 이어지며 우리에게 가야 할 길과 방향을 정확하게 알려주고 있다. 처음 누군가는 이러한 길을 만들기 위해 뜨거운 햇볕과 황무지와도 같은 환경에서 많은 땀을 흘려야 했을 것이다. 이러한 우리 선배들의 도움이 있었기에 지금 우리는 아주 쉽게 이처럼 아름다운 자연의 모습을 감상하고 있다.

지금 우리의 문명을 만들어준 물리학의 시작도 이와 같았다. 세상과 자연이 만들어지고 움직이는 원리를 설명하고 이해하기 위한 여정의 시작은 흡사 아무것도 없던 황무지에 새로운 길을 만드는 것과도 같은 과정이었다. 그리고 그 과정 역시 고되고 힘든 여정이었으나 그 덕분에 지금 진리를 향한 우리의 여정은 마치 고속도로와 같은 편안한 길이 된 것이다. 지금 우리는 이러한 길을 빛고 만들어준 우리 선배들의 여정을 함께하고 있다. 이제 우리가 이런 선배들의 수고에 감사하는 동시에 우리의 후배들을 위하여 작은 돌멩이 하나라도 덧대어 새로운 길을 만드는 데 일조를 한다면 우리의 삶이 더욱 의미 있게 되지 않겠는가?

감명 깊게 보았던 영화 '포레스트 검프'에서 주연배우 톰 행크스가 많은 사람들을 이끌며 달리기를 하는 배경이 되기도 했던 이 길을 바라보며 우리의 자랑스러운 선배들에게 감사한 마음의 기념비를 선사해보는 것은 어떨까.

❼

물리학의 서막을 열다

천상계를 관찰할 수 있는 새로운 '눈'을 가지게 된 인류

갈릴레오 갈릴레이, 그는 수학자로서의 재능뿐만 아니라 알고 있는 지식을 통하여 직접 발명품을 제작하는 것에도 재주가 있었던 것으로 보인다. 우리에게 잘 알려진 대로 그는 여러 가지 렌즈를 조합하여 멀리 떨어진 물체를 가깝게 보여주는 광학 망원경을 발명한 것으로 알려져 있다. 사실 정말 갈릴레오가 망원경을 최초로 발명했는지는 논란의 여지가 많이 남아 있다. 갈릴레오 이전에도 렌즈를 조합해서 먼 거리를 가깝게 볼 수 있는, 이와 비슷한 역할을 하는 발명품이 존재했을 수도 있다. 하지만 확실한 것은 그동안 지상만을 관측해오던 망원경을 더 멀리 볼 수 있게 개량하고, 시선을 돌려 지상이 아닌 하늘의 천체를 관측하기 시작한 사람은 갈릴레이가 처음이었다. 갈릴레오는 먼 행성을 더 자세히 관찰할 수 있도록 계속 망원경을 정교하게 개량하여 당대의 많은 사람들을 놀라게 하였다. 우리 인류는 그동안 단지 태어날 때부터 자연적으로 주어진 신체의 '눈'을 통해서만 하늘을 관찰해왔다. 하지만 갈릴레오를 통하여 비로소 의미 있는 수준의 망원경이 개발됨으로써 훨씬 더 '멀리' 있는 것을 비교적 자세하게 관찰할 수 있게 되었다.

이것은 역사적으로 매우 중요한 의미를 가진다고 볼 수 있다. 고대인들이 지구를 평평하다고 생각할 수밖에 없었던 가장 큰 이유는 그들이 육안으로 볼 수 있는 거리가 매우 짧다는, 시각적인 한계 때문이었다. 만약 우주선을 타고 지구 밖으로 나아가 더 멀리 볼 수 있는 눈을 가지고 있었다면 우리는 금세 둥그런 지구의 모양을 확인할 수 있었을 것이다. 이와 마찬가지로 갈릴레오를 통하여 이제 인류는 지구 밖 천상계의 세상을 좀 더 자세히 관찰해볼 수 있는 새로운 '눈'을 가지게 된 것이다. 망원경의 발명은 바야흐로 천상계의 비밀을 풀려고 하는 인류의 노력에 큰 전환점을 가지고 오면서 수많은 비밀을 풀어헤치는 천문학의 전성시대가 다가오고 있음을 예고하는 사건이었다.

속도의 상대성으로 지동설을 설명하다

갈릴레오가 주장했던, 지구가 움직이고 있다는 지동설은 우리가 바라보는 관측 결과를 바탕으로 지구가 태양을 중심으로 돌고 있다는 것을 매우 잘 설명해주고 있었기 때문에 합리적이고 과학적이었다. 하지만 지구를 우주의 중심에서 내려놓기를 주저하는 많은 사람들로부터 혹독한 공격을 받아야 했다. 지동설을 인정하지 않았던 사람들은 갈릴레오의 지동설을 부정하면서 그 근거로 이러한 질문들을 하였다.

먼저 그들은 지구가 중심에 고정된 채 멈춰 있는 것이 아니고 갈릴레오가 주장하는 것처럼 태양 주위를 공전하고 있다면 지구 위에서 생활하고 있는 우리는 당연히 지구가 공전하며 움직이고 있는 방향으로 세찬 바람의 흐름을 지속적으로 느껴야 할 것이다. 그러나 우리는 이러한 바람의 흐름을 느끼지 못한다. 또한 지구가 지금 이 순간도 스스로 움직이고 있다면 내가 땅바닥에서 똑바로 뛰어올랐을 때 지구가 이동한 거리만큼 조금이라도 이동한 자리로 떨어져야 할 것이라는 주장을 했다. 하지만 활기차게 태양 주위를 운동하고 있다는 지구에서 살고 있는 우리 앞에는 항상 세차게 같은 방향으로 불어오는 바람을 느낄 수 없으며, 내가 뛰어오르더라도 나는 항상 같은 자리로 떨어진다. 따라서 지구가 움직이고 있다는 갈릴레오의 주장은 틀렸다는 것이었다. 혹시 이 글을 읽고 있는 당신은 중세 시대 지동설을 공격했던 학자들이 던진 위 두 가지 질문에 대하여 납득할 만한 대답을 할 수 있겠는가? 그렇다면 당신은 이미 갈릴레오만큼의 식견을 가지고 있는 것이다.

이런 질문들에 대하여 갈릴레오는 당황하지 않고 다음과 같은 상황을 가정하여 위와 같은 의문을 가진 사람들에게 설명을 하였다. 넓은 바다에 커다란 배가 빠르지만 동일한 속도로 이동하고 있다. 당신은 창문이 없는 선실 안에 탑승해 있다. 이 선실 안의 중앙 탁자에는 촛불이 밝게 빛나고 있다. 파도가 거의 없는 잔잔한 상태라면 배가 아무리 빨리 달리고 있어도 배의 바깥 풍경을 볼 수 없는 당신은 배가 움직이고 있다는 것이 잘 안 느껴질 것이다. 이제 선실 내에서 있는 힘껏 위로 높이 뛰어보자. 분명 배는 빠르게 움직이고 있지만 아무리 높이 뛰어도 당신은 항상 뛴 바로 그 자리에 떨어지게 될 것이다. 이는 배가 움직이는 만큼 나의 몸 또한 같은 속도로 움직이고 있기 때문에 배와 나의 상대속도가 차이가 나지 않기 때문이다. 또한 선실의 중앙에서 방 안을 환하게 밝혀주고 있는 촛불은 어떠한 바람에도 일렁거리지 않고 얌전히 타오르고 있다. 선실 내의 모든 공기 분자들 또한 같은 속도로 이동하고 있기 때문이다. 즉, 움직이고 있는 배 안에 탑승해 있는 사람에게는 주변의 공기 입자들을 비롯한 모든 것들이 같은 속도로 움직이고 있기 때문에 서로 간의 상대속도 차이가 나지 않는다. 따라서 선실 안에서는 내가 아무리 높이 뛰더라도 내가 떨어지는 자리는 항상 그 자리이며 촛불 또한 바람에 일렁이는 현상 따위는 결코 일어나지 않는다.

이와 동일한 원리로 항상 동일한 속도로 움직이고 있는 커다란 지구라는 '배'를 타고 있는 우리들은 나를 포함한 모든 물질들이 이미 같은 속도로 이동하고 있기 때문에 우리는 아무것도 느끼지 못하고 마치 지구가 정지되어 있는 것과 같은 착시 현상을 느끼고 있는 것이다. 이것이 태양 주위를 끊임없이 공전하는 지구에 살고 있는 우리가 움직이고 있다는 아무런 느낌을 가질 수 없는 이유인 동시에, 이동하고 있는 지구 위에 있으면서도 우리 앞에 세찬 바람이 존재하지 않는 이유라는 것이다.

갈릴레오는 우리가 경험적으로도 이미 충분히 이해하고 있는 속도의 상대성의 원리를 이용하여 왜 지구에 존재하는 우리들이 이처럼 지구가 세차게 운동을 하고 있음에도 마치 정지하고 있는 듯한 느낌을 받는지를 아주 잘 설명해낸 것이다. 지금도 세차게 운동을 하고 있는 지구에서 살아가는 우리가 아무런 느낌을 받지 못하는 것은 등속도로 이동하고 있는 배의 선실 안에 있는 선원이 배가 움직이고 있다는 것을 느끼지 못하는 것과 완전히 동일한 상황인 것이다. 혹시 갈릴레이가 설명해준 배 안에서의 상황이 익숙지 않은 독자가 계시다면 위와 같은 상황을 고속으로 달리는 기차라고 생각을 해보자. 달리고 있는 기차 안에서 내가 점프를 한다고 해도 나는 여전히 뛰어오른 곳으로 다시 떨어진다. 빠른 속도로 기차는 움직이고 있지만 내 뺨을 때리는 어떠한 바람의 흐름을 느낄 수 없다. 분명 나는 움직이고 있는 기차 안에 있지만 기차 안의 모든 것들이 나와 동일한 속도로 움직이고 있으므로 나는 마치 정지해 있을 때와 마찬가지의 느낌을 받고 있는 것이다.

우물 안의 개구리

갈릴레오의 이러한 설명은 등속도로 운동할 때 벌어지는 현상을, 직접적인 실험이 아니라 머릿속으로 상상하여 실험하는 일종의 '사고 실험'의 방법이었다. 이는 후대에 아인슈타인 또한 매우 즐겨 하였던 추론의 방법이었으며, 필자뿐만이 아닌 우리 모두에게도 만물의 원리를 조금이나마 이해하는 데 매우 효율적이며 값싸고 어디에서나 제약 없이 할 수 있는, 아주 재미있는 방법이다. 실제로 필자는 회사로 이동하는 출퇴근 버스에서 휴대폰을 보기보다는 눈을 감고 상상 속에서 하나의 상황을 확장해나가며 자신만의 상상 실험을 자주 즐기곤 한다(필자는 움직이는 차에서 휴대폰을 보면 멀미가 난다. 그러므로 통근 버스는 나에게는 사고 실험에 아주 훌륭한 장소인 셈이다. 물론 그중 대부분은 이내 잠에 빠지고 만다). 이제 앞으로 이러한 상상 놀이를 여러분과 함께 해나가기 위하여 우리 주변에서 항상 만날 수 있는 철수와 영이를 등장시킬 것이다. 이들과 함께 여러분들도 '상상 놀이'가 주는 즐거움을 같이 나눌 수 있게 되었으면 한다.

갈릴레오의 지동설이 틀린 학설이라는 근거로 앞서 내세워진 이런 종류의 질문들은 우리가 주변에서 직접 경험하고 있는 현상들이 이 세상 언제 어느 장소에서도 항상 적용될 것이라고 생각하는 잘못된 선입견으로부터 나온 것이다. 사실 우리가 살아가면서 일상적으로 경험하고 있는 모든 현상들은 지구의 표면이라는 한시적인 환경에서만 통용되는 매우 제한적인 사실이다. 당장 지표면을 살짝 벗어나서 대기권을 넘어서기만 해도 우리는 중력이 없는 매우 낯선 세상과 마주하게 된다. 지구를 벗어나서 우주가 얼마나 거대하고 큰 환경인지를 한번 생각해보라. 내가 지구의 표면이라는 아주 작은 공간에서 보고 듣고 느끼고 경험하는 것은 정말 우물 안에서 개구리가 경험하는 것에 지나지 않는다. 내가 살아가면서 경험한 사실로 다른 세상도 그러할 것이라고 판단하는 것은 우물 안에서만 살아온 개구리가 세상 밖도 우물 안과 같을 것이라고 생각하는 것과 마찬가지이다. 따라서 내가 지금 겪고 경험하는 모든 현상들이 이 세상 모든 곳에서도 그렇게 보여질 것이라는 생각은 진리를 탐구하고자 하는 우리들에게는 반드시 멀리해야 하는 선입견인 것이다.

이것은 비단 진리로의 여정을 탐구하고자 하는 사람들에게만 요구되는 자세는 아니다. 우리의 생활 속에서도 우리는 내가 살아온 경험과 가치관으로 다른 사람들을 판단하며 자신만의 시선으로 상황을 이해하곤 한다. 그리고 이러한 습성들로 인하여 곳곳에서 많은 갈등을 발생시키는 상황과 어렵지 않게 마주하게 된다. 그러므로 자연 속에서뿐만 아니라 일상생활 속에서도 나의 경험이 항상 옳은 것만은 아니라는 명제는, 충분히 되새길 필요가 있는 훌륭한 교훈이 될 것이다.

나의 속도는 관찰자의 운동 속도에 의하여 결정된다

앞서 설명했던 것처럼 갈릴레오가 움직이고 있는 지구를 설명하기 위해 예로 들었던, 바다 위를 여행하고 있는 배의 선실에서 일어나는 상황은 바로 '속도의 상대성'을 설명하는 개념이다. 갈릴레오는 당시에 이미 속도라는 것은 상대방의 운동 상태에 따라서 결정되는 상대적인 요소임을 간파하고 있었던 것이다. 그러면 본격적으로 우리들의 실험맨, 철수와 영이를 등장시켜서 갈릴레오가 이야기하는 속도의 상대성에 대하여 조금 더 자세히 알아보도록 하자.

철수는 지금 자동차를 타고 시속 100㎞의 속도로 계속 이동하고 있다. 이때 도로변에 서 있는 관찰자인 영이에게 철수는 분명 시속 100㎞로 이동하고 있는 것으로 보인다. 이는 별다를 것 없어 보이는 당연한 이야기이다. 하지만 영이가 시속 50㎞의 속도로 오토바이를 타고 철수를 뒤좇아가면서 철수를 바라보면 어떻게 될까? 그렇다. 여러분 모두가 이미 예측하였듯이 영이의 눈에 철수는 단지 시속 50㎞로 이동하고 있는 것으로 보일 것이다. 철수의 이동 속도가 변한 것이 아니다. 철수는 처음부터 지금까지 계속 시속 100㎞로 이동하고 있다. 변한 것은 단지 관찰자인 영이의 이동속도인 것이다. 이렇게 어떤 대상의 '속도'라는 것은 확정된 고정값이 아니다. 이렇게 속도는 관찰자의 운동 속도에 의해 결정이 되는 상대적인 값이다. 이것을 갈릴레오의 '속도의 상대성 원리'라고 한다.

속도의 상대성은 만물의 운동을 이해하는 데 있어서 매우 중요한 기본이 되는 개념이기 때문에 명확하게 짚고 넘어가야 한다. 다행스럽게도 이러한 상황은 우리의 경험상 직관적으로도 받아들이기 쉽다. 왜냐하면 우리는 이러한 상황을 어렵지 않게 우리 주변에서 매일 경험하고 있기 때문이다. 우리의 경험상으로는 매우 당연하게 보이는 이야기지만 이러한 현상을 좀 더 객관화시켜서 바라보면, 앞으로 우리가 자주 이야기하게 될 '상대성'이라는 묘한 자연의 원리를 접할 수 있게 된다.

앞서 시속 100㎞의 속도로 달리고 있던 철수는 분명 한 명이다. 그런데 누가 철수를 바라보는지에 따라서 철수의 이동속도는 거의 무한대의 경우의 수를 가지게 된다. 시속 50㎞로 움직이는 영이의 눈에 철수는 50㎞이지만, 시속 10㎞의 자전거를 타고 가는 사람에게는 시속 90㎞의 속도로 보일 것이기 때문이다. 즉, 철수를 바라보는 관찰자가 누구냐에 따라 철수의 속도는 셀 수 없을 정도로 수많은 값을 가지게 된다. 이것이 자연이 우리에게 보여주는 상대성의 원리이다. 다행히도 우리가 사는 세상에서는 이러한 속도의 상대성의 원리를 쉽게 경험할 수 있다. 그러므로 이제 지금까지 언급한 속도의 상대성의 원리 개념을 잘 인지하고 계신다면 앞으로 점점 등장하게 될 여러 가지 종류의 상대성의 원리에도 접근하기가 훨씬 수월해질 것이다. 정리하자면, 어떤 대상의 속도를 이야기하기 위해서는 반드시 비교 대상이 있어야 한다. 여기서 비교 대상이라는 것은 관찰자의 운동 속도를 의미한다. 즉, 나의 속도는 관찰자의 운동 속도에 따라서 결정된다는 것이다. 이 점을 꼭 기억하도록 하자. '나의 속도는 관찰자의 운동 속도에 의하여 결정이 된다.' 이 부분은 뉴턴이 등장하는 순간이 되면 한 번 더 이야기할 기회가 있을 것이다.

자연의 숨겨진 속성을 발견하는 방법

그럼 다시 갈릴레오의 이야기로 돌아가보도록 하자. 당시 중세 사회를 지배하고 있던 종교와 사회적 가치관으로 인하여 지구가 움직인다는 지동설은 주류로 받아들여지지는 못하였다. 좀 더 현실적으로 이야기하면, 지동설을 주장한다는 것은 바로 신을 부정하고 세상을 전복시키고자 하는 역모와 같은 취급을 받을 정도였다. 하지만 코페르니쿠스부터 시작하여 갈릴레오를 거쳐 조금씩 퍼져나가고 있던, 움직이고 있는 지구에 대한 사상은 거부할 수 없는 시대의 흐름이 되며 조금씩 지동설이 자리를 잡아가게 되는 계기가 되었다. 갈릴레오가 위대하게 평가받는 큰 이유 중의 하나는, 본격적으로 천체의 운동을 수학적으로 기술하기 시작하였기 때문이다. 이로 인하여 지동설은 비로소 관측 결과뿐만 아니라 수학을 바탕으로 하여 학문적 뿌리를 든든하게 내리기 시작하게 된 것이다. 또한 갈릴레오를 통하여 망원경이라는, 우주를 관찰하는 강력한 새로운 관측 도구를 확보한 인류는 수학이라는 언어를 발판으로 삼아 이제 막 우주에 대한 여행을 준비하는 단계를 본격적으로 맞이하게 된다.

갈릴레오는 지동설 이외에도 물체의 움직임을 다루는 학문인 역학에도 매우 지대한 공헌을 하였다. 우리에게 가장 잘 알려진 그의 업적 중 하나는, 무게에 상관없이 모든 물체는 동일한 속도로 떨어진다는 것이다. 지금은 일반화되어 있는 이러한 상식조차도 당시에는 그렇게 당연한 것이 아니었다. 경험적으로 생각을 해보면 무거운 것이 가벼운 것보다는 먼저 떨어질 것이라는 생각이 일반적이기 때문이다. 갈릴레오는 이를 믿지 않는 사람들을 위하여 실제로 피사의 사탑에서 무게가 다른 두 개의 물체를 떨어뜨리는 실험을 해서 자신의 생각을 증명했다고 한다. 하지만 갈릴레오가 실제로 피사의 사탑에서 이러한 실험을 했을 가능성은 매우 낮았을 것으로 알려진다. 왜냐하면 공기의 저항을 받는 상황에서는 대부분 무거운 물체가 먼저 떨어지는 것이 현실이고, 실제로 당시 기술로는 피사의 사탑 정도의 높이에서 이러한 실험을 통하여 어느 것이 먼저 떨어지는지를 검증하는 것이 쉽지 않았기 때문이다.

과학기술이 발전하면서 갈릴레오의 이러한 주장은 실험을 통하여 어디에서나 증명이 되고 있다. 커다란 건물 내부의 공기를 모두 뽑아내어 진공 수준으로 만들어놓고, 이 상태에서 깃털과 무거운 볼링공을 떨어뜨려 두 가지가 동시에 떨어지는 현상을 초정밀 슬로우 카메라를 통하여 직접 확인해볼 수 있다. 혹시 이 실험을 실제로 한 번도 보지 못한 독자가 계시다면 꼭 유튜브를 통해서 한 번씩 보시는 것을 추천드린다. 항상 우리 눈앞에서 천천히 떨어지던 가벼운 깃털과 커다랗고 무거운 볼링공이 정말로 눈앞에서 동시에 떨어지는 것을 목격하게 된다면 그동안 우리가 경험에 의하여 쌓은 지식이라는 것이 얼마나 쉽게 무너질 수 있는지를 조금이나마 실감할 수 있을 것이다. 그렇다. 무거운 것이 가벼운 것보다 먼저 떨어진다는 것은 공기의 저항 때문에 만들어진 잘못된 선입견이다. 무엇이 떨어진다는 것은 중력에 의한 것이며, 중력은 무게에 상관없이 모든 대상에 동일하게 적용되기 때문이다. 공기의 저항이 없다면 모든 물체는 무게나 그 모양과는 상관없이 동일한 속도로 떨어진다.

다음으로 꼽을 수 있는 갈릴레오의 또 다른 중요 업적은 바로 관성의 법칙이다. 갈릴레오는 모든 정지해 있는 물체는 정지해 있으려고 하고, 움직이고 있는 물체는 계속 운동하려고 한다고 생각했다. 갈릴레오의 이러한 주장이 뭐가 대수냐 싶기도 하지만 사실 이것은 물질의 운동 법칙을 결정하는 아주 중요한 요소다. 이러한 그의 주장을 염두에 두면서 주변을 한번 둘러보자. 정지해 있는 물체는 계속 정지해 있으려고 한다는 것은 아무 거부감 없이 받아들일 수 있다. 그런데 운동하고 있는 것은 계속 움직이려고 한다는 주장은 고개를 조금 갸우뚱하게 한다. 우리의 경험상 운동하고 있는 물체도 언젠가는 정지할 것으로 생각되기 때문이다. 하지만 갈릴레오는 움직이고 있는 물체가 멈추게 되는 것은 자연의 속성이 아니라고 생각했다. 그는 움직이던 물체가 멈추게 되는 것은 마찰력이나 공기의 저항과 같은 주변 환경이 물체를 멈추게 만드는 힘을 가하기 때문이며, 이러한 외부 요인이 없다면 영원히 움직이게 될 것이라고 생각한 것이다. 즉, 내가 땅으로 굴린 공이 어느 순간에 멈추게 되는 것은 공과 땅 사이에 작용하는 마찰력 때문이며,

만약 이러한 마찰력이 존재하지 않는다면 이 공은 영원히 앞으로 굴러가게 될 것이라는 것이다. 이처럼 갈릴레오는 우리 주변에서 벌어지는 다양한 물리 현상들을 단순히 자신의 경험에 의해서만 판단하지 않았다. 그는 당연하게 보이는 여러 가지 단순한 물리 현상들조차도 지구뿐만 아니라 우주 어느 곳에서나 적용될 수 있는 보편적인 방식으로 객관화시키기 위해 노력을 했던 것이다. 갈릴레오의 이러한 습관이 바로 다른 사람들과 같은 현상을 보더라도 오직 갈릴레오만이 그 이면에 숨겨진 속성을 발견할 수 있게 되는 이유인 것이다.

사실 갈릴레오는 당시에 이러한 현상들이 도대체 '왜' 발생하는지에 대해서는 구체적으로 설명하지는 못했다. 하지만 실험과 관찰을 통하여 구체적인 실험 결과물들과 함께 수학적 근거를 같이 제시함으로써 많은 과학자들에게 영감을 불러일으켰다. 그리고 결국은 이러한 연구의 결과물들이 훗날 뉴턴에 이르러 학문으로 체계화되면서 전설적인 뉴턴의 역학 법칙을 완성시키는 데 결정적인 기여를 하게 된다. 뉴턴이 물론 대단한 사람이기는 하지만 아름다운 법칙 혹은 이론들은 어느 날 특정한 사람에 의해서 처음부터 끝까지 완벽하게 창조되면서 뚝딱 만들어지는 것이 결코 아니다. 그것은 시간이 흐르고 세대와 세대를 거치면서 숙성되어가다가, 지혜가 준비되어 있는 누군가에게 영감을 일으킴으로써 비로소 법칙으로 완성이 되는 것이다. 우리 인류는 그렇게 발전해왔고 앞으로도 또 그렇게 발전을 거듭해갈 것이다.

고대 어느 한 시대를 주름잡았던 거대한 물고기의 화석. 박물관을 좋아하는 필자는 어느 여행지를 가든지 그 지역을 대표하는 박물관이 있다면 거르지 않고 꼭 방문한다. 그중에서도 미국 전역에 걸쳐 분포하는 자연사 박물관은 필수 방문지에 속했다. 이곳에서는 과거로부터 현대에 이르기까지의 다양한 역사와 그 흔적을 아주 흥미로운 방식으로 한꺼번에 감상할 수 있기 때문이다. 특히 고대 단순 생물로부터 지금의 고등 생물로의 진화 과정은 항상 필자의 호기심을 자극하면서 많은 영감을 선사해주곤 했다.

우리와 전혀 닮아 있지 않은 것 같은 생물로부터 지금 나의 모습이 만들어졌다. 저 먼 옛날 물속을 유유히 헤집고 다니던 물고기로부터 지금의 내가 유래되었다. 물고기와 나는 같은 곳으로부터 나왔기 때문에 물고기의 진화를 설명하는 과정으로 지금의 나의 모습을 설명할 수 있다. 200여 년 전 이러한 생각을 바탕으로 진화론을 발표한 다윈은 세상을 충격에 빠트렸다. 그저 미물일 것으로 생각했던 그들이 바로 우리 조상의 모습이었던 것이다.

이것은 비단 생물에만 국한된 이야기가 아니다. 이 세상이 한날한시에 태어난 것이라면 우리가 발을 딛고 사는 지상계와 달과 태양 그리고 별이 존재하는 천상계가 움직이는 원리는 다르지 않을 것이다. 이것이 오랜 시간 동안 자연을 연구해온 우리 선구자들의 생각이었다. 그리고 결국 지상계의 법칙으로 천상계의 법칙을 설명하게 됨으로써 인류는 우주 저 너머로의 여정을 비로소 시작할 수 있게 된다.

❽

지상계의 법칙으로 천상계를 설명하다

고대 그리스 철학자인 플라톤을 거쳐 아리스토텔레스에 의해 완성된, 지구 중심의 우주관인 천동설은 그 이후에도 약 1,500년을 넘는 시간 동안 우주에 펼쳐진 천상계를 이해하는 방식으로 통용되었다. 그 긴 시간 동안 많은 이들이 하늘을 관찰하며 천동설로는 설명되지 않는 현상들에 대하여 많은 의문을 품었을 것은 분명하다. 하지만 존엄한 인간이 존재하며 살아가고 있는 지구가, 이 우주의 중심에 있는 주연이 아닌 태양계의 한 변방에 있는 조연이라는 사실은 꼭 종교적인 이유만이 아니라고 해도 누군가에게는 받아들이기 힘든 현실이었을 지도 모른다. 혹시나 어떠한 계기로 인하여 어느 선구자가 막상 그 진실을 깨달았다고 하더라도 진실을 밝히기 위한 험난한 숙명을 짊어지려고 하지 않았을 수도 있다. 하지만 역사 속에서 시간이 지나다 보면 이러한 의문들을 그냥 넘기지 않고 끊임없이 탐구하여 잘못된 것을 올바르게 고치고자 하는, 행동하는 지성도 반드시 존재하기 마련이다. 이러한 변화는 코페르니쿠스로부터 시작하여 갈릴레오를 거쳐 뉴턴에 이르러 이 세상의 모두를 설명할 수 있는 법칙으로 완성된다. 그렇다. 이제 드디어 뉴턴에 이르러서야 비로소 인류는 지상계의 법칙으로 천상계를 설명할 수 있게 되는 획기적인 전기를 맞이하게 되는 것이다.

고대 그리스 철학자들이 설명하는 천상계는 모든 것이 순수하고 완벽하였다. 따라서 그곳에는 천상계만이 가지는 고유한 법칙이 적용된다고 생각했다. 이로 인하여 변함없이 아름답고 영원히 같은 운동이 일어날 수 있는, 이상적인 세상이었다. 고대인들은 이러한 세계관을 통하여 천상계에서 덩그러니 떠 있는 별들이 우리 머리 위로는 떨어지지 않으며, 태양과 달이 우리 주위를 영원히 돌고 있는 현상을 신비주의가 곁들여진 철학으로 설명한 것이다. 반면에 인간이 살아가고 있는 지상계는 천상계와 같은 이상적인 세계에 속하지 못한다. 오만과 거짓, 그리고 이기주의와 탐욕으로 가득한 사람들과 더불어 정해진 수명의 한계를 절대 극복하지 못하는 수많은 생명체들로 가득 찬 지상계는 천상계와 전혀 다른 것처럼 보였다. 따라서 천상계에서는 자연스럽게 벌어지는 법칙들이 지상계에서는 통용될 수 없다고 생각했다. 당시의 사람들은 모든 것이 완벽한 조화를 이루며 어떠한 변화도 없이 영원히 운영되고 있는 것 같은 천상계 천체들의 운동과 마주할 때, 성스럽고 겸허한 마음으로 이들의 운동을 설명하는 것 외에는 달리 다른 방법이 없었을 것이다.

하지만 뉴턴에 이르러서 인류는 드디어 천상계와 지상계에서 일어나는 운동의 법칙을 하나로 통일시킬 수 있게 된다. 뉴턴을 통하여 우리는 이제 사과나무에서 사과가 떨어지는 원리로 하늘에서 달이 지구를 공전하고 있는 원리를 설명할 수 있게 된 것이다. 하늘에 떠 있는, 저렇게 거대한 달은 땅으로 떨어지지 않고 안정적으로 지구 주위를 하염없이 계속 돌고 있는 반면에 사과나무에 대롱대롱 달려 있는 저 조그만 사과는 왜 땅으로 떨어지게 될까? 얼핏 보면 달이 지구 주위를 공전하는 운동과 사과나무의 사과가 땅으로 떨어지는 운동은 서로 전혀 다른 법칙에 의해 지배되고 있는 것처럼 보인다. 하지만 뉴턴은 놀라운 통찰력으로 사과가 땅에 떨어지는 운동을 설명하는 것과 완전히 동일한 원리로 달이 지구 주위를 공전하는 운동을 명쾌하게 설명하였다. 그럼 지금부터 뉴턴의 설명을 들어보도록 하자.

달은 지구를 공전하는 것이 아니라 지구를 향해 떨어지고 있는 것이다

여기에 쇠를 녹여서 만든 사과가 하나 있다. 크기는 한 손에 들어올 정도로 아담하지만 무게가 상당히 묵직하다. 지금부터 이 쇠로 만든 사과를 멀리 던져보도록 하자. 먼저 철수에게 쇠로 만든 사과를 던져보라고 하였다. 철수가 학창 시절에 운동선수로 이름을 좀 날리기는 했지만 무게가 꽤 나가기 때문인지 아무리 힘껏 던져도 수십 미터를 넘기지 못했다. 철수의 손에 의해 던져진 이 쇠 사과는 철수의 눈에도 보일 만큼 가까운 곳에 떨어져 바닥에 깊은 흔적을 남겼다. 그러면 좀 더 멀리 이 쇠 사과를 던지려면 어떻게 해야 할까? 뉴턴의 시대에 어떤 물체를 가장 멀리 던져서 보낼 수 있는 방법은 대포를 사용하는 것이었다. 이제 철수에게 성능 좋은 대포를 하나 주고서 실험을 계속해보도록 하자. 이 대포는 매우 특수한 기술로 만들어져 있어서 거의 무한대로 폭약을 집어넣을

수가 있다. 마음만 먹으면 쇠로 만든 사과를 얼마든지 멀리 쏘아보낼 수 있다는 이야기이다. 일단 화약 1봉지를 써서 쇠 사과를 넣고 대포를 쏘아보았다. 과연 쇠 사과는 수백 미터를 날아가서 땅에 떨어진다. 장난기가 발동한 철수는 가지고 있는 화약을 집히는 대로 집어넣고 대포를 발사해보았다. 쇠 사과는 엄청난 화약의 폭발력으로 인해 하늘로 솟아올라 지구 대기권 밖을 뚫고 저 우주 심연 속으로 사라져버렸다. 이렇게 되면 실험은 더 이상 진행될 수 없다. 그러므로 철수를 한번 꾸짖어주고 다시 화약을 나누어주자. 우리의 목적은 화약의 양을 점차 증가시켜가면서 쇠 사과가 어떠한 방식으로 운동하는지를 관찰해보는 것이다. 이제는 화약을 조금씩 넣어가면서 계속 증가시켜보도록 하자. 화약을 증가시킬수록 쇠 사과가 날아가서 떨어지는 거리는 점점 증가하게 될 것이다.

지금까지는 우리가 이미 알고 있는 것과 별다를 것도 없는 평범한 이야기이다. 여기에서 재미있는 상상을 한번 해보도록 하자. 철수에게 '마블' 영화의 캐릭터 중 하나인 닥터 스트레인지처럼 공간을 휘게 하는 능력이 있다고 가정해보자. 대포로부터 발사되어 날아가는 쇠 사과는 한참을 날아가다가 이내 고도가 점점 낮아지면서 결국은 땅과 만나게 된다. 그런데 이때 쇠 사과가 땅을 만나지 못하게 한다면 어떻게 될까? 분명 쇠 사과는 땅을 만날 때까지 계속 떨어져야 할 것이다. 방금 대포에서 발사된 쇠 사과가 있다. 철수는 쇠 사과가 땅에 떨어지기 직전에 땅을 조금씩 아래 방향으로 휘어지도록 공간을 변형시켰다. 이렇게 하니 과연 쇠 사과는 땅과 접촉하지 못하여 아래로 계속 떨어지게 될 것이다. 쇠 사과가 땅과 만나기 직전에 철수가 이러한 방법으로 계속 땅을 휘게 만든다고 해보자. 이러한 방식으로 땅의 굴곡을 조금씩 변형시키다 보니 조금 지나서 땅의 모양이 결국은 원이 되어버렸다. 그렇다. 철수가 지금까지 능력을 발휘해서 땅을 휘어지게 한 그것은 바로 지금 우리 지구의 모습과도 같다. 이렇게 되면 쇠 사과는 마치 달이 그러하는 것처럼 결국 땅으로 떨어지지 않고 하늘에서 영원히 빙빙 돌게 되는 것이다.

정리하자면 닥터 스트레인지처럼 철수가 공간을 휘게 만드는 능력을 가지고 있지 않다고 하더라도 우리의 지구는 이미 구형의 모습을 하고 있다. 따라서 철수가 대포에 들어가는 화약의 양만 적정히 조절한다면 대포에서 발사된 쇠 사과는 영원히 지구 주위를 공전하게 되는 것이다. 물론 화약의 양이 적다면 사과는 언젠가는 땅에 떨어지게 될 것이고, 너무 많다면 지구를 벗어나 저 우주 공간을 향해 날아가게 될 것이다. 철수가 적정한 양의 화약으로 발사하여 지구를 공전하고 있는 이 쇠 사과가 바로 달이 지구 주위를 공전하는 원리인 것이다. 눈치 빠른 독자는 이미 눈치를 챘을 것이다. 그렇다. 달은 지구 주위를 돌고 있는 것이 아니다. 정확하게 이야기하면 지구를 향해 떨어지고 있는 것이다. 사과나무에서 사과가 떨어지는 것과 정확히 동일한 원리로 말이다.

이것이 바로 뉴턴의 생각이었다. 뉴턴은 하늘의 달도 사과나무의 사과처럼 사실은 지구를 향해 땅으로 떨어지고 있다고 생각했다. 다만 달이 지구의 땅으로 떨어지지 않는 것은, 달이 형성된 시점부터 지구와 너무 가깝지도 너무 멀지도 않은 적당한 거리를 두고 있어 마치 적당한 화약을 사용하여 대포에서 발사된 쇠 사과처럼 지구 주위를 영원히 계속 공전하는 것처럼 보이는 것이라고 생각했다. 만약 달이 지구와 더 가까웠다면 지구와 충돌을 했을 것이고(쇠 사과의 화약을 조금만 사용한 경우) 너무 멀었다면 지구의 인력을 벗어나 저 우주 속으로 사라져 버렸을 것이다(쇠 사과에 화약을 너무 많이 쓴 경우). 사과나무의 사과가 땅에 떨어지는 것처럼 우리의 달도 지구에 그렇게 떨어지고 있는 것이다. 그렇다면 왜 사과나무의 사과나 하늘의 달은 모두 지구를 향하여 이렇게 계속 떨어지고 있는 것일까? 뉴턴은 무엇 때문인지는 모르겠지만 모든 물질은 서로 끌어당기는 힘이 있기 때문이라고 생각했다. 이것이 바로 그가 인류 최초로 제시한 그 유명한 만유인력의 법칙이다. 이때 끌어당기는 물질들이 만들어내는 인력의 크기는 무거운 물질일수록 커지고, 서로 간의 거리가 멀어질수록 작아진다. 즉, 사과나 달이 지구를 향해 떨어지는 것은 지구가 이들을 끌어당기는 인력 때문이라는 것이다. 사과나 달도 모두 물질이기 때문에 지구가 이들을 끌어당기는 것과 마찬가지 원리로 지구를 끌어당기기는 하지만 이들은 지구에 비하여 질량이 매우 작기 때문에 더 큰 인력을 가지고 있는 지구를 향해 떨어진다는 것이 그의 설명이었다.

우주로 향하는 여정을 위한 준비

뉴턴은 이러한 생각을 바탕으로 그의 이론을 수학적으로 더 발전시켰다. 그는 인력이 작용하는 물체 사이에 만들어지는 힘의 크기도 수학적으로 그 세기를 직접 산출해내었다. 이를 뉴턴의 중력 법칙이라고 한다. 뉴턴의 중력 법칙이 완성됨으로써 우리는 지구와 달, 태양과 지구의 운동을 이해할 수 있게 되었으며 천체들 간에 발생하는 그 힘의 세기 또한 측량할 수 있는 존재로 바꾸어놓았다. 뿐만 아니라 태양계 내의 다른 행성이 운동하는 방식 또한 수학적으로 명확하게 기술할 수 있게 되었다. 그렇다. 천상계와 지상계는 완전히 분리되어 서로 다른 법칙에 의해 지배받고 있는, 서로 다른 세상이 아니었다. 뉴턴을 통하여 이제 우리는 우리 주변에서 일어나는 현상과 완전히 동일한 법칙으로 저 먼 하늘 우주 저편에서 일어나는 현상을 똑같이 설명할 수 있게 된 것이다. 사과나무의 사과가 떨어지는 현상과, 달이 지구를 끊임없이 공전하는 현상은 중력이라는 같은 힘에 의하여 일어나는 현상인 것이다.

이로써 우리는 지구를 벗어나 우주의 행성과 더 멀리는 혜성 및 별들의 움직임을 예측할 수 있게 되었다. 코페르니쿠스와 갈릴레오를 거쳐 비로소 우리는 지구 밖 세상에 대한 이해의 폭을 넓히는 걸음마를 떼었다. 그리고 이제 뉴턴으로 인하여 인류는 그들이 태어난 행성인 지구에서 벗어나 본격적으로 우주로의 여행을 할 수 있는 준비를 마친 셈이다. 하지만 이러한 대단한 성과에도 불구하고 뉴턴의 중력 이론은 중력이 무엇이며 도대체 왜 만물이 끌어당기는 인력을 가지고 있는가에 대한 물음에 대답하지 못한다는 큰 한계를 가지고 있었다. 사실 이유를 정확하게 설명하지 못한 채 만물은 서로 끌어당기는 힘을 가지고 있다는 가정은 과학이라고 하기에는 다소 황당하기까지 하다. 하지만 그가 제시한 수학적 법칙은 분명 천상계의 운동을 너무나도 간결하고 아름답게 잘 설명해주고 있었다. 즉, 중력의 근원이 무엇인지는 아직까지 완벽하게 이해하지 못했지만 중력으로 인하여 나타나는 그 결과를 활용해서 힘의 크기가 얼마나 될 것인지까지도 구체적으로 매우 잘 설명할 수 있게 된 것이다.

그러나 우리가 본격적으로 우주의 근원에 대한 여행을 하기 위해서는 중력의 근원이 무엇인지에 대한 답도 반드시 찾아야만 했다. 인류가 이에 대한 해답을 찾게 되기까지 그로부터 약 300여 년이라는 시간이 더 필요했다. 하지만 뉴턴의 중력 이론은 이러한 불완전성에도 불구하고 인류가 우리의 근원을 찾는 모험을 시작하기 위한 튼튼한 배를 만들 수 있게 해주었다는 점에서 인류 역사에 엄청난 변곡점이 되었음은 결코 부인할 수 없다. 이제 뉴턴에 의해 만들어진, 다소 투박한 모습의 이러한 배를 가지고 어떤 경로를 통하여 진실로의 여정을 이어갈지에 대한 방법은 먼 훗날 또 다른 현자에 의해서 준비된다. 물론 만유인력의 법칙 하나만으로도 인류 역사에 길이 남을 만한 대단한 업적임에 틀림이 없다. 그리고 뉴턴은 이것 외에도 물리학의 이론적 기틀이 되는 중요한 원리들을 많이 밝혀내었다. 그의 이러한 업적들이 그의 후손들로 하여금 그를 물리학의 서막을 연 근대 물리학의 아버지라 부르고 있는 이유이다. 그러면 만물의 운동 규칙을 발견한 뉴턴의 업적을 다시 한번 살펴보도록 하자.

미국 뉴올리언즈 세인트 대성당에서

종교는 인류의 역사에서 엄청난 비중을 가지고 영향을 끼쳤다. 어느 나라를 방문하든지 많은 유적지가 종교와 연결되어 있는 것을 어렵지 않게 발견할 수 있다. 신의 권위를 최고의 위치에 놓아야 했던 종교로 인하여 세상의 이치를 논리적으로 설명하려는 인류의 시도는 큰 도전을 받았다. 특히 신의 권위를 이용하여 자신의 권력을 강화하려는 지배층으로부터 전폭적인 지지를 받으며 종교는 그 기반을 더욱 단단하게 다져왔다. 이러한 왕권과 신권의 결탁은 오랜 세월 동안 진리를 향한 인류의 여정을 가로막아 왔다. 하지만 어려운 환경 속에서도 선대로부터 후대로 켜켜이 쌓아올린 인류의 지성은 결국 이 세상 만물이 운동하는 법칙을 발견해냄으로써 오래된 논쟁에 종지부를 찍으며 진리로의 여정에 본격적인 닻을 올리게 된다.

하지만 이것이 종교 그 자체가 올바르지 못했다는 것을 의미하지는 않는다. 종교가 진리로의 여정을 탄압하는 수단으로 사용되었던 것은, 자신의 지지기반을 잃지 않으려는 지배층의 탐욕이 종교를 그 수단으로 활용했기 때문이다. 종교 그 자체가 가진 순수함은 분명 많은 사람들에게 희망과 안식의 역할을 충분히 해주고 있다. 종교가 어느 특정 세력의 탐욕에 의하여 오용되지 않는다면 앞으로도 종교가 가진 순수한 의미는 인류에게 든든한 믿음이 되어줄 것이다.

❾

만물의 운동 법칙을 발견하다

온 세상에 적용되는 만물의 운동 법칙

뉴턴은 이 세상 모든 만물의 운동은 어떠한 질서를 가지고 일어난다고 생각했다. 그는 우리 주변에서 일어나는 모든 운동을 3가지 유형으로 분류하여 단순화시켰다. 이를 뉴턴의 운동 법칙이라고 하며 이는 뉴턴의 고전 역학의 이론적 토대가 되었다. 물론 뉴턴은 왜 만물의 운동이 이러한 법칙을 가지고 있는지를 설명하지는 못하였다. 하지만 우리 주변에서 복잡하고 다양하게 보일 수 있는 여러 운동들을 단순화시켜 표현했다는 데 그 의의가 있다. 그리고 이는 우리 주변에서 일어나는 여러 운동들이 저 먼 우주 공간에서는 어떤 방식으로 일어나게 될지를 설명하는 데 아주 유용하게 활용되고 있다. 따라서 만물의 운동이 어떠한 법칙으로 이루어지고 있는지는 앞으로의 우주여행을 제대로 이해하기 위하여 반드시 필요한 과정이다. 왜냐하면 우리의 경험에 의해서만 습득된 지식은 지구라는 한정된 공간을 벗어나서는 더 이상 통용되지 않는 경우가 많기 때문이다. 이것이 바로 저 우주로의 여정을 위해서는 지구에서뿐만 아니라 전 우주에서 통용되는 운동 법칙을 이해하는 것이 중요한 이유이다.

그러므로 앞으로의 여정에서 우리가 알아가야 하는 것은 단순한 법칙의 이름이나 용어가 아니다. 그동안 우리가 반복된 경험으로 인하여 당연하게 생각했던 여러 가지 운동들이 무엇을 의미하는지를 돌이켜보고, 이러한 상황들을 전 우주 전체로 확장시키기 위하여 단순하게 지나쳤던 현상들을 다시 한번 되돌아보는 것이다. 따라서 조금은 지루하더라도 우리의 주변에서 벌어지는 수많은 다양한 운동들을 앞으로 나오게 될 운동 법칙과 대입시켜보자. 그러면서 이를 유형별로 단순화시키면서 만물이 어떠한 원리로 운동을 하고 있는지를 이해하고 체험해보도록 하자. 그럼 지금부터 뉴턴이 우리 주변에서 일어나는 운동 현상들을 어떻게 체계적으로 구분하고 정리를 하였는지 찬찬히 살펴보도록 하자.

움직이는 물체는 움직이려고 하고
정지해 있는 물체는 정지해 있으려고 한다

외부로부터 물체에 어떤 힘이 작용하지 않는 한, 움직이고 있는 물체는 계속 앞으로 움직이려고 하고 정지해 있는 물체는 계속 정지해 있으려고 한다(이는 사실 앞서 갈릴레오가 먼저 주장한 것이었다. 뉴턴은 이를 집대성하여 체계화시켰다). 즉, 우리 주변의 물체는 어떤 힘을 가하지 않는 이상 그 상태를 유지하려는 성질이 있다는 것이다. 한번 살펴보도록 하자. 우리 주변에 있는 공을 하나 집어들어서 앞으로 굴려보도록 하자. 나의 손에서 나와 공에 전달된 에너지는 공을 힘차게 굴러가게 만든다. 여기에서 공은 움직이고 있다. 뉴턴은 내 손에서 던져진, 움직이는 공은 외부에서 어떤 힘이 작용하지 않는다면 앞으로도 영원히 계속 굴러가야만 할 것이라고 생각했다. 하지만 현실은 어떠한가? 의심할 여지도 없이 공은 이내 멈춰버린다. 뉴턴이 틀린 것일까? 물론 아니다. 여러분 대부분은 이미 그 이유를 알고 있을 것이다. 운동하는 공이 멈춰버린 것은 공이 굴러갈 때 공과 땅 사이에서 발생하는 마찰력 때문이다. 이 마찰력이 관성을 가지고 계속 운동하려는 공에 힘을 지속적으로 가하면서 결국은 공을 멈추게 만드는 것이다.

우주 공간에서 던져진 사과는 어떻게 될까

뉴턴의 운동 제1법칙이 성립하는 전제 조건은 외부로부터 물체에 어떤 힘이 작용하지 않아야 한다. 하지만 내가 땅에 공을 굴리는 순간 움직이는 공에는 이미 땅과의 마찰력이 발생하면서 공의 속도를 줄이는 역할을 하고 있다. 그것이 공이 이내 멈춰버리는 이유이다. 그렇다면 마찰력이 없는 곳으로 이동하여 실험을 해보자. 철수를 다시 불러서 잠시만 우주 공간으로 내보내도록 하자. 철수에게는 아까 우리가 굴렸던 공을 건네주었다. 우주 공간에 나간 철수는 앞으로 공을 힘껏 던졌다. 우주 공간에 던져진 공은 어떻게 될까? 주변에서 행성의 중력이 작용하거나 지나가는 소행성에 충돌하지 않는 이상 철수에 의해서 던져진 공은 영원히 앞으로 날아가게 된다. 시간만 충분하다면 우주 끝까지 날아갈 수도 있다. 이처럼 관성의 법칙에 의하면 이미 움직이고 있는 공은 어떠한 추가적인 힘의 도움 없이도 영원히 앞으로 나아가기 때문이다(물론 이 공의 방향이나 속도를 바꾸고자 한다면 힘이 필요하다). 이제 이 공을 붙잡아서 우주 공간에 세워놓아보도록 하자. 같은 원리로 우주의 한 공간 속에 놓인 이 공은 외부에서 어떠한 힘이 가해지지 않는 한 영원히 그 자리를 지키고 있게 될 것이다.

정리하면, 움직이고 있는 물체는 계속 움직이려고 하고 정지해 있는 물체는 계속 정지해 있으려고 한다. 이렇게 이 세상의 모든 물체는 원래 그 자신이 가지고 있던 상태를 유지하려는 속성을 가지고 있다. 이를 관성의 법칙이라고 한다. 우리가 버스에 타고 있다고 생각해보자. 달리고 있는 버스가 정지하기 위해 속도를 줄이게 되면 나의 몸은 앞으로 쏠리게 된다. 나의 몸은 관성의 법칙에 따라 버스가 속도를 줄이기 전의 속도로 계속 앞으로 가려고 하기 때문이다. 정지한 버스가 다시 출발할 때도 마찬가지다. 버스가 속도를 높이기 시작하면 나의 몸은 이번에는 반대로 뒤로 쏠리게 된다. 정지해 있던 나의 몸은 이번에는 반대로 계속 정지해 있으려고 하기 때문이다.

이처럼 관성의 법칙은 우리의 경험상 직관적으로도 매우 쉽게 이해할 수 있다. 혹시 누군가는 "이것은 너무나 당연한 것이 아닌가?", "이것이 뭐가 대단한 발견이란 말인가?"라고 질문할 수도 있다. 사실 이것 말고도 앞으로 이야기할 뉴턴의 운동 법칙들은 모두 이렇게 우리의 경험상 너무나도 당연한 이야기처럼 들린다. 이런 것이 대단한 업적이라고는 도저히 느껴지지 않는 당신이 이상한 것이 아니다. 뉴턴이 설명하고 있는 법칙들은 우리가 이미 매일 매일 일상적으로 경험하고 있는, 너무나 당연한 것처럼 보이는 현상이다. 하지만 과학은 이처럼 너무나도 당연해 보이는 일상적인 경험을 아무런 의심 없이 받아들이기보다는 다양한 현상을 분석하여 공통점을 찾고 그것을 법칙으로 단순화시키며 수학적인 언어로 표현해보려는 것이다. 과학은 이러한 일상적인 상황에 '왜'라는 질문을 던지는 것에서 시작되고 발전되는 것이다.

혹자는 이렇게 이야기할 수 있다. 그렇지 않아도 세상을 살아가면서 신경 쓸 일들이 많다. 그런데 세상의 만물을 바라보면서 수시로 거기에 숨겨진 법칙을 찾아보고자 이렇게까지 힘들게 고생을 할 필요가 있을까? 당신의 말이 전적으로 맞다. 우리는 이처럼 다분히 고통스러운 과정을 생략해도 된다. 다행스럽게도 위와 같은 고된 과정은 전문적인 학자들이 수고스럽게도 우리를 대신해서 진행을 해주고 있기 때문이다. 우리는 그저 누군가는 이러한 고민을 해야 할 필요성이 있다는 것을 인지한 채 그들의 수고에 감사한 마음만 가지고 있으면 될 것이다.

만약 우리가 관성의 법칙을 이해하고 있지 못하다면 철수가 우주 공간에 나아가서 힘차게 던진 사과 또한 어느 순간에는 우주의 어느 공간에서 멈춰버릴 것이라고 생각할 것이다. 마치 지구에서 그러하였던 것처럼 말이다. 하지만 앞서 살펴보았듯이 우주 공간 속에서 던져진 사과가 저절로 멈추는 일 따위는 일어나지 않는다. 이 사과는 심지어 우주 끝까지도 여행할 수 있다. 이것이 평범한 우리 일상 속에서 법칙을 도출해낸 사람과 그렇지 못한 사람이 사물을 바라볼 때 생각할 수 있는 인식의 차이인 것이다. 뉴턴은 너무나도 당연하게 보이는 이러한 운동들이 나타내는 현상들을 분석하여 지구에서뿐만 아니라 저 우주를 포함한 온 세상에서도 적용될 수 있는 법칙으로 만들었다. 이것이 그의 크나큰 업적인 것이다. 뉴턴에 따르면 이 세상의 모든 물질은 움직이고 있든지 혹은 정지해 있든지 항상 원래 있던 그 상태를 유지하려는 속성을 가지고 있다.

등속 운동을 하는 것과 정지해 있는 것은 물리적으로 완전히 동일하다

아주 단순해 보이는 뉴턴의 1법칙으로부터 우리는 중요한 사실을 하나 파악할 수 있다. 외부에서 어떠한 힘이 작용하지 않는 한, 등속도로 움직이고 있는 물체는 정지해 있는 것과 물리적으로 완전히 동일한 상태라는 것이다. 아니, 뭐라고? 움직이는 것과 정지해 있는 것이 완전히 동일하다니… 이게 무슨 말도 안 되는 소리인가? 뉴턴이 우리를 놀리고 있는 것일까? 흥분을 조금만 가라앉히고 뉴턴의 이야기를 조금 더 들어보도록 하자. 이 상황을 설명하기 위해 아까 우주 공간에 나간 철수가 던졌던 공으로 다시 돌아가보자. 철수에 의해 우주 공간에 던져진 공은 우주 공간 속을 여전히 날아다니고 있다. 철수의 손에서 떠난 공에는 외부에서 더 이상 어떠한 힘도 작용하지 않고 있다. 따라서 공은 일정한 속도로 계속 앞으로 나아가고 있다. 공은 철수의 시야에서 점점 멀어져간다. 철수가 보기에 공은 확실히 움직이고 있다. 자, 이제 이렇게 오랜 시간 동안 한참을 움직이고 있는 공은 철수로부터 엄청나게 먼 거리를 지나왔다. 마침 공 주변에 운석, 별 등 어떠한 다른 물질도 없는 깜깜한 암흑만이 존재한다고 생각해보자. 공이 움직이고 있다는 것을 판단하기 위해서는 주변에 공 이외에 어떤 비교 대상이 있어야 한다. 그런데 지금 공 주변에는 비교 대상이 될 수 있는 어떠한 것도 존재하지 않는다. 그렇다면 오래전에 철수의 손에서 던져져서 우주 공간 속을 떠돌고 있는 이 공은 지금 움직이고 있다고 할 수 있을까? 결론부터 이야기하면 우리는 이 공이 움직이고 있는지 정지해 있는지 알 수 있는 방법이 없다. 주변에 아무것도 없는 공간에서는 공과 비교할 수 있는 대상이 없기 때문에 공이 움직이고 있는지 혹은 정지해 있는지를 판단할 수 없다. 나의 속도는 관찰자의 운동 속도에 의해 결정된다는 것을 다시 한번 상기하자. 나의 속도는 관찰자의 속도에 의해 결정이 되는데, 이 관찰자가 없다면 나의 속도 또한 정해질 수 없는 것이다.

정리하면, 등속도로 운동하고 있는 공과 정지해 있는 공을 구분할 수 없다. 사실 물리적으로는 공이 정지해 있는 것도 속도의 변화가 없는 등속도 운동이기 때문이다. 무리한 설명같이 보이기도 하지만 이것은 우리가 꼭 우주 공간으로 나가지 않더라도 우리 주변에서 쉽게 확인할 수 있다. 우리가 철수와 함께 오랜만에 부산으로 여행을 가는 상황을 생각해보자. 교통 정체와는 상관없이 부산에 빠르고 편안하게 갈 수 있는 가장 편안한 방법은 역시 고속 전철을 타는 것이다. 철수와 우리는 고속 전철에 탑승해 있다. 고속 전철은 현재 시속 200㎞의 일정한 등속도로 운동하고 있다. 창밖을 쳐다보니 주변 풍경이 빠르게 뒤로 지나치고 있다. 이는 고속 전철이 매우 빨리 달리고 있다는 것을 잘 느껴지게 한다. 그렇다면 이제 창밖의 풍경이 보이지 않게 커튼을 모두 쳐보도록 하자. 고속 전철이 달리고 있는 철도에서 진동이 전혀 없다고 가정한다면 전철 안에 있는 우리는 움직이고 있는지, 아니면 정지해 있는지 알 수 있을까?

방금 전 우리가 움직이고 있다는 것을 느낄 수 있었던 것은 창밖에서 펼쳐지는 주변 풍경들의 움직임으로 인한 것이었다. 따라서 만약 우리가 창밖의 상황을 전혀 볼 수 없다면 우리는 정지해 있는지 움직이고 있는지 알 수 있는 방법이 없다. 그러므로 만약 누군가가 등속도로 움직이고 있는, 창문이 가려진 열차에서 태어나서 평생을 생활해야 했다면 그 사람은 평생 자신이 정지해 있는 공간에서 살았다고 생각하게 될 것이다. 어쩌면 열차 커튼 밖의 상황을 잘 알고 있는 우리는 실제 자연의 속성을 모르고 살아가는 열차 안의 사람들을 불쌍하게 생각할지도 모른다. 하지만 이것은 전철 안에서 태어난, 가련하게 보이는 특정한 사람에게만 해당되는 일이 아니다. 지구라는 거대한 고속 열차에 탑승해 있는 우리 모두에 해당하는 이야기일 수 있다. 지금 책상에서 책을 읽고 있는 당신은 움직이고 있는 것인가? 아니면 정지해 있는 것인가? 책상에 앉아 감미로운 커피와 함께 책을 읽고 있는 지금의 나는 정지해 있는 것처럼 보이지만 나를 태우고 있는 지구는 분명 지금 이 순간도 엄청난 속도로 움직이고 있다. 하지만 창문이 가려진, 움직이는 열차에서 태어난 사람들처럼 오랜 시간 동안 우리는 우리 자신이 사실은 움직이고 있다는 것을 깨닫지 못하였다.

그렇다. 우리는 정지해 있는 경우와 동일한 속도로 달리는 두 가지를 구분할 필요가 없으며, 더 정확하게 이야기하면 사실 이 두 가지를 구분할 수도 없다. 이야기했듯이 등속도로 운동하고 있는 물체와 정지해 있는 물체는 서로를 구분할 수 없으며 물리적으로 완전히 동일하다. 이것이 관성의 법칙이 내포하고 있는 중요한 의미 중의 하나이다. 단, 이것은 등속도 운동에만 해당된다. 속도의 변화가 일어나는 가속 운동에서는 이와는 매우 다른 현상이 발생하게 되는데 우리는 이것을 바로 이어서 논의하게 될 것이다(사실 지구의 공전 운동은 방향과 속도가 변하는 가속 운동이다. 필자는 단지 실제로는 움직이고 있으나 우리가 움직이고 있다는 느낌을 받지 않는 상황을 강조하기 위하여 예시로 활용하였다. 여기에서는 지금의 내가 움직이고 있는 것처럼 느껴지지 않더라도 다른 누군가가 보면 움직이고 있는 것으로 보일 수 있다는 정도로만 이해를 해두도록 하자).

힘이 발생하는 순간 속도(방향)가 바뀐다

우리는 지금까지 속도가 변하지 않는 등속 운동에 대해서 이야기해왔다. 등속 운동을 하는 상태에서 우리는 어떠한 힘의 변화도 느낄 수 없었다. 마치 정지해 있는 것처럼 말이다. 따라서 정지해 있는 것과 등속 운동을 하는 것은 물리적으로 완전히 동일한 상태임을 알게 되었다. 이제 지금부터 이야기하려는 것은 속도의 변화가 있는 가속 운동에 대한 것이다. 속도의 변화가 있다는 것은 속도가 증가한다든지 혹은 감소하는 상황을 이야기한다. 이렇게 속도의 변화가 일어나게 되면 우리가 앞서 이야기했던 등속 운동의 상황과 전혀 다른 현상 한 가지가 발생하게 된다. 그것은 바로 우리가 속도의 변화 과정에서 어떠한 '힘'을 느낄 수 있다는 것이다. 이것은 우리의 경험과도 잘 부합되기 때문에 속도 변화가 일어나는 것을 금방 알아차릴 수 있다.

정지해 있는 버스가 출발하면 내 몸은 뒤로 끌어당기는 힘을 받는다. 또한 움직이고 있던 버스가 정지할 때는 앞으로 잡아당기는 힘이 느껴진다. 이렇게 속도가 증가하거나 감소할 때 우리는 이로 인하여 무엇인지 모를 어떠한 힘을 느낄 수 있다. 바꿔 이야기하면, 우리가 어떠한 힘을 느꼈다고 하는 것은 그 대상이 가속 운동을 하고 있기 때문이라고 이야기할 수도 있는 것이다. 이렇게 물체의 운동 상태가 변하는 것을 가속 운동이라고 한다. 이렇게 물체의 운동 상태를 변화시키기 위해서는 반드시 힘(에너지)이 필요하다. 이를 뉴턴의 운동 제2법칙인 가속도의 법칙이라고 한다. 물체의 운동 상태는 물체에 작용하는 힘의 크기와 방향에 따라 변한다. 철수가 공을 세게 던지면 빨리 날아가고 약하게 던지면 천천히 날아간다. 또한 공을 위로 던지면 위로 날아가고 아래로 던지면 아래로 날아간다. 역시나 너무나도 당연한 이야기이다. 그렇다면 여기에서 우리가 중요하게 간파해야 하는 것을 찬찬히 짚어보도록 하자.

뉴턴의 1법칙인 관성의 법칙이 운동 상태의 변화가 없는 상황을 이야기하고 있는 것이라면, 2법칙인 가속도의 법칙은 물체의 운동 상태가 변화하는 상황을 이야기하고 있다. 이렇게 어떤 물체의 운동 상태를 변화시키기 위해서는 반드시 '힘'이 필요하다. 그리고 이것은 어떤 물체에 '힘'이 작용하면 그 물체의 운동 상태는 변화한다는 이야기이기도 하다. 즉, 뉴턴의 제2법칙이 가지고 있는 중요한 의미는 어떤 물체의 운동 상태를 변화시키기 위해서는 반드시 '힘'이 필요하다는 것이다. 이 세상에서 '힘'을 투입하지 않고 물체의 운동 상태를 변화시킬 수 있는 방법은 없다. 정지해 있는 물체를 움직이거나, 혹은 이미 움직이고 있는 물체의 속도나 방향을 바꾸려고 할 때도 우리는 이를 위해 '힘'을 투입해야 한다. 힘이라는 것은 곧 에너지를 의미한다. 세상에 공짜는 없는 법이다. 관성의 법칙에 의하면 모든 물체는 현 상태를 유지하려고 한다. 따라서 물체의 운동 상태를 바꾸기 위해서는 반드시 '힘'이 필요하다. 그런데 이렇게 어떤 물체에 '힘'이 가해지면 그 물체의 운동 상태 변화에 따른 속도의 변화가 자연스럽게 뒤따르게 된다.

따라서 뉴턴은 어떤 물체에 힘(에너지)이 가해질 때 나타나는 현상을 가속도의 법칙이라고 부르게 되었다. 이렇게 가속 운동이 일어나면 우리는 반드시 그로 인하여 발생하는 힘을 느낄 수 있다. 그러므로 지금 이 순간 내가 주변으로부터 힘을 느낄 수 있는지 없는지로부터 우리가 현재 가속 운동을 하고 있는지 혹은 등속 운동을 하고 있는지도 판단할 수 있다. 그리고 가속 운동을 하기 위해서는 반드시 힘(에너지)이 필요하므로 지속적인 가속 운동을 위해서는 지속적으로 에너지가 투입되어야 한다. 만약 에너지 투입이 중단된다면 그 순간부터 물체는 바로 등속 운동으로 전환이 되며 아무런 힘도 느낄 수 없는 상태가 된다. 이렇게 되면 다시 1법칙인 관성의 법칙이 지배하는 대상으로 전환이 되는 것이다.

이것으로부터 우리가 알 수 있는 것은 무엇일까? 예민한 신경을 가지고 있는 승객이 자동차를 타고 있다면 그는 자신에게 가해지는 힘이 느껴지는지 여부를 기준으로 운전사가 지금 액셀을 밟아서 자동차에 연료를 공급하고 있느냐 아니냐를 판단할 수도 있다는 이야기이다. 이는 반대로 우리가 어떤 대상을 관찰할 때도 성립이 된다. 만약 우리 눈에 관찰되는 어떤 대상의 속도나 방향이 변화되는지를 관찰한다면 우리는 그 대상에 에너지가 주입되고 있는지 여부도 미루어 짐작할 수 있는 것이다. 우리가 등속 운동을 하고 있는지 혹은 가속 운동을 하고 있는지를 이해하는 것은 앞으로 이어질 우주여행을 하는 데 있어 상당히 중요한 의미를 가진다. 따라서 등속 운동과 가속 운동의 의미가 아직도 모호하게 느껴지는 독자가 계신다면 뉴턴의 1법칙과 2법칙을 한 번만 더 살펴보고 다음으로 넘어가실 것을 추천해드린다. 반복되는 이야기지만 우리가 이 과정에서 알아야 할 것은 일상적으로 당연하게 경험하고 있는 현상을 마치 처음 보는 상황처럼 선입견 없이 객관화시키면서 그 과정을 이해해보는 것이다. 선입견을 배제한 채 이러한 방식의 훈련을 잘 진행하다 보면 조금씩 익숙해지면서 앞으로의 여정이 훨씬 수월하게 느껴질 것이다.

내가 준 만큼 나에게로 되돌아온다

뉴턴의 마지막 운동 법칙은 작용과 반작용의 법칙이다. 앞서 이야기했던 뉴턴의 1법칙과 2법칙은 각각의 독립적인 물체의 운동 법칙을 이야기하고 있다. 하지만 3법칙은 서로 다른 두 개의 물체가 상호작용할 때 보여주는 운동의 법칙을 설명한다. 보다 자세한 설명을 위해 귀여운 개구리를 잠시 등장시켜보자. 한적한 시골길의 어느 시냇가 주변에 개구리가 얌전히 앉아 있다. 그러데 우리의 등장에 놀랐는지 개구리가 갑자기 땅에서 뛰어오른다. 역시나 이상할 것도 없는, 이 개구리가 뛰어오르는 운동을 뉴턴은 다음과 같이 생각하였다. 개구리가 땅에서 뛰어오를 때 개구리가 땅에 전달하는 힘과 땅이 개구리를 밀어올리는 힘은 정확히 같다. 즉, 개구리가 땅에서 뛰어오를 수 있었던 것은 개구리가 자신의 뒷다리 힘을 이용하여 땅에 전달한 힘이 그대로 땅에 전달되어서 땅이 개구리를 밀어올리는 힘으로 변환이 된 것으로 볼 수 있다는 것이다.

정리하면, 내가 어떤 물체에 힘을 전달하면 그 어떤 물체는 나에게 완전히 동일한 힘을 그대로 전달해주게 되어 있다는 것이다. 두 개의 서로 다른 물체에 일방적으로 한쪽으로만 전달되는 힘은 없다. 내가 내 방에 있는 벽을 세게 밀고 있다면 벽 또한 나를 같은 힘으로 반대 방향으로 밀고 있는 것이다. 이렇듯 두 개의 서로 다른 물체에 상호작용하는 힘이 어떻게 작용하는지는 나중에 나오게 될 만유인력의 법칙을 설명하는 데 있어서도 중요하게 작용한다. 사과나무에 달려 있는 사과는 지구의 거대한 중력에 의해 끌어당겨지고 있지만 그와 동시에 사과 또한 같은 방식으로 지구를 끌어당기고 있다. 다만 두 물체 사이의 큰 질량 차이로 인하여 지구는 전혀 움직이지 않고 사과만 움직이며 땅에 떨어지는 것처럼 보인다. 하지만 사실 이 거대한 지구도 사과로부터 같은 힘을 받고 있다. 사과와 지구의 질량 차이가 너무 많이 나기 때문에 사과로 인한 영향이 눈에 보이지 않는 것뿐이다. 만약 이것이 조그마한 사과가 아니고 달과 같이 커다란 물체라고 하면 밀물과 썰물이 일어나는 현상과 같이 지구와의 상호작용에 따른 힘의 주고받음이 우리 눈에 충분히 보일 정도로 크게 나타날 것이다. 이렇게 뉴턴의 운동 제3법칙은 서로 다른 물체들 사이에서 발생하는 힘에 의한 운동 법칙을 설명하고 있다.

보다 익숙한 상황으로 한 번 더 설명을 해보자. 아이스 스케이트장 위에 오랜만에 스케이트를 타러 나온 아빠와 딸이 있다. 스케이트 타기가 좀 싫증이 났던 부녀는 서로 마주 보고 서서 손바닥을 맞대고 있는 힘껏 밀어보기로 했다. 그러면 아빠와 딸에게 전달되는 힘의 크기는 각각 어떻게 될까? 얼핏 생각하면 힘이 센 아빠가 딸아이에게 더 큰 힘을 전달하면서 밀어낼 수 있을 것 같지만 부녀가 어떤 방식으로 서로를 밀더라도 아빠와 딸에게 전달되는 힘의 크기는 같다. 다만 이런 방식으로 밀게 되면 보통 딸아이가 아빠보다 더 먼 거리를 밀려나가게 되는데 이는 아빠가 딸아이를 더 센 힘으로 밀었기 때문이 아니라 딸아이의 무게가 더 가볍기 때문에 그만큼 더 먼 거리로 밀려나게 된 것이다. 만약 딸의 몸무게가 아빠와 정확하게 동일하다면 두 사람은 정확하게 같은 거리만큼 밀려나게 될 것이다.

뉴턴의 이러한 논리를 따라가다 보면 흥미로운 의문이 드는 경우가 있다. 작용과 반작용의 법칙에 따르면 격투기 대회에서 공격하는 선수가 날리는 주먹이 전달하는 힘은 상대방뿐만 아니라 자신에게도 같은 힘으로 그대로 전달이 된다. 따라서 내가 상대방을 세게 때릴수록 자신에게도 그만큼 강한 힘이 되돌아온다. 그러면 뉴턴의 운동 3법칙을 너무나도 잘 이해하고 있는 한 격투기 선수는 자신에게 반작용으로 돌아오는 힘을 줄이기 위해 되도록 약한 힘으로 상대방을 공격해야 하는 것일까? 물론 그렇지는 않을 것이다. 격투기 대회 과정에서도 분명 작용과 반작용의 법칙이 성립한다. 다만 공격하는 선수는 보통 주먹으로 상대방의 머리나 복부 등을 타격한다. 작용과 반작용 법칙에 의하여 타격을 가하는 사람도 동일한 충격을 받게 되긴 하지만 충격받는 대상이 단순히 주먹이냐 아니면 머리 혹은 복부냐에 따라 몸에 쌓이는 충격은 확연히 다를 것이다. 뿐만 아니라 상대적으로 접촉 면적이 작은 주먹으로 타격하는 것은 적은 힘으로도 큰 충격을 전달할 수 있는 방법이다. 칼이나 주삿바늘이 좋은 예라고 할 수 있다. 힘을 전달하는 접촉 면적을 작게 할수록 우리는 적은 힘으로도 물건을 자르거나 뚫을 수 있다. 따라서 작용과 반작용의 법칙을 너무나 믿은 나머지 내가 맞은 만큼 너도 아플 거라는 생각으로 자신의 온몸을 상대방에게 맡기는 격투기 선수가 되어서는 안 되겠다. 무협지에서 등장하는 금강불괴 신공은 현실에서는 존재하지 않는다.

지금까지 우리는 뉴턴이 이야기한 3개의 운동 법칙을 살펴보았다. 이제 우리는 뉴턴의 이 3가지 운동 법칙을 가지고 우리 주변에서 발생하는 거의 모든 운동 현상을 설명할 수 있게 되었다. 내가 던져올린 공이 저 멀리 날아가는 것과 운동선수가 달리기하는 것을 포함하여 자동차가 달리고 멈추는 것부터 심지어는 로마 시대의 검투사들이 칼을 들고 서로 싸우는 것에 이르기까지 우리가 경험할 수 있는 운동과 관련한 셀 수 없는 모든 현상을 이 3가지 운동 법칙으로 설명할 수 있게 된 것이다. 거짓이 아니다. 그렇게 다양한 운동들이 단 3줄의 법칙으로 설명이 가능해졌다. 뉴턴은 이 세상이 만들어진 후 발생하는 모든 물리적인 운동을 놀랍도록 아름답게 단순화시킨 것이다. 뉴턴이 만들어낸 성과는 이뿐만이 아니다. 이제부터는 본격적으로 뉴턴을 신이 만들어놓은 비밀을 찾은 위대한 학자의 반열에 올려놓은 엄청난 발견에 대한 이야기를 좀 더 해보게 될 것이다.

처음 보는 현상도 경험이 반복되면 일상이 된다

한적하고 너른 들판에 바람이 살랑살랑 불고 있다. 한 청년이 사과나무 아래에서 바람의 선선한 기운을 맞으며 한가로이 사색에 잠겨 있다. 바로 그때 사과나무에서 탐스럽게 잘 익은 붉은 사과 하나가 그의 머리 위로 떨어진다. 사과를 머리에 맞은 청년은 자리에서 벌떡 일어나며 큰 소리로 외친다. "앗, 이것은 세상 모든 물질이 서로 잡아당기는 힘을 가지고 있기 때문이 아닐까!" 이것이 우리에게 널리 알려져 있는, 뉴턴이 만유인력을 발견하게 된 일화이다. 너무나도 극적이고 운명적인 것 같은 이 상황을 부정하는 것이 아쉽기는 하지만, 필자는 뉴턴이 발견한 만유인력의 법칙이 결코 이런 방식으로 발견되었다고 생각하지 않는다.

뉴턴의 머리 위에 떨어졌던 사과는 분명 뉴턴에게만 일어나는 일은 아니었다. 과거 뉴턴 시대의 사람들뿐만 아니라 우리들도 사과나무에서 떨어지는 사과는 모두 본 적이 있다. 사과가 떨어지는 상황뿐만 아니라 중력과 관련된 상황을 우리는 오늘도 주변에서 무수히 접하고 있다. 오늘 아침 당신이 일어나서 주전자의 물을 컵에 따라 마시면서도 당신은 주전자에서 컵 속으로 빨려들어가는 물줄기를 보았을 것이다. 또한 청소를 하다가 탁자 위에 놓여 있는 유리병을 건드려 떨어뜨리는 참사가 벌어지곤 한다. 이처럼 우리는 매일 주변에서 '떨어지는 것'들을 경험한다. 만약 중력이 없는 우주 공간에서 태어난 누군가가 처음으로 무엇인가 떨어지는 현상을 보았다면 크게 놀라며 그 이유를 궁금해할 것이다. 그런데 그러한 그조차도 이러한 경험들이 지속적으로 일어나면 마침내 별다를 것이 없는 일상으로 느끼게 될 것이다. 어떤 것이든 일상이 되는 순간 우리는 그 현상에 대하여 아무런 특별한 점을 느낄 수 없게 되며 더 이상의 의문은 만들어지지 않는다. 이것이 우리가 주변에서 벌어지고 있는 모든 자연 현상에 대하여 자연스럽게 궁금함을 느끼지 않게 되는 과정이다.

일상적인 현상에 "왜"라는 의문을 던지는 습관이 뉴턴을 만들었다

하지만 우리 주변의 환경이 바뀌게 되면 일상적인 것으로 보이던 '떨어지는 것'들이 더 이상 일상이 아닌 상황과 마주하게 된다. 좀 극단적인 상황이기는 하지만, 만약 우주선에서 태어난 사람이 있다고 상상해보자. 그는 태어나는 순간부터 무중력 상태에서 살아왔다. 따라서 우주선에서 태어나고 자란 그는 중력이라는 현상을 전혀 경험해본 적이 없다. 만약 이러한 그가 지구의 사과나무에 달려 있는 사과가 갑자기 떨어지는 장면을 처음 보았다면 어떤 생각을 하게 될까? 그는 사과를 내가 잡아당기지도 않았는데 땅으로 떨어지는 신기한 현상을 보았다고 흥분하며 이야기할 것이다. 아니면 누군가가 사과에 보이지 않는 끈을 달고서 밑에서 잡아당기는 속임수를 쓰고 있다고 생각할지도 모른다.

이것은 중력이 없는 세상에서 살고 있는 사람에게서 당연히 기대되는 반응이다. 다시 이야기하지만 우리가 매일 경험하고 있는 현상들이 어느 장소에서나 항상 적용되는 것이 아님을 잊지 말아야 한다. 현대사회를 살아가고 있는 우리는 지구에서뿐만 아니라 전 우주에서도 적용되는 불변의 원리를 찾기 위한 여정 중에 있다. 그러므로 이제부터라도 주변에서 일어나는 현상들 중 단순히 경험에 의해 당연하다고 생각했던 부분들에 대하여 가끔씩은 '왜'라는 의문을 가져보도록 하자. 그러한 의문들에 대해 꾸준히 연구하고 사색하다 보면 어느 순간 당신도 이미 뉴턴의 반열에 올라서게 될지도 모르는 일이다.

행운도 준비된 자에게 찾아오는 법이다

그렇다면 뉴턴은 어떻게 만유인력의 법칙을 발견할 수 있었을까? 사과나무에서 사과를 관찰하고 있던 당 시대의 뉴턴이 우리들과 다른 점이 있었다면, 평소에도 항상 그의 머릿속은 태양과 지구, 그리고 달 등의 행성과 별들과 같은 천체들의 운동 방식으로 가득 차 있었다는 것뿐이다. 뉴턴은 대부분의 사람들이 아무런 의문을 가지지 않았던, 사과는 왜 땅으로 떨어져야 하는지에 대하여 항상 고민하고 있었다. 그는 우리의 밤하늘을 비춰주는 달과 저 멀리 빛나는 별들이 운동하는 원리가 지구에 있는 모든 다른 물질이 운동하는 원리와 다르지 않다고 생각했다. 저 하늘 위의 달과 별들은 매우 멀기 때문에 우리가 거기에서 일어나는 현상을 관찰하기가 쉽지 않다. 하지만 우리 주변에 존재하는 물체들은 이와는 달리 그들의 운동을 관찰하기 매우 쉽다. 만약 우리 주변에 있는 물체들이 운동하는 현상을 논리적으로 잘 설명할 수 있다면, 저 멀리 보이는 달과 별들이 운동하는 현상들도 동일하게 설명할 수 있지 않을까? 그렇게 된다면 철수가 던진 공이 어느 위치에 떨어지는지 우리가 예상해볼 수 있듯이 저 하늘의 천체들이 앞으로 어떤 경로를 가지고 운동하게 될 것인지도 미루어 예상할 수 있다고 생각한 것이다.

즉, 뉴턴은 우리 주변에서 일어나는 현상으로 하늘에서 벌어지는 원리를 설명하고 싶어 했다. 그것이 본질적으로 다르지 않다고 생각한 것이다. 이러한 끊임없는 노력의 결과로 그는 사과가 땅으로 떨어지는 단순한 현상을 통하여 이 세상 모든 물질은 만유인력이라는 특이한 성질이 있어 서로 끌어당기는 힘이 있다고 생각하게 된 것이다. 물론 목욕 중에 물질의 비중 차이를 가지고 그 성분을 파악할 수 있다는 힌트를 얻어 "유레카"를 외친 아르키메데스처럼 그 역시 중력이라는 원리를 찾다가 우연하게도 사과가 떨어지는 현상으로부터 갑자기 그 이유를 깨닫고 결국은 그 유명한 만유인력의 법칙을 완성했을 수도 있다. 하지만 아르키메데스나 뉴턴 같은 위대한 학자들이 평범한 일상 속에서 이러한 놀라운 발견을 할 수 있었던 것은 평소에 그들이 고민하던 문제에 대한 답을 찾기 위한 치열한 생각으로 그들의 머리가 항상 충만한 상태였기 때문일 것이다. 행운도 준비된 자에게 오는 법이다. 우리는 이 점을 잊지 말아야 한다.

질량을 가진 모든 물체는 끌어당기는 힘이 있다

이것은 지구와 달 그리고 태양과 행성 사이에서만 존재하는 것이 아니고 모든 만물에 적용이 된다. 이것이 뉴턴이 생각한 만유인력의 법칙이다. 단지 우리 주변의 물체에서만 적용되는 것으로 생각되었던 여러 가지 물리 현상들이 동일한 원리로 저 하늘의 달과 태양, 금성, 화성, 나아가 모든 만물에 적용된다는 사실은 당시에 커다란 혁명과도 같은 사건이었다.

뉴턴이 만유인력에 대한 구상을 마칠 수 있었던 것은 당시의 시대 상황과도 연관이 있다고 알려져 있다. 당시는 흑사병이 전 유럽에 걸쳐 퍼지면서 영국에서만 해도 10만 명 이상의 사람이 죽어가고 있었다. 뉴턴은 이 흑사병을 피하기 위해 런던의 한적한 교외에 있는 자신의 고향인 '울즈소프'라는 곳으로 내려가게 된다. 이곳에서 그는 오랜만에 느긋한 시간을 보낼 수 있었을 것이다. 때로는 평소보다 한 걸음 느린 속도로 쉬게 되는 과정에서 뜻하지 않게 큰 발견이 나올 수도 있는 법이다. 어찌하였든 뉴턴의 설명대로 우리는 비로소 지구뿐만 아니라 온 우주 만물에도 동일하게 적용되는 법칙을 찾은 것처럼 보였다. 뉴턴의 운동 법칙을 적용하면 우리가 바라보는 우주를 포함한 이 세상의 모든 운동을 설명할 수 있는 것처럼 보였다. 또한 이것은 우리가 주어진 조건만 충분히 알 수 있다면 우리의 과거가 어떠했을지 추정할 수 있는 것은 물론이고, 우리의 미래가 어찌될 것인지도 사전에 알 수 있다는 것을 의미하는 것이었다. 이제 인류는 하늘에 있는 천체들의 움직임을 단순히 관찰하는 것을 넘어서 그 움직임을 보고 분석하는 것을 통하여 그 천체의 과거 행적뿐만 아니라 미래의 운명까지도 예측할 수 있게 된 것이다.

인류의 지식으로 과거를 파악하고 미래를 예언하다

여기에서 잠시 철수와 영이를 등장시켜서 지금까지 이야기했던 상황을 돌이켜보도록 하자. 철수와 영이가 야구를 하고 있다. 철수가 던진 공은 영이가 휘두른 야구 방망이에 맞아 어디론가 날아가게 될 것이다. 만약 우리가 철수가 공을 던지는 순간의 힘과 각도, 바람의 방향과 세기 등의 정보를 모두 알 수 있다면 우리는 이 야구공이 어떤 경로를 따라 운동하게 될지를 정확히 예측할 수 있다. 이를 토대로 영이가 야구 방망이를 휘두를 때의 높이와 위치, 그리고 타격의 힘과 같은 정보를 정확히 입력해서 계산할 수 있다면, 이에 맞게 미리 입력해놓은 위치 좌표를 이용하여 외야의 전광판 바로 아래 외야수의 키를 살짝 넘기는 위치로 공이 날아가리라는 것을 예측할 수도 있는 것이다. 이것은 그 역으로도 적용이 되어서, 하늘을 뻗어 날아가는 공의 방향이나 운동량 등의 정보를 정확히 알 수 있다면 우리는 그 공이 어디서부터 출발했는지 또한 알 수 있다는 것이 된다. 먼 미래에는 타자가 친 타구를 잡기 위하여 컴퓨터가 정보를 계산하여 어디에 타구가 떨어질지를 수비수에게 전송해주는 방법이 개발될지도 모르는 일이다. 우리는 이로부터 한 가지를 명확하게 알 수 있다. 만약 타자가 투수로부터 던져진 야구공을 때리는 순간에 운동과 관련된 모든 정보들을 알 수 있다면, 이 야구공은 타자가 야구공을 때리기 전에 어디로부터 날아왔으며(과거) 타자가 야구 방망이로 야구공을 때린 이후로는 어느 방향으로 날아갈지를(미래) 정확하게 예측할 수 있다.

즉, 우리는 어느 한 시점에서 발생하는 사건의 모든 필요한 정보만 알 수 있다면 우리의 과거와 현재 그리고 미래까지도 모두 알 수 있다는 것이다. 여기서 매우 흥미로운 것은 무한한 가능성으로 가득 차 있을 것이라고 생각되는 미래조차도 우리에게 충분한 정보만 주어진다면 그것을 토대로 미래에 어떤 일이 일어날지를 알 수 있다는 사실이다. 만약 어떤 사건에 대하여 우리가 미래를 예측할 수 없다면 그것은 그 대상에 대한 정보가 부족한 것을 의미하는 것뿐이지, 그렇다고 해서 그 대상의 미래가 어떻게 될지 불분명하다는 것은 아니다. 이는 미래가 이미 어느 방향으로 움직이게 될지가 이미 정해져 있다는 것을 의미한다. 이러한 뉴턴의 사고방식을 '결정론적 세계관'이라고 한다. 이러한 결정론적 세계관은 훗날 양자역학이 등장하기까지 물리학의 주된 흐름으로 자리 잡게 되었다. 뉴턴의 이러한 성과는 거대한 우주 공간 속에서 별다를 것 없는 은하계 한 귀퉁이의 티끌과 같은 작은 지구라는 공간에서 살아가는 인류가 신이 만들어놓은 세상의 과거뿐만 아니라 미래까지 예측할 수 있게 되었다는 것을 의미한다. 따라서 뉴턴이 선대들의 지성을 이어받아 집대성한 이런 거대한 성과는 인류에게 엄청난 자신감을 심어주는 계기가 되었다.

하늘을 대신하여 천체의 움직임을 예측하다

실제로 뉴턴은 그의 중력 이론을 기반으로 여러 가지의 당시로서는 놀라운 예언을 하였다. 그는 그의 유명한 저서 『프린키피아』에서 간헐적으로 하늘에 출현하고 있는 혜성은 태양 주위를 공전하는 행성들처럼 태양을 중심으로 거대한 타원형 궤도를 따라 태양계를 회전하고 있는 것이라고 생각하였다. 따라서 어느 날 갑자기 어두운 밤하늘에 출현하는, 혜성이라고 불리는 천체는 하늘이 우리에게 어떤 메시지를 전달하기 위한 기이한 변화가 아니며 단지 거대한 타원 궤도를 따라 정해진 경로를 여행하고 있는 혜성이 지구에 근접하게 될 때 관측되는 천체일 뿐이라고 주장하였다. 만약 뉴턴의 이러한 주장이 옳다면 정해진 궤도를 움직이는 혜성의 움직임으로 인하여 혜성은 마치 달과 태양처럼 일정한 주기를 가지고 나타나야 할 것이다. 하지만 혜성의 출현 주기가 너무 길었기 때문에 당시에는 뉴턴의 이러한 주장을 증명할 방법이 없었다. 따라서 뉴턴은 그의 운동 법칙에 의해 예견되는 이 천체의 움직임을 직접 확인하지 못한 채 자연으로 돌아갔다.

뉴턴 사후 우리에게 잘 알려진 에드먼드 핼리는 뉴턴의 이러한 주장을 입증하기 위해 역사서를 뒤져가며 혜성의 관측 기록들을 면밀히 조사하였다. 그리고 마침내 1682년 나타났던 혜성의 경로가 1607년과 1531년에 나타난 혜성의 경로와 유사하다는 것을 발견해냈다. 이 기록은 혜성이 약 76년 전후의 주기를 가지고 반복적으로 출현한다는 것을 알려주는 것이었다. 과연 뉴턴이 예측한 대로 혜성은 특정한 주기를 가지고 지구에 나타나고 있는 것처럼 보인 것이다. 따라서 핼리는 이를 근거로 다음 혜성이 다시 나타나게 될 시점은 1758~1759년 사이가 될 것이라고 예측하였다. 안타깝게도 핼리 또한 자신이 혜성이 다시 나타나리라고 예측한 시점까지 살지는 못하였다. 하지만 드디어 1759년이 되었을 때, 핼리는 이미 그 생을 다하여 비록 이 세상에는 없었지만 그가 나타날 것이라고 예상했던 혜성은 과연 그가 예언한 시간과 궤도에 정확하게 다시 나타나면서 당시의 사람들을 매우 놀라게 하였다. 핼리의 통찰력에 크게 감탄을 받은 사람들은 이때 나타난 천체를 그의 이름을 따서 핼리 혜성이라고 이름을 붙여 부르게 되었다. 핼리는 앞으로 일어날 혜성의 움직임을 과거 역사서의 흔적을 통하여 미리 예측하고 명성을 얻게 되었지만, 그 시작은 바로 뉴턴의 중력 이론이 혜성의 움직임을 예측 가능하다고 보았던 것에서 시작되었음을 간과해서는 안 될 것이다.

뉴턴이 "그곳에 행성이 있으리라" 하니 발견된 행성

이제 우리 인류는 하늘에 있는 천체의 움직임을 이해하고 예측하게 됨으로써 천체의 움직임과 변화에 대하여 더 이상 점성술사들의 도움이나 조언을 필요로 하지 않게 되었다. 인류는 뉴턴으로 인하여 하늘의 천체들이 움직이는 방법을 이해할 수 있게 되었고 이들의 운동 규칙을 수학적으로 직접 계산까지 할 수 있게 되었다. 이것은 우리에게 충분한 정보만 제공이 된다면 우주에 존재하는 천체들의 운동을 과거뿐만 아니라 우리가 경험해보지 못한 미래까지도 예측할 수 있게 되었다는 것을 의미한다. 핼리가 혜성이 다시 나타나는 시점을 정확하게 예언할 수 있었던 것은 그가 신통력을 가진 마법사이거나 주술사이기 때문이 아니었다. 그는 단지 뉴턴의 중력 법칙을 이용하여 천체의 움직임을 논리적으로 추론한 것뿐이었다. 이것은 바야흐로 인간의 지성이 우주 만물의 원리를 본격적으로 이해해나가기 위한 서막을 여는, 천문학사에 큰 사건이 된다.

뉴턴이 세상을 떠난 이후에도 그의 중력 이론은 하늘의 천체들의 움직임을 이해하는 가장 강력한 방법으로 그 영향력을 더욱 키워갔다. 그러던 중, 주목할 만한 또 다른 역사적 사건이 천문학계에 일어나게 된다. 그것은 바로 태양계 행성 중의 하나인 해왕성의 존재를 뉴턴의 중력 이론만으로 미리 예견한 이후에 예측되는 이동 경로를 집중 관측하면서 그 존재를 찾아낸 사건이었다. 이 이야기를 조금 더 자세하게 해보도록 하자.

1781년에 천문학계에 놀라운 발견이 이루어지게 되는데, 그것은 태양계에 그동안 우리가 알고 있었던 태양계 내 행성 이외에 추가적으로 새로운 행성이 발견된 것이다. 기존까지는 수성, 금성, 화성, 목성, 토성 모두 5개의 행성이 우리 태양계의 전부로 여겨지고 있었다. 그런데 토성 너머에서 또 다른 행성이 망원경을 통하여 관측된 것이다. 천왕성으로 이름 지어진 이 행성으로 인해 천문학자들은 태양계 내에 존재하는 또 다른 행성의 존재를 확인하고 매우 흥분하였다. 그들이 찾아낸 것은 지구의 또 다른 형제들이었기 때문이었다. 하지만 이내 그들은 곤란한 상황에 처하게 되었는데, 뉴턴의 중력 이론을 바탕으로 천왕성의 공전 운동을 분석한 결과 그 값이 너무나도 이상하게 나온 것이었다. 뉴턴의 중력 이론에 의하면 천왕성은 그들의 눈에 관측되는 것과 같은 공전 궤도를 가질 수 없었기 때문이었다. 그들의 눈앞에서 운동하고 있는 천왕성의 공전 궤도를 만족시키려면 천왕성 이외에도 그 너머에 또 다른 행성이 존재해야만 했던 것이다. 그렇지 않으면 우주 모든 천체들의 운동을 그토록 잘 설명해주고 있던 뉴턴의 중력 법칙이 틀렸다고 이야기할 수밖에 없는 상황이 된 것이다.

천문학자들은 뉴턴의 중력 법칙은 절대 틀릴 수가 없다고 생각했다. 따라서 우리 눈에 보이는 천왕성의 공전 궤도를 그대로 받아들이기 위해서는 천왕성 너머에 또 다른 거대한 행성이 존재해야만 했다. 그래서 당시의 천문학자들은 천왕성 너머에 또 다른 태양계 행성이 존재하는지 확인하기 위하여 뉴턴의 중력 법칙을 이용하여 있을지도 모르는 행성의 공전 궤도를 예측하고 그 경로를 따라 정밀한 관측을 지속하였다. 하지만 이러한 시도에도 불구하고 천왕성 너머의 또 다른 행성이 관측되지 않아서 많은 천문학자들에게 실망감을 안겨주었다. 나중에 알게 된 것이지만 이것은 뉴턴의 중력 법칙이 틀렸기 때문이 아니었다. 단지 당시에는 그렇게 멀리 떨어진 천체를 관측하기 위한 망원경과 같은 관측 도구의 성능이 부족했던 것뿐이었다. 뉴턴의 중력 법칙이 예견하였던 해왕성은 그로부터 수십 년이 지난 1845년에 결국 발견되었다. 이렇게 됨으로써 뉴턴의 중력 법칙은 우주를 설명하는 원리로써 그 위상을 다시 한번 더욱 공고히 하게 되었다.

해왕성은 뉴턴의 중력 법칙에 의하여 그 존재와 질량, 궤도까지 모두 이론적으로 먼저 예측이 된 이후에 나중에 예상된 경로에서 발견된 최초의 천체가 되었다. 이후 인류는 그들 자신이 발견해낸 천체의 운동 법칙으로 수많은 천체들을 예측하고 발견해낼 수 있다는 자신감을 가지게 되었다. 천문학계에서 일어난 이런 일련의 과정은 인류에게는 역사적인 순간이 아닐 수 없었다. 이제 우리 인류는 더 이상 이 우주를 단지 눈앞에서 관찰하는 것으로만 그치지 않게 되었다. 인류는 하늘에 떠 있는 저 천체가 어떤 형태로 운동을 하게 될지를 예측할 수 있게 되었으며, 심지어 주변 천체의 운동을 분석하여 한 번도 본 적이 없는 새로운 천체의 존재를 예견하는 데까지 이른 것이다. 이 모든 것을 가능하게 한 것이 바로 뉴턴의 중력 법칙이었다. 이 우주는 마치 뉴턴의 중력 법칙이 지배하는 세상처럼 보였다.

근원을 설명하지 못하는 법칙이 가지게 되는 운명

이미 여러 번 언급했듯이 만약 우리가 운동하는 물체에 대한 정보를 알 수 있다면 그 물체가 어떻게 운동하게 될 것인지 그 미래도 예측할 수 있다. 이와 마찬가지로 천상에서 벌어지는 모든 별들의 운동도 그들에 대한 정보만 충분하다면 이러한 정보들을 통해서 과거와 미래까지도 알 수 있게 되는 것이다. 천체의 운동에 대하여 과거와 미래의 모습을 알 수 있다는 사실은 많은 사람들을 흥분시키기에 충분하였다. 당 시대의 많은 학자들은 뉴턴의 중력 법칙으로 인하여 이제 신비에 가려져 있던 우주의 모든 비밀이 풀리는 것은 단지 시간의 문제라고 생각했다. 그들은 지상계뿐만 아니라 천상계에 존재하는 모든 물체의 운동을 설명하는 물리학이 뉴턴으로 인하여 비로소 완벽하게 완성되었다고 생각했다. 그들의 눈에는 적어도 물체의 운동을 설명하는 물리학에 관해서는 더 이상 새롭게 발견될 수 있는 숨겨진 논리가 없는 것처럼 보였다. 실제로 당시 관측 수준으로는 거의 모든 현상이 뉴턴의 중력 법칙에 의해서 설명이 될 수 있는 것처럼 보였기 때문에 이는 결코 과장이 아니었다. 따라서 뉴턴의 운동 법칙이 세상에 알려진 지 300년이 훨씬 넘는 시간 동안 뉴턴은 물리학의 운동 법칙을 완성시킨 거장으로서 그 위치를 굳건히 할 수 있었다. 그러나 이렇게 완벽한 것처럼 보였던 뉴턴의 법칙은 훗날 독일의 한 시골 마을에서 태어난, 어느 걸출한 천재에 의하여 심각한 도전에 직면하게 된다.

법칙이라고 하는 것은 때와 장소에 상관없이 언제 어디에서나 통용될 수 있는 진리라는 것을 의미한다. 뉴턴의 중력 법칙 또한 만물을 설명하는 법칙으로써 전혀 손색이 없었고, 실제로도 그 예측은 정확하게 맞는 것처럼 보였다. 하지만 뉴턴 자신조차 설명하지 못하는 한계가 있었다. 그것은 왜 모든 질량을 가진 물질들이 서로 끌어당기는 인력을 가지고 있는지, 즉 만유인력이라는 것이 도대체 무엇인지에 대한 것을 설명할 수 없었던 것이다. 왜 모든 물질은 서로 끌어당기는 힘을 가지고 있단 말인가? 뉴턴은 이에 대한 답을 하지 못했다. 질량을 가진 모든 물질이 기본적으로 가지고 있는 중력이라는 것이 무엇인지, 그 근원에 대한 의문을 해결하지 못한 만유인력의 법칙은 탄생부터 이러한 한계를 가지고 있었다. 따라서 만유인력의 법칙은 어쩌면 세상에 나온 시점부터 이러한 비밀이 풀어지는 순간에는 모종의 수정이 필요하게 될 운명을 내포하고 있었을지도 모른다.

어떤 사람은 이렇게 물을 수도 있다. 중력의 근원이 무엇인지 모르면 어떠한가? 무엇인지는 모르더라도 우리가 관찰되는 현상을 잘 설명하는 법칙이라면 그대로 사용해도 아무 문제가 없지 않는가? 그럴 수도 있다. 실제로 우리 주변에서 일어나는 운동의 대부분은 중력의 근원을 모르는 상태에서 정립된 뉴턴의 운동 법칙으로도 거의 정확하게(완벽하지는 않지만) 설명이 될 수가 있다. 하지만 그것은 우리가 활동하는 무대가 지구라는 한정적인 공간일 때 성립할 수 있는 일이다. 문명이 발전하면서 우리의 무대는 단지 지구 내로만 한정되지 않는다. 인류의 발걸음은 이미 달에 자취를 남겼으며 우리의 시선은 이제 우리의 태양계뿐만 아니라 은하를 넘어서 이 거대한 우주가 창조되었던 시점까지 바라보는 단계에 접어들고 있다. 이처럼 우리의 활동 무대가 지구를 벗어나 우주라는 더 넓은 공간으로 확장되면 이때부터는 이야기가 완전히 달라지게 된다.

뉴턴의 중력 법칙은 중력이란 무엇인지에 대한 이해를 하지 못한 상태에서 나온 이론이었기에 중력의 숨겨진 내면을 반영하지 못하여 처음부터 오류를 가지고 있었다. 이러한 오류는 우리가 지구 내에서만 생활을 영위하는 것에는 아무런 영향을 미치지 않을 정도로 작았다. 하지만 지구를 벗어나 저 우주를 향해 여행하기 위해서는 이러한 작은 오차마저도 수정되지 않으면 안 된다. 그렇지 않으면 우리 모두는 여행 중에 길을 잃고 이 우주의 어느 한구석을 떠도는, 집을 잃은 떠돌이 신세가 될 것이 확실하기 때문이다.

여기에 서로 절친인 3명의 친구들이 있다. 이들은 어느 날 마트에서 1,000원짜리 맛있는 과자를 발견했다. 마침 속이 출출했던 이들은 3명이서 같은 돈을 내고 과자를 사기로 했다고 생각해보자. 1명이 내야 할 돈은 333.33…원이다. 이런 방식으로는 3명이 정확히 같은 돈을 내고 과자를 사기는 힘들다. 그래서 그들은 2명이 330원을, 1명이 340원을 내고 과자를 샀다. 분명 3명은 정확하게 같은 돈을 내지는 않았다. 하지만 근사적으로 우리는 그냥 이 세 명의 친구들이 같은 돈을 내고 과자를 샀다고 말할 수 있다. 혹시 10원을 더 낸 친구가 자신이 과자 값을 더 많이 냈다고 화를 내며 자리를 떠난다면 그런 친구와는 다시 만나고 싶지는 않을 것이다. 과자를 사기 위하여 3명은 '근사적으로' 같은 돈을 냈다. 하지만 이것은 지불하는 돈의 단위가 작을 때에만 통할 수 있는 이야기이다. 금액을 키워서 만약 1,000억짜리 부동산을 구매하는 경우는 어떻겠는가? 3명 중 어느 한 명이 340억을 내야 되는 상황이 발생한다면 과연 이 거래가 공정하다고 생각할 수 있겠는가? 그렇다. 이러한 거래는 결코 성립될 수 없을 것이다. 1,000원짜리 과자를 살 때의 셈법이 1,000억 원짜리 부동산을 살 때도 성립되는 것은 아니다. 1,000억 원짜리 부동산을 살 때는 근사식이 아닌, 보다 정확한 셈법이 다시 적용되어야 하는 것이다. 이것이 지구에서 우주로 스케일이 확장된 여행을 할 때 중력의 작용을 정확하게 나타내는 중력 법칙을 찾아야 하는 이유인 것이다.

⑩ 수학이라는 언어로 만물의 움직임을 표현하다

수학에서 필요한 것은 기계적인 풀이 과정이 아니라 논리적인 사고의 훈련이다

수학이라는 단어가 등장하면 왠지 잘 읽어가던 책도 갑자기 덮고 싶어지는 생각이 드는 것은 대부분의 사람들이 느끼는 공통점일 것이다. 그중에서도 학창 시절 우리를 괴롭혔던 미분과 적분이 등장한다면 이러한 단어들의 존재만으로도 후두부에서 올라오는 아련한 통증을 느끼시는 분들도 많이 계실 것이다. 필자 또한 수학과는 그렇게 인연이 많지 않음을 우선 밝혀두고 싶다. 따라서 학창 시절 내내 우리의 머리를 아프게 한 미적분을 여기에서 꺼내어 또다시 여러분들을 고통스럽게 만들 생각은 전혀 없다. 솔직히 필자도 도서관에서 복잡한 수식이 등장하는 책과 마주할 때에는 주변을 한번 살핀 후 조용히 표지를 덮고 책이 원래 꽂혀 있던 자리에 얌전하게 꽂아두고서 아무 일 없었다는 듯 자리를 떠나곤 한다.

아마 복잡한 수식 앞에서 담대할 수 있는 그런 분들은 우리 주변에 별로 없을 것이다. 여기에서 이야기하고자 하는 것은 미분과 적분의 복잡한 기호와 풀이 방법이 아니다. 누군가 이야기하였듯이 미적분 문제를 푸는 방법을 몰라도 우리 인생을 살아가는 데 아무런 지장이 없다. 하지만 이와는 달리 미분과 적분 자체가 의미하는 것이 무엇인지 아는 것은 조금이나마 만물의 원리를 엿보고자 하는 우리에게 중요한 과정 중의 하나이다. 이는 전자계산기가 작동하는 원리를 전혀 모른다고 할지라도 전자계산기라는 장치를 통하여 우리가 무엇을 할 수 있는지는 알고 있어야 되는 것과 같은 이치이다. 만약 여러분들이 복잡한 숫자 계산을 해야 하는 상황과 마주하였다고 생각해보자. 이러한 상황에서 전자계산기라는 도구가 있는지조차 모르는 사람이 있다면 그는 여러 장의 종이에 낙서하듯이 연필로 계산을 해보다가 이내 머리를 부여잡고 연필을 바닥에 던져버릴지도 모른다. 하지만 우리는 전자계산기라는 편리한 문명의 이기가 있다는 것을 알고 있다. 따라서 우리는 그러한 과제가 우리에게 주어졌을 때 전자계산기를 활용해서 문제를 해결해보자 하는 해결책을 제시할 수 가 있는 것이다.

미분과 적분도 이와 같다. 물론 컴퓨터나 전자계산기가 존재하지 않았던 먼 과거 시절에는 이러한 복잡한 풀이 방법을 아는 사람이 무엇인가 더 높은 역량을 가진 것으로 평가받던 시절도 있었을 것이다. 하지만 현대사회를 살아가는 우리는 2차, 3차 미분 방정식이나 이중 적분, 삼중 적분과 같은 복잡한 계산 문제를 풀기 위해 시간을 낭비할 필요가 전혀 없다. 우리는 단지 미분과 적분이 의미하는 것이 무엇이며 어떠한 상황에서 이 방법을 써야 하는지만 알면 되는 것이다. 단순한 풀이 과정은 편리한 문명의 이기를 활용하기만 하면 되기 때문이다. 개인적으로 한 가지 안타까운 것은, 우리의 수학 교육은 여전히 수리에 필요한 개념 교육보다는 정해진 시간 안에 복잡한 수식을 누가 더 많이 그리고 더 정확하게 풀이

하는가에 치중하고 있다는 것이다. 그러다 보니 오히려 정말 중요한, 미분과 적분 같은 방법이 내포하고 있는 의미를 알지 못한 채 산술적인 풀이 과정만을 되풀이하는 안타까운 상황이 이어지고 있는 것이다.

물론 이러한 방법이 좀 더 쉽게 학생들의 학업 성취도를 평가하는 방법일 수도 있겠으나 이러한 방식으로는 결코 노벨상과 같이 창조적인 연구 과정을 요구하는 높은 수준의 기술적 잠재력을 확보할 수 없다. 더 이상 많은 학생들이 불필요한 단순 계산에 얽매여 수학 자체를 포기하거나 시간을 낭비하는 일은 일어나지 않았으면 한다. 우리가 관심만 가진다면 충분히 원리와 개념 위주로 묻는 방식으로도 학업 성취도를 평가할 방법을 찾을 수 있기 때문이다. 우리는 이를 영어 교육을 통해서도 간접적으로나마 확인할 수 있다. 과거 수십 년 동안 잘못된 방향으로 진행되어온, 죽은 영어 교육은 10년 이상 영어 공부를 하고도 실제 외국인과 마주했을 때 입을 떼기조차 어려운 사람들을 많이 양산하였다. 최근에 이르러서는 우리의 영어 교육이 방향을 바꾸어 살아 있는 영어를 중시하는 쪽으로 방향이 바뀌고 있다. 이러한 변화로 인하여 교육의 방향이 영어라는 언어 그 자체를 잘 활용할 수 있는 쪽으로 조금씩 개선되고 있는 것이다.

이제 수학도 큰 틀에서 방향 전환이 이루어져야 한다. 더 이상 구구단을 외우고 복잡한 수식의 풀이 과정을 빨리 풀어내는 것을 요구하는 방식이 아니라 수학을 이루고 있는 각각의 개념을 이해하는지를 묻는 방식으로의 전환 말이다. 그런 측면에서 필자는 고등학교 시험부터는 과감하게 시험에서도 계산기를 사용할 수 있게 하는 것이 큰 도움이 될 것이라고 생각한다. 그것이 의미가 별로 없는 기계적인 풀이에 시간을 낭비하는 것으로부터 우리의 어린 학생들을 해방시킬 수 있는 첫 번째 단계가 될 것이라고 믿는다. 기계적이고 단순한 수식 풀이 과정은 어떠한 논리적인 사고 훈련도 되지 못한다. 수학의 목적은 단순히 수를 다루는 것이 아니라 논리적인 사고를 훈련하는 과정에 있기 때문이다. 그렇기 때문에 이러한 방향이 진정으로 수학이라는 학문이 요구하는 진정한 가치를 찾는 일이 아닐까 한다.

서로 다른 장소와 서로 다른 사람에 의해 거의 동시에 발견된 미분법

미적분의 발견으로 비로소 우리 인류는 우리 주변의 일상에서 일어나는, 움직이는 물체들의 운동을 수학이라는 언어로 기술하고 설명할 수 있게 되었다. 그리하여 이를 통해 만물의 원리를 이해하고 예측하는 데 엄청난 도약을 할 수 있게 된다. 그러면 미분과 적분이 어떤 의미를 가지고 있는지에 대해서 살펴보도록 하자. 미분이라는 것은 미세하게 나눈다는 것이고 적분이라는 것은 미세하게 쌓는다는 의미를 가지고 있다. 따라서 우리는 미분을 통해 순간순간 변화하는 '순간 변화율'을 나타낼 수 있고 적분을 통해서 작게 나눠진 조각들의 합을 통하여 어떤 모양을 하고 있든지 상관없이 그 대상의 '면적'을 구할 수 있다.

이 중에서 사실 적분이라는 개념은 과거 고대 그리스 시절에 이미 발견이 된 것이다. 삼각형이나 사각형 혹은 원과 같이 정형화된 도형들의 면적은 쉽게 구할 수 있다. 하지만 형태가 일정하지 않은, 비정형인 도형들의 면적은 쉽게 구할 수 없다. 이를 해결하기 위하여 고대 그리스 학자들은 비정형의 도형을 작은 직사각형의 모양으로 쪼개고 쪼개서 쌓아가면서 이 모든 직사각형을 더하면 결국은 비정형 도형의 전체 면적을 근사적으로 구할 수 있을 것이라고 생각한 것이다. 물론 이때 쌓아가는 도형의 크기를 더 작게 해서 쌓으면 쌓을수록 더 정확한 값을 구할 수 있게 된다. 이처럼 적분이라는 개념을 활용하면 우리는 비정형의 모양을 가진 물체의 면적도 구할 수 있게 된다. 이것이 고대로부터 이미 알려져 있던 적분의 개념이었다.

이에 반하여 미분법이 발견된 것은 그로부터 한참 시간이 지난 17세기가 되어서였다. 공식적으로 미분법을 최초로 발견한 것으로 기록된 사람은 우리에게도 매우 잘 알려져 있는 영국의 천재 과학자 뉴턴이었다. 하지만 뉴턴이 정말로 미분법의 최초 개발자였는지에 대해서는 여전히 논란의 여지가 있다. 동시대를 살았던 유명한 독일의 수학자 라이프니츠도 거의 동시에 미분법을 발견했던 것으로 알려져 있기 때문이다. 사실 공식적으로 미적분에 대한 논문을 작성한 것은 오히려 라이프니츠가 먼저였다. 다만 뉴턴은 비공식적으로 라이프니츠보다 10년 정도 전쯤에 미분법의 개념을 먼저 적용하여 가까운 동료들과 공유해왔다고 알려져 있던 터였다. 미분법의 개념에 대한 발견은 수학의 발전에 있어서 일대 혁명과도 같은 업적이었으므로 당대의 유명한 학자였던 뉴턴과 라이프니츠는 서로의 명예를 위하여 한 치의 양보도 하지 않았다. 결국 이는 라이프니츠의 지속된 청원으로 인하여 영국 왕립 학회의 검증단에 의해서 누가 과연 미분법의 최초 발견자인지에 대한 검증이 들어가는 상황까지 이어졌다(당시 영국 왕립 학회는 과학기술과 관련하여 전 유럽에 걸쳐 영향력을 미치는 중심 거점이었다). 거듭된 검증 과정 끝에 미적분의 최초 발견자는 뉴턴으로 공식화되었으며, 라이프니츠는 2번째 발견자로 인정되는 것으로 마무리되었다.

하지만 당시에 영국 왕립 학회의 회장이 뉴턴이었으며 라이프니츠는 일개 회원에 불과했다는 것을 상기하면 과연 그러한 평결이 공정했는지에 대해 의문이 들지 않을 수 없다. 당대의 두 거장은 서로 자신의 명예를 걸고 싸웠으나 결국 승자는 뉴턴이 되었다. 그리고 역사는 라이프니츠라는 인물을 미적분의 창시자로 잘 기억하지 않는다(하지만 지금 우리가 수학 시간에 배우고 있는 미분과 적분의 기호와 사용 방식은 뉴턴의 것이 아니라 라이프니츠의 것이다. 누가 진정으로 미적분학의 창시자였을지는 독자 여러분들의 상상에 맡긴다). 현대에 와서는 뉴턴과 라이프니츠가 미적분의 공동 발견자라고 생각하는 사람이 늘어나고 있으나 아직도 많은 서적에서 뉴턴이 미적분의 아버지로 거론되고 있다. 아무튼 미분법이 서로 다른 두 곳에서 거의 같은 시점에 나온 것이 정말 맞다고 한다면, 그때의 상황은 이러한 미분법이 자연적으로 나올 수밖에 없었던 어떤 시대적 상황이 있었다고 보는 것이 합리적일 것이다. 그렇다면 그 시대적 상황이라는 것은 무엇이었을까?

사물의 위치를 좌표로 종이 위에 표시하다

미분법이 나오기 위해서는 먼저 좌표라는 개념이 반드시 있어야 한다. 좌표란 어떤 물체의 위치를 평면에 표시할 수 있는 방법이다. 어떤 물체가 어디에 위치해 있는지를 종이 위에 표시하는 방법에는 어떤 것이 있을까? 주변 환경을 그림으로 그려서 물체가 있는 위치를 지도 위에 표시하는 방법이 있을 것이다. 마치 보물 지도처럼 말이다. 하지만 그런 방식으로는 물체의 정확한 위치를 표시하기 어려울 뿐만 아니라 그 지형을 아는 사람만이 물체의 위치를 파악해낼 수 있을 것이다. 어떤 사물의 위치를 좀 더 정확하게 종이 위에 표시할 수 있는 방법이 없을까 하는 고민에서 시작해서 지금 우리가 사용하는 좌표의 개념을 최초로 만든 사람은 데카르트(1596~1650)였다. 잠깐만, 데카르트라고? 그렇다. 우리가 많이 들어본 그 인물이 맞다. "나는 생각한다, 고로 존재한다"라는 유명한 말을 한, 바로 그 데카르트다. 철학자로 매우 유명한 그는 수학자이기도 했다. 그는 수학을 논거의 명확함 때문에 매우 좋아했다고 한다. 요즘으로 치면 수학에 빠져 있는 철학과 출신 학자로 표현하면 될 듯한데 아무튼 요즘 상황을 반영해서 생각해보면 유별난 분이었던 것 같다. 데카르트가 수학계에 남긴 큰 업적 중의 하나는 좌표라는 개념을 도입함으로써 표현하고자 하는 부위나 사물의 위치를 X성분과 Y성분으로 나누어 정확하게 표현할 수 있게 된 것이다. 뉴턴이 미적분법을 발명해낼 수 있었던 것도 사물의 위치나 운동 등을 좌표계로 표현할 수 있는 수학적 바탕이 성립되었기 때문에 가능한 것이었다.

당시의 시대적 상황이 미적분의 등장을 요구하고 있었다

뉴턴과 라이프니츠가 활동하던 시대는 코페르니쿠스와 갈릴레오를 거치면서 천체들의 운동을 이해하기 위하며 많은 학자들이 노력하던 시기였다. 당시에 천체들의 운동에 대하여 매우 중요한 사실 하나가 케플러라는 학자에 의하여 확인이 된다. 그것은 천체들의 운동 궤도가 기존에 알려져 있던 원보다는 오히려 타원에 가까우며 태양을 중심으로 공전하는 행성들의 속도가 그 궤도에 따라 달라진다는 것이었다. 기존까지 보통 우리가 이해하던 행성들의 움직임은 태양을 중심으로 해서 속도가 일정하게 공전하는 등속 원운동이었다. 그런데 케플러에 의하여 행성들의 운동이 일정한 규칙을 따라서 속도가 변하는 궤도 운동을 하고 있다는 것이 확인된 것이다. 따라서 우리가 천체들의 운동을 정확하게 규명하고 예측하기 위해서는 속도가 변화하면서 동시에 이동하는 물체의 운동 방식을 수학적으로 서술할 수 있는 방법을 찾아야만 했던 것이다.

당시 뉴턴은 천체들의 운동에 대하여 가장 높은 지식을 가지고 있던 학자였으며 또 이에 대한 관심도 대단하였다. 케플러는 태양 주위를 공전하는 천체들의 운동 속도는 일정하지 않다는 것을 확인해주었다. 따라서 행성들의 운동을 정확하게 규명하기 위해서는 순간적으로 변화하는 천체들의 운동 속도를 알아야만 했다. 하지만 당시만 하더라도 운동하면서 변하고 있는 물체의 운동 속도를 구하는 방법은 존재하지 않았다. 오랜 시간 동안 우리는 단지 평균값으로만 근사적으로 이동하는 물체의 운동 속도를 이야기해오고 있었으며 이러한 방법으로도 물체의 운동을 근사적으로 기술하는 데 별다른 문제점을 느끼지 못하고 있었다. 하지만 저 하늘의 천체들의 운동은 시간에 따라 속도가 변화하고 있다. 이들의 운동을 규명하기 위해서는 우리가 시간에 따라 속도가 변화하는 물체를 어떤 방식으로든 표현하고 설명할 수 있는 방법이 필요했다.

따라서 뉴턴은 속도가 변하면서 이동하는 물체의 운동 속도를 구하기 위하여 속도의 순간적인 변화량을 구하는 방법을 연구하다가 마침내 그 해결책을 찾아내게 되는데 그것이 바로 미분법이다. 이렇게 미분법은 움직이는 천체의 움직임을 기술하려는 과정에서 필요에 의하여 탄생하게 된 것이다. 하지만 이러한 미분법이 탄생할 수 있게 된 배경에는 학문적으로는 데카르트의 좌표계와 케플러의 행성 운동 법칙 등과 같은 기초적인 여건이 있었기 때문에 가능한 것이었다. 그뿐만 아니라 당시 시대 사회적인 배경도 이에 일조하였는데 당시 유럽의 여러 나라들은 힘을 겨루며 자신의 영토를 넓히기 위하여 치열한 경쟁을 하던 시기였다. 당 시대에 전쟁의 매우 중요한 무기 중의 하나는 먼 거리에서 적들에게 타격을 가할 수 있는 대포였다. 우리가 만약 그 시대에 있었다면 무엇을 고민했을까? 그렇다. 바로 상대방보다 먼 거리를 쏠 수 있으면서 목표에 대한 명중률을 높이는 방법을 찾는 것이다. 그래야 우리의 군대가 피해를 입지 않고 상대방을 제압할 수 있기 때문이다. 대포알을 멀리 보내기 위해서는 무조건 화약을 많이 넣고 쏘는 방법도 있을 것이다. 하지만 같은 화약을 사용하더라도 대포의 각도에 따라서 날아가는 거리도 바뀌게 될 것이다. 따라서 당 시대의 나라들은 대포알을 멀리 쏘아보내기 위해서는 어떤 상태가 최적의 조건인지를 알아내려 하였다. 그런데 이것이 그렇게 쉬운 일이 아니었다. 대포에서 발사된 대포알 또한 움직이는 물체이기 때문이었다. 만약 움직이는 물체에 대한 운동을 수학적으로 표현할 수 있다면 우리는 최댓값과 최솟값 등 기존에 알려져 있는 수학적 방법을 통하여 어떤 조건으로 대포를 쏘면 더 멀리, 더 정확하게 목표물까지 대포알이 날아갈 수 있는지를 계산해낼 수 있을 것이었다.

미분법의 등장은 학문적으로뿐만 아니라 이러한 시대적 요구사항이 꾸준히 있었기 때문에 가능했다. 그렇기 때문에 뉴턴뿐만 아니라 라이프니츠 또한 거의 동시에 미분법을 발견할 수 있게 된 것이라고 봐야 할 것이다. 우리가 어릴 적부터 들어왔던, 시대가 영웅을 만든다는 이야기가 여기에도 적용되는 셈이다. 지금까지 우리는 미분과 적분이 어떠한 방식으로 탄생하게 되었는지 그 배경에 대해서 살펴보았다. 그러면 미분과 적분이 의미하는 것이 무엇인지 본격적으로 천천히 살펴보도록 하자.

미분법과 적분법의 의미

미분은 시간에 따른 움직이는 물체의 운동 상태 변화를 계산하기 위하여 물체의 순간 변화량을 측정하는 것이다. 이게 도대체 무슨 말이냐고? 충분히 이해가 가는 질문이다. 그러면 이를 쉽게 이해하기 위하여 미분법이 있기 전과 후의 상황을 예를 들어 알아보도록 하자. 철수와 영이와 함께 잠시만 상상 속으로 들어가보도록 하자. 철수는 자가용으로 출퇴근을 하고 있다. 집에서 회사까지의 거리는 약 60㎞ 정도이며 출퇴근에 걸리는 시간은 약 1시간이다. 이때 영이가 철수에게 집에서 회사까지 자동차 속도를 어느 정도로 하고 다니느냐고 질문한다. 철수는 1시간이 걸려 60㎞ 거리의 회사에 도착하므로 '대략' 시속 60㎞ 속도로 달린다고 대답한다. 이것이 미분이 등장하기 전에 우리가 움직이는 자동차의 속도를 기술할 수 있는 유일한 방법이었다. 하지만 우리 모두는 정확히 따지자면 이런 철수의 대답이 맞지 않는다는 것을 알고 있다. 왜냐하면 철수의 집에서 회사까지 철수의 자동차는 신호에 걸려서 정지했을 수도 있고 교통 정체에 걸려 느리게 갔을 수도 있으며 카메라가 없는 곳에서는 가끔 규정 속도를 초과해 달렸을 수도 있기 때문이다. 말이나 마차를 타고 도시와 도시를 다니던 옛날에는 이런 근사적인 방법으로 나의 속도를 이야기해도 별 문제가 없었을 것이다. 하지만 자동차를 타고 다니면서 우주를 여행하고자 하는 우리들에게는 이것은 너무나도 오차가 많은 답변이다.

그러면 움직이면서 속도가 변화하는 물체의 운동을 어떻게 보다 정확하게 표현할 수 있을까? 어떤 물체가 움직인다는 것은 시간이 흘러간다는 것을 의미한다. 뉴턴은 물체의 움직임을 나타낼 때 공간과 함께 시간이라는 변수도 추가하였다. 앞서 철수가 집에서 자동차를 타고 회사에 도착할 때까지 자동차의 속도를 시간과 함께 그래프로 나타내 보자. 이제 철수가 집에서 떠난 후 30분이 흘렀을 때의 속도를 최대한 정확하게 이야기하기 위해서는 어떻게 할까? 출발 후 25분에서 35분 근처에서 전후 이동 거리를 측정한 후 이를 흘러간 시간 10분으로 나누어주도록 하자. 그러면 자동차가 출발한 이후 약 25분에서 35분 사이의 10분 동안의 시간대에서 자동차의 평균 속도가 계산된다. 이것만으로도 앞서 나왔던 1시간 동안의 대략적인 속도보다는 분명 더 정확해지기는 하였다. 하지만 10분이라는 시간대는 여전히 너무나 큰 범위이다. 만약 우리가 자동차의 순간적인 속도를 구할 때 좀 더 정확도를 높이고 싶다면 어떻게 해야 할까? 앞서 이야기했던 10분보다 출발 후 속도를 알고자 하는 시간의 시점을 더 작게 나누어주면 될 것이다. 예를 들어 29분에서 31분 사이의 전후 이동 거리를 측정하여 흘러간 시간인 2분으로 나눠주게 되면 우리가 원하는 출발 후 30분일 때의 정확한 속도에 더 근접한 값을 얻게 될 것이다. 이러한 방법으로 우리가 알고 싶어 하는 순간의 시간에 최대한 가깝게 시간을 계속 작게 쪼개나가면서 전후의 이동 거리를 측정하면 특정 시점에서의 속도를 점점 더 정확하게 알 수 있게 되는 것이다. 이것이 바로 물체의 순간 변화량을 측정하는 방법이다. 아이디어만 보면 어려울 것도 없이 간단하게 보이는 이 방법이 바로 미분의 개념이다. 이를 통해서 우리는 비로소 시간에 따라 움직이는 물체의 운동을 수학적으로 기술할 수 있게 된 것이다.

혹시 지금까지의 설명이 충분히 이해가 가지 않는다면 이 부분은 그냥 넘어가도 된다. 나중에 시간이 될 때 같은 내용을 다시 보면 된다는 생각으로 과감하게 뛰어넘어도 전혀 문제가 없다. 다만 우리가 기억해야 할 것은 이것이다. 미분법이 등장하기 전까지는 움직이고 있는 물체의 운동을 수학적으로 기술할 수 있는 방법이 없었다는 것이다. 하지만 미분법의 발견으로 인류는 드디어 움직이는 모든 물체의 운동을 수학적으로 기술할 수 있게 된 것이다.

이로써 하늘에서 벌어지는 천체들의 움직임은 물론이고 지상에서 움직이고 있는 다양한 물체들의 운동을 수학적으로 표현하고 묘사할 수 있게 된다.

미분과 적분 그리고 나눗셈과 곱셈의 관계

앞서 적분법은 이미 고대 그리스 시절에 정립된 개념이라는 것을 이야기했다. 그렇다면 왜 적분법은 항상 미분법과 같이 이야기되면서 미적분법이라고 통합하여 불리고 있는 것일까? 그것은 뉴턴 시대에 미분법이 발견되면서 기존에 알려져 있던 적분법과 서로 미묘한 상관관계에 있다는 것이 밝혀졌기 때문이다. 개념적으로 보면 미분법은 아주 작은 단위까지 미세하게 나누어가면서 만든, 작은 순간의 변화율을 의미하고 있다. 그런데 적분법이란 무엇인가? 바로 이렇게 미세하게 나눠진 부분들을 반대로 계속 쌓고 쌓아서 서로 더하는 것이 아니었던가? 따라서 미분과 적분은 완전히 다른 개념이 아니라 이렇게 서로 상보적인 관계인 것이다. 이를 우리가 익숙한 수학 기호와 견주어보라고 한다면 미분과 적분은 사칙연산의 나눗셈(미분)과 곱셈(적분)과의 관계와 정확히 같다고 할 수 있다.

미분이라는 것은 미세하게 나누는 것이다. 그러므로 이것이 나눗셈과 대응되는 것은 쉽게 이해가 갈 것이다. 그런데 적분은 앞서 이렇게 미세하게 나눈 것을 계속 더해나가는 것이라고 하지 않았던가? 그렇다면 사칙연산의 덧셈에 해당되지 않겠는가? 지금까지 필자의 설명을 잘 따라오고 있었다면 자연스럽게 생길 수 있는 의문이다. 아니, 적분은 분명 작게 나눠진 것을 더하는 것이라고 하였는데 왜 덧셈이 아니고 곱셈과 같다고 하는 것인가? 하지만 곱셈의 의미를 다시 한번 곰곰이 생각해보자. 곱셈의 의미가 바로 같은 것을 반복해서 더한다는 의미이다. 즉, 3×10은 3을 10번 더하라는 의미이다. 작게 나눠진 것을 반복해서 더해 나아가는 것, 이것이 바로 적분이 의미하는 것이 아닌가! 따라서 이렇게 작은 것들이 반복되는 덧셈들의 합이 의미하는 것이 바로 곱셈이며 이것이 적분이 의미하는 개념과 같은 것이다.

이렇게 미분과 적분은 나눗셈과 곱셈과 같은 역의 관계에 있다. 미분과 적분의 이러한 관계는 우리가 상상하기 힘들고 복잡한 상황조차도 미분과 적분이 보여주는 관계를 잘 활용한다면 수학적으로는 매우 쉽게 그 결과 값을 유추할 수 있다는 것을 의미한다. 그러면 몇 가지 예를 더 들면서 미분과 적분의 관계와 이를 과학적으로 어떻게 활용할 수 있는지 한번 살펴보도록 하자.

적분은 차원을 추가시키고 미분은 차원을 감소시킨다

반지름이 R인 구가 있다고 해보자. 이 구의 중심에 아주 작은 원을 만들어보자. 그리고 이렇게 만들어진 원의 반지름을 가진 작은 구들은 반지름이 R인 구 안에 모두 들어 있을 것이다. 따라서 이렇게 구 안에 존재하는 작은 구들의 반지름을 0에서 R까지 증가시키면서 이때 만들어지는 구들의 표면적을 하나하나씩 모두 더해보자. 이렇게 만들어진 모든 구들의 모든 표면적을 더하게 되면 그것이 바로 반지름이 R인 구의 부피가 될 것이다. 작은 조각들을 쌓아서 더하는 것이 적분의 의미이다. 따라서 반지름이 R인 구의 내부에 존재하는, 반지름을 가지는 구들의 표면적을 적분하면 그것이 바로 반지름 R을 가진 구 전체의 부피가 된다는 것을 알 수 있다.

지금 우리는 적분의 중요한 성질 하나를 발견하였다. 반지름이 R인 구의 표면적을 적분하니 그것이 바로 구의 부피로 변환이 되었다. 이는 적분을 통해서 2차원인 구의 표면적이 3차원의 구로 변화되었다는 것을 의미한다. 즉, 적분은 측정하고자 하는 대상의 차원을 추가시켜주는 역할을 한다. 이번에는 반대로 반지름이 R인 구를 반지름을 줄여가면서 더 작은 구들로 쪼개어보자. 이때 반지름이 R인 구의 부피를 그 반지름이 거의 0까지 되도록 작은 구들의 표면적으로 쪼개어나가는 과정이 바로 미분이다. 따라서 이러한 원리로 반지름이 R인 구의 부피를 미분하면 우리는 반지름이 R인 구의 표면적을 구할 수 있게 되는 것이다. 이렇게 미분을 통하여 반지름 R인 구의 부피는 반지름이 R인 구의 표면적으로 변환이 되었다. 즉, 적분과는 달리 미분은 차원을 오히려 한 단계 낮춰주는 역할을 한다.

이렇게 적분과 미분은 서로 역의 관계를 보여준다. 미분과 적분이 보여주는 이러한 원리를 이용하여 수학을 활용하면 우리가 직접 상상하기 힘든, 보다 높은 차원의 모습이나 그 속에 숨겨진 원리를 보다 쉽게 간파할 수 있다.

미적분법은 자연의 숨겨진 비밀의 문을 여는 열쇠이다

3차원인 구와 2차원인 원의 사례를 다시 한번 찬찬히 살펴보면서 미분과 적분의 관계를 살펴보자. 구의 체적은 높이와 깊이가 존재하는 3차원 존재이다. 그러나 이를 미분하게 되면 차원이 하나 줄어들게 되면서 높이 개념이 사라지기 때문에 구의 부피가 구의 표면적으로 변환이 되며 이는 곧 2차원을 의미한다. 원의 면적도 마찬가지이다. 원의 면적은 가로와 세로를 가지고 있는 2차원의 형태를 가지고 있다. 이를 미분하게 되면 마찬가지로 차원이 줄어들면서 원의 둘레의 길이(원주)로 변환된다. 그런데 여기서 원주는 길이 만을 가지고 있으며 이는 곧 1차원을 의미한다. 따라서 이와 역의 관계에 있는 적분을 이용하여 원주의 길이를 적분하면 원의 면적을 얻을 수 있고 원인 면적을 다시 적분하면 구의 부피를 얻을 수 있다.

이처럼 우리는 미분을 통하여 차원을 줄여갈 수 있고 반대로 적분을 통해서는 차원을 추가할 수 있는 것이다. 따라서 미적분을 통하여 차원과 차원을 넘나들 수 있게 되는 것이다. 이것은 우리가 상상하기 힘든 고차원의 세상도 수학적으로는 얼마든지 묘사해볼 수가 있다는 것을 의미한다. 3차원 세상에서 살아가고 있는 우리는 단지 우리와 같거나 낮은 차원의 세상만을 이해할 수 있다. 즉, 3차원 세상에 있는 우리는 평면으로 된 2차원이나 점으로 된 1차원 세상이 어떤 것인지만을 이해할 수 있다. 이보다 더 높은 차원의 세상이 어떻게 생겼는지는 상상조차 하기 힘들다(4차원이나 5차원 세상이 어떻게 생겼는지 이야기할 수 있는 사람은 이 세상에 없다). 하지만 우리의 관념과는 달리 수학적으로는 차원과 차원을 넘나드는 것이 미적분을 통하여 자연스럽게 가능해지는 것이다. 따라서 4차원 세상이 어떠한 것인지 우리는 상상조차 하기 힘들지만 수학적으로는 4차원뿐만 아니라 그보다 더 높은 차원도 충분히 표현이 가능한 것이다.

이러한 방식으로 우리는 보다 높은 차원에서 벌어질 수 있는 일을 수학적으로 예측해볼 수 있게 된다. 이뿐만이 아니다. 위의 상황과 동일한 원리로 어떤 대상이 이동한 거리를 미분하면 속도를 알 수 있으며 속도를 미분하면 가속도를 알 수 있다. 물론 적분을 통해서 우리는 역의 과정 또한 도출해낼 수 있다(설명 과정은 생략한다. 구태여 이해할 필요도 없다). 즉, 이처럼 미적분을 활용하면 운동하는 물체의 이동 거리와 특정 시점에서의 속도, 그리고 속도의 변화가 얼마나 되는지에 대한 가속도까지도 자연스럽게 알 수 있다. 그러므로 우리가 어떤 운동 상태를 가지고 있는 물체의 거리에 관한 정보만 알 수 있다면 그 정보를 기반으로 속도와 가속도가 어떻게 될 것이라는 것도 유추해낼 수 있는 것이다. 그리고 이러한 정보들은 운동하는 대상의 과거와 미래를 발견하고 예측하는 데 매우 중요한 정보로 활용할 수 있는 것이다.

이것이 바로 미적분법이 우리에게 선사해주는 놀라운 마법의 선물인 것이다. 지금까지 살펴보았던 것처럼 미적분법의 발견은 우리가 움직이고 있는 천체의 운동뿐만 아니라 우리 주변에서 발생하는 모든 현상을 수학적으로 기술할 수 있게 만든, 물리학에서 일대 혁명과도 같은 사건이었다. 미적분법을 통하여 자연에서의 운동은 수학적인 언어로 변형되어 책에서 기술되며 세대와 세대를 거치면서 연구할 수 있는 토대가 되었다. 또한 이 미분과 적분이 가지는 의미를 잘 활용함으로써 표면상으로는 잘 보이지 않았던, 내면에 숨겨져 있던 속성뿐만 아니라 우리로서는 도저히 상상하기 힘든 더 높은 차원의 벽까지도 넘나드는 연구도 가능하게 된 것이다. 이처럼 인류에 의해 발명된 미적분법은 인류가 베일에 가려진 자연의 신비의 문을 열 수 있게 만드는 열쇠인 셈이다.

근대 물리학의 아버지, 영원히 잠들다

뉴턴은 영국의 귀족이 아닌, 평범한 평민 출신이었다. 하지만 그는 영국 최고의 과학 단체인 왕립 학회에 가입된 이후 꾸준히 만들어낸 그의 업적으로 인하여 왕립 학회 최고의 자리까지 올라갔으며 과학자로서는 처음으로 기사 작위를 받았다. 그의 성격은 매우 꼼꼼하고 철저했다고 한다. 이런 이유에서인지 그는 한때 영국 조폐국장으로도 일했으며 체포된 위조지폐범을 자비 없이 사형시키는 모습을 보이기도 했다. 그는 평생을 독신으로 살다가 84세에 심장병으로 사망했다. 그가 사망하자 당시 영국뿐만 아니라 전 세계에서 최고의 과학자로 추앙받던 그는 영국의 유서 깊은 맨체스터 성당에 영면하게 된다. 동시대를 살았던 유명한 시인 알렉산더 포트는 뉴턴의 묘비에 이렇게 적었다고 한다.

"자연과 자연의 법칙은 밤의 어둠에 깊이 감춰져 있었다. 하느님께서 '뉴턴이 있으라!'라고 하시자 모든 것이 밝혀졌다."

이렇게 지상과 천상의 법칙을 통일시킨, 근대 과학사에 가장 큰 족적을 남긴 사람 중의 한 명인 그도 그의 인생의 말년 즈음에 이렇게 이야기했다고 한다.

"나는 인간들의 발길이 전혀 닿지 않는 드넓은 진리의 바다 그 앞에서, 이따금씩 어느 것보다 더 매끄러운 조약돌이나 더 예쁜 조가비를 발견하고는 즐거워하는 아이였을 뿐이다."

당대 최고의 학자이자 지성인이었으며 '만물의 물리 법칙의 발견자'라고 칭송받던 뉴턴이었지만, 정작 자신은 이 광대한 자연 앞에서 이제 막 저 넓은 진리의 바다를 향해 소박한 꿈을 품어보는 어린아이처럼 느끼고 있던 것이다. 그만큼 이 우주는 아직도 많은 비밀을 깊이 간직한 채로 끊임없이 진리에 대한 항해를 기다리고 있다. 그리고 이러한 자연에 대한 그의 겸손함이 그로 하여금 끊임없이 진리의 바다를 향해 탐구하게 하였으며 마침내 그를 인류 최고의 지성인 중의 한 명으로 만들어준 것이 아닌가 한다. 그가 찾아서 만들어낸, 자연의 운동을 기술하는 운동 법칙은 온 세상을 설명하는 진리로서 전 인류에게 전파되고 학습되었다. 그 후로 300여 년의 시간이 흘러 독일의 어느 작은 마을에서 아인슈타인이 태어나기 전까지 그의 법칙은 깨트릴 수 없는 절대 진리로 받아들여지게 된다. 지금까지 우리는 고대 그리스로부터 근대에 이르기까지 지구를 비롯한 저 하늘의 별들이 운동하는 비밀을 풀기 위한 노력과 그 결과물들이 어떤 것을 의미하는지를 당 시대의 선구자들과 함께 돌아보았다. 돌이켜보면 진리에 대한 그들의 갈망과 그 노력의 결과가 세대와 세대를 거쳐 켜켜이 쌓이면서 드디어 뉴턴에 이르러 근사적으로나마 지상계의 법칙으로 천상계를 설명할 수 있는 수준까지 도달할 수 있게 된 것이다. 이제 우리는 밤하늘 저 멀리 보이는 별들로의 여행을 위한 준비운동을 마친 셈이다. 지금부터는 여행을 위한 안내서를 조금 더 세밀히 살펴보려고 한다. 그러면 내 방에서 떠나는 우주여행의 준비를 같이 본격적으로 해보도록 하자.

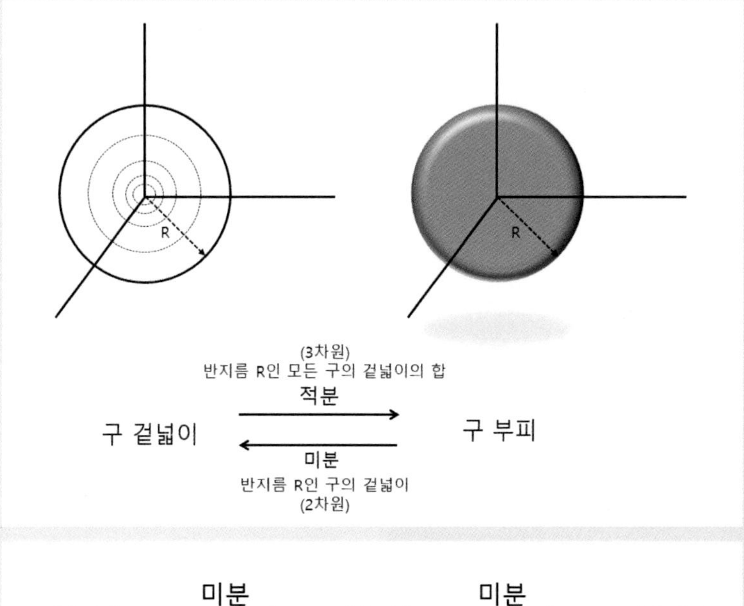

반지름 R인 구를 조금씩 점점 크게 만들면서 만들어진 구의 겉넓이를 모두 더해나가면 그것이 바로 결국 구의 부피가 되는데 이것이 바로 적분이다. 반대로 다시 구 전체의 부피를 가작 작은 조각으로 쪼개어서 나누다 보면 바로 그것이 분리된 모든 구들의 겉넓이가 되는데 이것이 바로 미분이다. 이와 같이 적분과 미분은 서로 역의 관계에 있다. 그리고 적분을 하게 되면 2차원이었던 겉넓이가 3차원의 부피가 되고, 다시 부피를 미분하면 3차원의 부피가 2차원의 겉넓이가 된다. 즉, 미적분은 수학적으로 차원을 넘나들게 만들어주는 열쇠 역할을 한다. 이것은 우리가 상상하기 힘든 고차원 세상도 수학적으로 모델링을 세우고 예측해보는 것이 가능해질 수 있음을 의미한다.

제 2 장
빛이란 무엇인가?

아름다운 백사장에서 휴대폰 카메라로 태양 앞의 갈매기를 찍었다. 역광에 의한 조리개 자동 조정이 안 되어 오히려 태양 앞의 갈매기가 선명하게 찍혀 필자가 좋아하는 사진 중의 하나이다. 빛나는 태양 햇살 아래 한가로이 날아다니는 갈매기들이 여유로워 보인다. 빛은 우리에게 생명의 요람이며, 그 출발이자 시작이라고 할 수 있다. 우리가 태어나면서부터 항상 우리 주위에 충만한 빛은 평범해 보이지만 그 속에 우리가 알지 못했던 많은 비밀을 간직하고 있다. 그래서 우주여행의 기본 안내서는 '빛이란 무엇인가'부터 시작되어야 한다. 빛에 대한 보다 높은 이해는 우주여행의 진정한 즐거움을 한층 끌어올려줄 것이다.

❶ 빛은 어떻게 태어났을까?

태초에 빛과 물질은 서로 한 몸이었다

우리는 태어나는 순간부터 우리의 눈을 통하여 많은 정보를 얻어왔다. 시각 이외에 청각, 미각, 후각 등이 있기는 하지만 눈으로부터 받아들이는 정보만큼 생생하고 현실적인 것은 없을 것이다. 우리는 '빛'이란 무엇일까 하는 것을 의식할 필요도 없이, 눈에 무엇인가가 보인다는 것을 너무나도 당연하게 받아들이며 생활하고 있다. 그러다가 태양이 지구 너머로 사라진 밤이 되면 비로소 환한 빛이 없어진 것에 대하여 깨닫게 된다. 하지만 '밤'이라는 것이 완전한 어둠을 의미하지는 않는다. 달빛뿐만 아니라 현대에 이르러서는 인류가 만들어낸 수많은 조명들로 인하여 우리의 밤은 점차 많은 빛으로 채워지고 있다. 그러나 어느 순간 밤에 정전이라도 발생한다든지 아니면 어두운 숲속에 홀로 남겨지는 상황과 마주하게 된다면 비로소 매우 큰 불편을 느끼며 빛의 중요성을 새삼 느끼게 된다.

우리 주변의 공기와도 같이 빛은 항상 우리 주변에 있어 빛의 고마움에 대하여 인지를 하지 못하고 있지만 그 빛이 없어지게 되어서야 우리는 빛이 얼마나 소중하고 고마운 존재인지 깨닫게 된다.

그렇다면 우리에게 이렇게 고마운 존재인 빛은 도대체 언제 생겨났을까? 빛은 온 세상이 창조되기 이전부터 이미 그곳에 존재하면서 환하게 세상을 밝혀주고 있다가, 세상이 창조된 이후에도 당당하게 그 자리를 지키며 우리의 머리 위에서 세상을 비추며 쏟아지고 있는 것일까? 아니면 어둠의 저 한구석에서 세상의 창조와 함께 같이 생성된 것일까?

최근 거의 정설이라고 받아들여지고 있는 빅뱅 이론에 따르면 우주 탄생 초기 이 세상은 지금처럼 빛이 세상을 밝히고 있는 세계가 아니었다. 즉, 우리가 알고 있는 빛은 이 세상이 만들어질 때 존재하지 않았다. 빅뱅 직후 만들어진 태초의 세상은 빛과 물질의 구분조차 없는, 빛과 물질이 혼재된 세상이었기 때문이다. 빅뱅에 관련된 이야기는 뒤에 좀 더 자세하게 이야기할 기회가 있으므로 여기에서는 일단 간단히 언급만 하면, 빅뱅 직후 이 세상은 너무나도 높은 온도로 인하여 격렬하게 요동치는 원자핵과 전자 등과 같은 입자들이 매우 작은 공간에 밀집되어 있었다. 따라서 이 입자들 간의 빈번한 충돌로 인하여 빛을 이루는 광자조차도 이러한 입자들의 간섭을 받아 자유롭게 이동하지 못하는 상태였다. 따라서 태초의 세상은 불투명하고 혼탁한 상태였다. 빛의 입자인 광자가 이러한 속박으로부터 벗어나게 된 것은 지속되는 팽창으로 인하여 온도가 어느 정도 떨어지며 원자핵과 전자가 결합되는 시점, 즉 빅뱅 이후 약 38만 년이 지난 뒤였다.

즉, 빅뱅 초기에는 빛의 입자인 광자조차 물질에 속박되어 있어 혼탁한 상태였던 것이다. 일정 시간이 지난 후에야 속박에서 벗어난 광자가 움직이게 됨으로써 비로소 우리 세상은 지금과 같은 빛을 가지게 되었다. 따라서 지금과 같이 세상을 밝혀주는 빛은 태초부터 세상과 함께 있었던 것이 아니라 물질과 빛이 구분이 없는 혼재된 상태 속에서 태어났다가 입자들의 속박으로부터 벗어난 이후에야 물질로부터 분리되며 지금의 빛의 모습으로 온 세상을 환하게 비추고 있는 것이다.

빛과 물질이 구분조차 되지 않는 하나의 덩어리라는 것이 도대체 어떤 상태인지는 상상조차 하기 힘들지만 지금 이렇게 다양하고 복잡하게 보이는 모든 물질과는 전혀 다른 것처럼 보이는 빛이 한때는 서로 섞여 있었다는 것은 앞으로 우리가 알아나가게 될 자연의 신비스러운 속성의 단면을 잘 보여준다고 할 수 있다. 지금은 다른 모든 동물과 명확하게 다른 것처럼 보이는 우리 인류도 우리의 할아버지와 할아버지를 거치며 과거로 거슬러 올라가다 보면 결국은 지금은 전혀 다른 종류인 것처럼 보이는 동물들과 같은 조상으로부터 유래되었다는 것을 알 수 있듯이 만물의 시작은 이렇게 물질과 빛조차도 섞여 있는 과정으로부터 시작되었다. 앞으로의 여정에서 이 점을 항상 인지한다면 우리가 나아가야 할 방향을 잡는 데 많은 도움이 될 것이다.

'세상의 모든 다큐, 빛과 어둠' 1부 중에서

우리 주변에서 아주 흔하게 관찰할 수 있는 것이 바로 빛이다. 하지만 우리는 아직 빛이 가진 속성을 완전하게 이해하지 못하고 있다. 우리는 이제 막 어둠의 서막을 걷어내고 빛을 이해하기 위한 본격적인 여정의 첫 발걸음에 나섰을 뿐이다. 그렇게 오래전도 아닌, 뉴턴 시대의 사람들만 해도 당시의 사람들은 빛이 프리즘을 통과하면 나오는 아름다운 무지개 색깔이 빛 자체가 가지고 있는 속성이 아니고 프리즘 자체가 가진 특성 때문이라고 생각을 했다. 즉, 프리즘이라는 물질에 빛이 통과되면 원래는 백색광이었던 빛이 무지개 색깔로 바뀌게 된다고 생각을 한 것이다.

하지만 뉴턴의 생각은 달랐다. 그는 빛 자체가 이미 다양한 무지개 색깔을 가지고 있으며 프리즘이라는 것은 단지 빛이 가진 이러한 색깔을 넓게 펼쳐주는 것이라고 생각했다. 뉴턴은 이를 증명하기 위하여 프리즘을 통과한 빛 중 붉은색을 나타나는 빛의 영역만을 다시 또 다른 프리즘으로 통과시켜보았다. 만약 프리즘이 무지개 색깔을 만들어주는 것이라면 벽에는 다시 무지개 색깔이 만들어져야 할 것이다. 하지만 그 결과 2번째 프리즘을 통과한 후 벽에는 첫 번째 프리즘에서 이미 분리된 붉은색 영역의 빛만이 만들어졌다. 우리는 인지하지 못하지만 빛은 이미 그 안에 모든 색깔을 가지고 있었던 것이다.

❷ 빛은 무엇으로 이루어져 있을까?

햇빛이 따스하게 내리쬐는 어느 봄날 오후, 세상은 푸르름으로 가득하고 이 아름다운 세상은 빛으로 충만하게 채워져 있다. 저 머나먼 태양으로부터 뿜어져 나오는 빛은 지구상에 생명체가 탄생하기 이전부터 지금에 이르기까지 변함없이 항상 우리를 밝혀주고 있었다. 이렇게 우리에게 친숙한 빛이지만, '빛이란 무엇인가?'라는 질문에 대하여 '빛은 우리가 무엇인가를 볼 수 있게 해주는 것이다' 이외에 다른 대답을 할 수 있는 사람은 많지 않을 것이다. 물론 우리에게 볼 수 있는 환경을 만들어주는 빛의 기능이 매우 중요한 것은 틀림없는 사실이다. 하지만 빛은 숨겨진 비밀을 우리가 아는 것보다도 훨씬 많이 가지고 있다. 만약 우리가 빛에 대해 이런 숨겨진 속성을 더 많이 이해할 수 있다면, 새로운 시선으로 언제나 빛으로 가득 차 있는 이 세상을 바라보면서 더 많은 즐거움을 음미할 수 있을 것이다. 그러면 이제 빛 속에 숨겨진 재미있는 속성을 조금씩 알아가보도록 하자.

인간은 빛의 아주 작은 영역만을 볼 수 있다

빛은 생각보다 무수히 많은 다양한 파장들로 구성되어 있다. 한때는 우리가 육안으로 볼 수 있는 가시광선이 빛의 전부라고 생각했다. 하지만 빛에 대한 이해가 높아지면서 가시광선은 빛의 아주 작은 일부분에 지나지 않는다는 것을 알게 되었다. 빛은 그 파장의 길이에 따라 분류할 수 있는데 파장이 가장 짧은 감마선부터 X선, 자외선, 가시광선, 적외선을 거쳐 파장이 긴 라디오파에 이르기까지 다양하게 구성되어 있다. 우리가 육안으로 볼 수 있는 가시광선 중에서 파장이 가장 짧은 것은 파란색이며 빨간색으로 갈수록 파장이 길어진다. 파장이라는 것은 에너지라고 볼 수도 있는데 보통 파장이 짧으면 높은 에너지를 가지고 있다. 우리에게 친숙한, 가스레인지에서 나오는 불의 색깔을 보면 잘 알 수 있는데 가스레인지의 불꽃은 파란색인 반면에 촛불의 색깔은 붉은색이다. 이것은 가스레인지의 불꽃 온도가 그만큼 높다는 것을 의미한다. 혹시라도 우리 집의 가스레인지 색깔이 붉게 보인다면 가스레인지 어딘가 문제가 있는 것은 아닌지 한 번쯤 살펴보는 것이 좋을 것이다.

빛은 그 자체로 이렇게 다양한 성질의 파장을 가지고 있으며 우리의 현대 기술은 이러한 각각의 파장의 빛을 추출하여 의학, 미용, 비파괴검사, 군사, 건축, 예술 등 다양한 용도로 활용할 수 있는 단계에까지 와 있다. 하지만 앞서 언급했듯이 인간이 가진 시력으로 볼 수 있는 빛의 파장은 빛의 아주 작은 일부분에 불과하다. 그래서 오랜 시간 동안 우리는 이렇게 빛에 숨겨져 있는 훨씬 더 다양한 속성을 깨닫지 못한 채 살아왔다. 빛의 숨겨진 속성을 파악하려는 시도는 이미 우리가 잘 알고 있는 뉴턴에 이르러 본격적으로 시작되었다. 그러면 아주 오랜 시간 동안 우리가 빛의 전부라고 생각해왔던 가시광선의 영역을 위주로 접근하면서 빛의 속성에 대해 알아가보도록 하자.

햇빛이 화창한 어느 날을 골라서 사방이 탁 트인 운동장에 나가 잠시만 하늘을 바라보자. 오늘도 변함없이 하늘에서 쏟아지는 햇빛은 도대체 어떤 색깔을 가지고 있을까? 하늘에서 내리쬐고 있는 빛만 바라보면서 이야기한다면 우리는 주저 없이 빛은 색깔이 없는 백색광으로 보인다고 이야기할 것이다. 그러면 이제 잠시 시선을 돌려 운동장 주변을 둘러보도록 하자. 가장 먼저 눈에 띄는 것은 학교 주변 담장을 따라 아름답게 심어져 있는 붉은 장미꽃이다. 고풍스러운 브라운 컬러의 벽돌로 장식이 되어 있는 학교 건물도 눈에 띈다. 건물 뒤편에는 작은 텃밭에 심어져 있는 풍성한 녹색 채소류들도 많이 보인다. 우리가 보기에 분명 하늘에서 내리쬐고 있는 빛에는 아무런 색깔이 보이지 않는다. 그렇다면 지금 우리 앞에 관찰되는 대상의 다양한 색깔들은 각각의 물질들이 가지고 있는 다양한 속성일까? 아니면 우리가 볼 수는 없지만 백색광 자체가 원래 가지고 있는 성질 중의 하나일까?

빛은 그 자체로 이미 모든 색깔을 가지고 있다

사실 현재 시대를 살아가는 우리는 교육을 통해서 투명한 것처럼 보이는 백색광 속에 숨겨져 있는 다양한 무지개 색깔의 존재를 이미 알고 있다. 하지만 뉴턴의 시대까지도 빛은 아무런 색깔이 없는 백색광으로만 여겨졌다. 이것은 뉴턴 시대 이전 사람들의 눈이 이상했기 때문이 아니다. 앞서 운동장에 나가서 하늘을 올려다본 기억을 되새겨보자. 우리는 빛에서 어떠한 색깔도 관찰할 수 없다. 빛은 분명 백색광으로 보인다(백색광은 색깔이 없다는 것을 의미하는 것이지 하얀색을 의미하는 것은 아니다). 그렇다. 사실 우리가 교육을 받지 못했다면 빛 자체가 그 속에 이미 다양한 무지개 색깔을 가지고 있다는 것을 간파하기는 힘들었을 것이다. 그러므로 뉴턴 시대 이전 사람들의 수준을 무시해서는 안 될 것이다.

물론 당 시대의 사람들도 빛이 물체에 반사되어서 그 반사된 빛의 색깔을 우리가 인지한다는 것은 잘 알고 있었다. 하지만 색깔을 만들어주는 것은 빛 자체가 아니라 이 빛을 받아서 반사시키고 있는 물체가 가지고 있는 속성이라고 생각했다. 즉, 빛의 원래 속성은 백색광이고 이를 반사시키는 물체가 가진 속성에 따라 그 반사되는 색상이 결정된다고 생각했던 것이다. 만약 빛에 대한 아무런 지식이 없는 사람이 듣는다면 상당히 설득력 있게 들린다. 우리가 관찰하기에 분명 아무런 색깔이 없는 백색광은 장미에 반사되어 붉은색으로 우리 눈에 들어온다. 그렇다면 분명 붉은색이라는 것은 장미가 보여주는 속성처럼 보이는 것이다. 그런데 이렇게 백색광처럼 보이는 빛에 우리의 어린 시절 가끔 가지고 놀았던 프리즘을 가져다 대보도록 하자. 놀랍게도 빛은 백색광이 아니라 다양한 무지개 색깔을 즉시 드러낸다. 자, 어떠한가? 빛은 원래 색깔이 없는 것이 아니고 이처럼 다양한 무지개 색깔을 가지고 있다는 것이 바로 우리 눈앞에서 드러났다. 그러면 앞서 뉴턴의 시대에는 과연 프리즘이 없었을까? 놀랍게도 프리즘의 존재는 뉴턴의 시대보다 훨씬 오래전부터 이미 많은 사람들에게 잘 알려져 있었다. 따라서 이미 오래전부터 사람들은 빛이 프리즘을 통과하면 다양한 무지개 색깔이 나타난다는 것을 잘 알고 있었던 것이다. 하지만 당시대 대부분의 사람들은 백색광으로 보이는 빛 자체가 여러 가지 색깔을 가지고 있다고는 결코 생각하지 않았다. 그들은 프리즘을 통과한 백색광이 무지개 색깔로 변하는 것은 빛이 원래 가진 속성이 아니라 프리즘 자체가 가진 속성이라고 생각했다. 즉, 다양한 무지개 색깔을 만드는 것은 백색광이 아니라 프리즘 자체라고 생각했던 것이다.

하지만 뉴턴은 같은 현상을 보고도 당 시대 대부분의 사람들과는 전혀 다른 생각을 했다. 그는 우리에게 보이는 다양한 무지개 색깔이 빛이 원래 가지고 있는 본연의 모습이라고 생각했다. 즉, 무지개 색깔은 프리즘이 만들어주는 것이 아니라 원래 빛 자체가 그 안에 다양한 색깔을 가지고 있으며, 프리즘은 단지 겹쳐져 있던 백색광을 펼쳐서 보여주는 역할을 하는 것이라고 생각한 것이다. 그는 이를 증명하기 위해서 간단하고도 기발한 방법으로 한 가지 실험을 하였다. 먼저 그는 2개의 프리즘을 준비하였다. 그리고 첫 번째 프리즘을 통과한 빛 중에서 특정한 색깔 하나만을 선택한 후 이 특정 색깔의 빛을 다시 2번째 프리즘에 통과시켰다. 만약 프리즘 자체가 다양한 무지개 색깔을 만들어내는 장치라면 2번째 프리즘을 통과한 벽면에는 다시 다양한 무지개 색깔이 비쳐야 했다. 하지만 실험 결과 벽면에는 분명 첫 번째 프리즘을 통과한 색깔만

뚜렷하게 나타나는 것이 확인되었다. 이제 모든 것이 명확해졌다. 프리즘은 무지개 색깔을 만들어주는 도구가 아니었다. 뉴턴이 옳았던 것이다. 빛은 이미 그 자체로 세상의 모든 색깔을 담고 있었던 것이다.

뉴턴의 이런 실험 과정을 보고 있노라면 그가 자연에 대하여 가졌던 의문과 고민, 그리고 이를 풀어보고자 하는 그의 의지가 얼마나 높았는지 잘 알 수 있다. 그리고 자신이 가진 의문을 과학적인 실험을 통하여 증명하고자 하는 그의 통찰력에 대해 새삼 존경스러운 마음이 든다. 혹자에게는 빛에 대한 이런 뉴턴의 의문과 실험의 과정들이 우리의 삶과는 너무나 동떨어진, 의미 없는 실험들로 여겨질 수도 있을 것이다. 하지만 우리가 주변에서 관찰할 수 있는 다양한 색상들이 어떤 물체가 근원적으로 가지고 있는 것이 아니라 이미 빛 자체가 가지고 있는 속성이라는 사실을 알고서 세상을 바라보는 것이 얼마나 큰 관점의 차이를 가지고 오는지를 생각해보자. 이러한 진실의 내면을 바라보는 관점의 도약을 통해서 우리 과학기술의 발전이 이어지고 있는 것이다. 이렇게 해서 뉴턴은 빛이 가지고 있던 숨겨진 속성 중의 하나를 찾아내었고 그 자신도 모르는 사이에 인류가 빛에 대하여 본격적인 연구를 하는 서막을 열게 하였다.

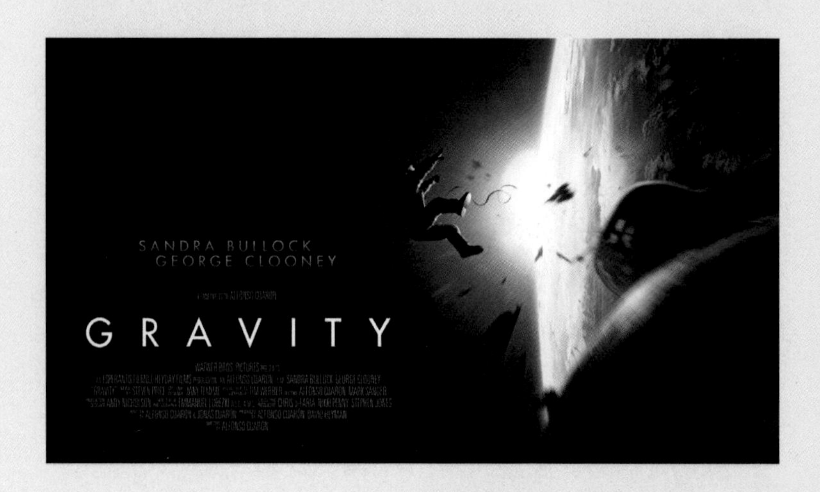

영화 'Gravity'의 한 장면. 공기 입자가 없는 우주에는 당연히 소리라는 것도 없다. 우리 눈에는 보이지 않지만 소리는 공기라는 입자들을 매개로 하여 전달되기 때문이다. 영화 'Gravity'의 도입 부분에서 이것을 매우 잘 표현하였는데, 초기 몇 분간 지구를 배경으로 하는 우주 정거장의 현실적인 모습을 잘 담고 있다.

파도가 바다를 이루고 있는 물 입자들을 통하여 전달되는 것처럼 바람은 공기를 통해 전달된다. 소리도 마찬가지로 공기라는 입자들을 진동시키며 전달된다. 이처럼 무엇인가 전달되기 위해서는 매개가 되어주는 그 어떤 것이 필요하다. 그런데 오직 빛만이 이런 전달 매개체의 존재가 없어도 전달된다. 이것은 빛이 가진 특이하고 다양한 속성 중 하나일 뿐이다. 나중에 알게 되겠지만 이런 빛의 신기하고 특별한 성질들은 빛 자체가 질량을 가지고 있지 않기 때문에 발현되는 것이다.

한번 생각해보라. 분명 그곳에 존재하고 있는데 질량을 가지고 있지 않다니…. 빛은 우리 눈에 보이면서도 질량을 가지지 않은, 이 세상의 유일무이한 존재이다. 빛의 신비한 성질들은 바로 이러한 특성으로부터 나온다.

❸
빛은 어떤 성질을 가지고 있을까?

빛은 우리에게 에너지를 선사해준다

따스한 햇살 아래 넓은 공터에 나아가 빛을 받으면 온몸이 포근해지는 것을 느낀다. 이것은 내 몸 위로 쏟아지는 빛으로 인한 것임을 우리 모두는 잘 알고 있다. 즉, 빛은 이렇게 태양으로부터 발생한 에너지를 우리에게 잘 전달해준다. 이것은 항상 벌어지는 일이기 때문에 별달리 새로울 것이 없어 보이지만, 약 1억 5천만㎞라는 태양과 지구 사이의 어마어마한 거리를 생각해보면 빛의 에너지 전달 능력은 상당한 것으로 보인다. 이렇게 먼 거리를 달려온, 다양한 파장을 가진 빛이 어떤 물체에 닿으면 일부는 흡수되고 일부는 반사되어 우리 눈에 들어온다. 이때 우리는 물체에 반사된 가시광선의 파장으로 그 물체의 색깔을 인지하게 된다.

빛은 이렇게 우리에게 어떤 물체의 색깔이라는 의미만 부여하는 것은 아니다. 어떤 물체에 의하여 반사된 빛은 우리에게 색깔을 인지하게 해주는 반면, 흡수된 빛은 그 물체에 에너지로 전달되며 열이나 에너지원으로 전환된다. 이것이 어떤 물체의 온도를 높이기도 하고 식물에게는 광합성을 통하여 생명의 기운을 전달하고 태양전지를 통하여 에너지의 형태로 다시 축적되기도 하는 것이다.

이렇듯 빛은 흡수와 반사를 통하여 태양으로부터 발산된 에너지를 우리에게 전달해주는 역할과 색깔을 부여하는 역할을 동시에 하며 우리에게 지속적인 생명의 온기를 불어넣어주고 있다.

이렇게 흡수와 반사를 통하여 태양으로부터 방출된 에너지를 전달해주는 빛도 에너지 보존 법칙을 잘 준수하고 있다. 즉, 흡수나 반사 여부와 상관없이 그 자신이 가지고 있는 총량의 에너지의 합은 항상 같다. 철수가 입고 있는 옷에 빛이 도달하여 가시광선의 대부분을 반사하게 되면 반사된 가시광선들이 중첩되어 우리의 눈에 철수가 하얀 옷을 입고 있는 것으로 보인다. 이렇게 되면 빛의 가시광선 중에서 철수의 몸에 흡수된 에너지보다 반사된 에너지가 더 많을 것이다. 따라서 하얀 옷을 입고 있다는 것은 태양으로부터 상대적으로 적은 에너지를 흡수하고 있다는 것이 된다. 반대로 철수가 검은색 옷을 입고 있으면 반대로 대부분의 가시광선 에너지는 흡수되어 철수의 몸으로 전달이 되고 일부 에너지만 반사될 것이다. 이것이 바로 검은색 옷을 입으면 더 따뜻하게 느껴지는 이유이다. 검은색의 옷은 단지 느낌으로만 따뜻하게 느껴지는 것이 아니라 하얀색보다 실제로 더 많은 가시광선을 흡수하기 때문에 상대적으로 더 많은 에너지를 우리 몸으로 전달해준다. 하지만 철수가 하얀 옷을 입고 있든지 검은색 옷을 입고 있든지 몸으로 흡수된 에너지와 반사된 에너지의 총합은 항상 같다. 그러므로 여름에 조금이라도 내 몸을 시원한 상태로 만들기 위해서 내가 하얀색 옷을 입었다면 내 주변의 누군가는 미세하지만 더 많은 빛의 반사로 인하여 반대로 더 덥게 느껴질 수 있을 것이다. 그러므로 뜨거운 여름에 사람들의 무리 속으로 반드시 들어가야 하는 경우에는 밝은색보다는 어두운색 옷을 입은 사람 주변을 선점하는 것이 좋겠다. 주변 사람들이 조금이나마 태양 에너지를 더 많이 흡수해줄 것이기 때문이다. 물론 그 차이는 무시할 정도로 아주 미미하겠지만 말이다.

빛은 질량이 없는 순수한 에너지 그 자체이다

그러면 이상할 것도 없이 자연스럽게 보이는, 태양으로부터 출발한 빛이 우리의 몸 위에 떨어지는 위의 과정을 조금 더 자세하게 살펴보도록 하자. 따스한 햇빛 아래에 서 있는 우리의 몸에는 저 하늘 위의 태양으로부터 출발한 에너지가 직접 전달되고 있다. 태양으로부터 지구는 약 1억 5천만km 떨어져 있다. 이 정도의 거리가 감이 잘 오지 않겠지만 이는 지구 둘레를 3,750바퀴 돌아야 하는 거리이다. 빛은 이렇게 먼 거리를 달려와서, 태양 중심에서 생성된 에너지를 나의 몸까지 안전하게 이동시켜준다. 일반적으로 무엇을 어딘가로 이동시키기 위해서는 그것을 전달해주는 역할의 매개체가 필요하다. 가령 전기는 전자들이 전선을 통해서 필요한 곳으로 전달이 되며, 바다의 파도는 물 입자들의 진동을 통하여 이동이 되고, 심지어 소리조차도 공기 입자의 진동이 있어야 전달이 된다. 그런데 빛은 신기하게도 이렇게 전달해주는 그 무엇이 없이도 빈 공간을 성큼 건너뛰어서 태양으로부터 방출된 에너지를 우리의 몸까지 전달하고 있다. 우리는 매일 이러한 현상을 경험하면서도 이것에 별다른 이상함을 느끼지 못하고 있지만 사실 이것은 일상적인 자연계에서는 상당히 특이한 현상이다. 나중에 다시 언급하겠지만, 빛은 우리에게 매우 흔하게 관찰되지만 그가 가진 성질은 결코 평범하지 않다. 빛이 이러한 특별한 능력을 가지고 있는 비밀은 바로 빛의 입자인 광자가 질량이 없기 때문이다. 질량과 에너지는 동일한 존재의 서로 다른 모습이다(후에 자세히 다룰 것이다). 즉, 광자는 자신의 존재를 조금도 질량의 형태로 낭비하지 않고 모두 에너지로 가지고 있다. 빛은 바로 그 자체가 모두 순도 100%의 에너지인 것이다. 질량이 없는 기이한 특성 때문에 빛은 자연계에서의 한계 속도인 빛의 속도로 이 우주 공간을 여행할 수 있다.

질량은 무엇이고 에너지는 또 무슨 소리냐고? 지금 이해가 되지 않더라도 책을 덮어버리지 말고 조금만 인내심을 가지고 필자를 따라와 주기 바란다. 자세한 설명이 필요한 시점에 이 이야기는 다시 등장하게 될 것이다. 그리고 질량과 에너지가 가지는 의미를 이해하는 순간 여러분은 이 세상에 깊숙하게 숨겨져 있는 내면이 갑자기 환하게 보이는 것과 같은, 신비스러운 경험을 하게 될 것이다. 단지 여기서 기억하고 넘어갈 것은 빛은 질량이 없다는 것이다. 앞으로 우리가 경험하게 될 빛의 기이한 속성은 바로 여기로부터 출발한다고도 볼 수 있기 때문이다. 사실 질량조차 존재하지 않는 순수한 에너지를 우리 눈으로 볼 수 있다는 것은 조금만 생각해보아도 상당히 신비한 현상임에 틀림없다. 손으로 만질 수 있는 형체도 없으며, 공간도 점유하지 않고, 질량조차 없는 존재가 우리 눈에는 보인다니…. 이는 마치 영혼이나 유령이 눈에 보인다는 것과 무엇이 다르겠는가? 우리가 태어나면서부터 항상 보아왔기 때문에 아무런 의문 없이 늘상 경험해왔던 빛은, 사실은 결코 평범하지 않은 이렇게 기이한 성질을 가진 존재이다.

아름답게 붉게 물든 저녁노을 위로 한가로이 날고 있는 새가 바다를 가로지르고 있다. 낮에는 푸르렀던 하늘은 밤에 붉은 노을로 세상을 물들인다. 하늘이 변하는 것이 아니다. 하늘은 항상 그 자리에 그 모습 그대로 있다. 하늘의 색깔은 오직 태양의 입사각이 바뀌면서 파란색이 되기도 하고 붉은색이 되기도 한다. 색깔은 물질 고유의 속성이 아니며 단지 주변 환경에 따라 빛이 그때그때 만들어내는 허상이다. 아무려면 어떠한가? 이러한 고즈넉함을 즐길 수 있는 여유만 있으면 되지 않겠는가…. 우리의 시선으로 바라보는 다양한 색깔의 아름다움은 항상 변하지 않으니까 말이다.

❹
색깔이란 무엇인가?

이 세상 모든 물질은 각각 고유의 색깔을 가지고 있다. 우리는 주변에서 매일 수많은 색깔들을 접한다. 탐스럽게 익은 붉은색 사과와 노란색의 달콤한 바나나를 보면서 입가에 침이 고이기도 하고, 넓은 들판의 청보리밭이 바람에 일렁이는 순간을 감상하며 자연의 아름다움에 감탄하곤 한다. 그렇다면 우리가 보고 인지하는 이 색깔들은 과연 물체가 존재하면서 원래부터 가지고 있는 고유의 성질일까, 아니면 빛으로 인하여 주어진 환경에 따라 언제나 변할 수 있는 단순한 결과물일까? 혹시 이러한 것들을 구태여 구분해서 알아야 할까 하는 생각이 드는 독자들도 계시겠지만 진리로의 여정을 떠나고자 하는 사람들에게 이것은 결코 간과되어서는 안 되는 중요한 문제이다. 색깔이 과연 물질의 고유한 성질인지에 대한 의문은 고대로부터 굉장히 중요한 질문이었다.

색깔은 물질의 고유한 속성일까

가령 붉은색 사과가 있다고 해보자. 사과가 가지고 있는 이 붉은색은 과연 태초부터 사과가 가지고 있는 고유의 성질일까? 아니면 방금 반사된 빛으로부터 유래된 어떤 것일까? 뉴턴이 등장하기 전인 17세기까지도 대부분의 사람들이 붉은색의 사과는 사과의 고유한 성질이 붉은색이기 때문에 그렇게 보이는 것이라고 생각했다. 붉은색이 원래 사과가 가지고 있는 성질이라는 것은, 방 안에 놓인 사과는 빛이 있든 없든 상관없이 원래 붉은색을 가지고 있어야 함을 의미한다. 붉은색의 탐스러운 사과를 방 한가운데 넣어놓고서 커튼을 쳐서 외부의 빛을 완전히 차단해보자. 어둠 속에 홀로 남겨진 사과는 여전히 붉은색을 유지하고 있을까? 아니면 붉은색을 잃어버리는 것일까? 만약 어둠 속에 남겨진 사과가 여전히 붉은색을 유지하고 있다면 붉은색은 사과 자체가 가진 본연의 속성이라고 해야 할 것이다. 이를 정확하게 확인하기 위하여 빛이 차단된 방 안에 조심스럽게 들어가 어둠 속에서 사과를 바라본다면 어떨까? 하지만 아무것도 보이지 않는 방 안의 환경 때문에 이러한 방식으로는 사과의 색깔이 어떠한지에 대한 답을 하기가 힘들 것이다. 이러한 방법으로는 아무래도 색깔이 물질 자체가 가진 속성인지에 대한 답을 하기 어려울 것 같다.

따라서 장소를 남태평양의 어느 깨끗한 푸른빛 바다로 옮겨보자. 오염되지 않은 남태평양의 바다는 육안으로도 수십 미터 깊이의 물속이 보일 정도로 맑고 투명하다. 여기에 붉은색 잠수복을 입은 철수를 등장시켜야겠다. 철수는 붉은색 잠수복을 입고 잠수 준비를 하고 있다. 유난히도 붉게 보이는 철수의 붉은색 잠수복이 우리의 시선을 끈다. 철수는 물에 몸을 담그고 서서히 물속으로 들어간다. 수면 근처에서 그의 잠수복은 여전히 붉은색이다. 하지만 점점 물속에 들어갈수록 신기하게도 철수의 잠수복 색깔이 붉은색에서 점점 푸른색으로 변하는 것을 확인할 수 있다. 햇빛이 물에 투과되면 표면에서부터 가장 먼저 흡수되는 것이 붉은색이고 가장 마지막까지 남는 것이 파란색이다. 이것이 바로 바다가 푸르게 보이는 이유이기도 하다. 따라서 철수가 물속에 깊이 들어가면 들어갈수록 잠수복의 붉은색 계열 빛은 사라지고 푸른색 계열의 빛만 남게 된다. 그렇기 때문에 우리의 눈에는 철수의 잠수복 색깔이 붉은색에서 점차 푸른색으로 변하는 것처럼 관찰되는 것이다. 철수가 입고 있던 붉은색 잠수복은 변한 것이 아무것도 없다. 철수는 그저 이 잠수복을 입고 물속에 들어갔을 뿐이다. 그런데 수면 깊이 들어가면 갈수록 붉은색의 파장이 바닷물에 흡수되면서 색깔의 변화가 일어나더니 마침내 짙은 푸른 색깔로 변하게 된다. 물론 철수가 다시 수면으로 나왔을 때 우리는 여전히 붉게 빛나는 그의 잠수복을 볼 수 있다.

색깔은 물질의 고유한 속성이 아니고 주어진 환경에 따라 변화무쌍하게 변화하는 변수일 뿐이다

이제 무엇인가 명확해졌다. 색깔은 물질이 가지고 있는 고유의 성질이 아니었다. 그저 주변 환경에 따라 우리의 눈에 들어오는 파장이 어떤 것인지에 의해 결정되는, 변화무쌍한 변수일 뿐이다. 방

안에 있는 붉은 사과는 빛이 사라지는 순간 그 색을 잃어버리고, 또다시 빛을 비추었을 때 주변 상황에 따라 반사된 파장의 빛으로 자신을 표현하게 되는 것이다. 색깔이라는 것은 물질 자체가 가지고 있는 고유의 성질이 아니라 주변의 상황에 따라 가변되는 변수에 불과했던 것이다. 낮에는 푸르게 보이던 하늘이 저녁에는 붉게 보인다. 이는 하늘을 이루고 있던 대기의 구성 성분이 시간에 따라서 어떤 변화를 일으키는 것이 아니다. 이는 단지 대기를 통과하는 태양의 입사 각도가 변하면서 빛이 대기를 통과하는 길이가 길어지기 때문에 일어나는 현상이다. 변하고 있는 것은 하늘이 아니고 태양의 고도 변화로 인하여 태양이 지구를 비치는 입사각이 변하는 것일 뿐이다. 우리가 주변에서 흔히 볼 수 있는 자연 현상을 설명하는 데 있어서 눈에 보이는 결과만을 가지고 이야기할 때 그 숨겨진 뒷면을 보지 못하는 경우가 많이 있다. 따라서 '왜'라는 의문을 가지고 자연의 원리를 이해하고 설명해주는 것과, 단순히 보이는 결과만을 가지고 이야기하는 것에는 분명 큰 차이가 날 수밖에 없다. 그리고 이러한 차이가 결국은 만물의 진리를 이해해나가는 디딤돌이 되는 것임을 잊으면 안 된다.

❺
빛은 얼마나 빠르게 달릴 수 있을까?

속도란 무엇인가

우리는 앞서 속도의 상대성에 대하여 잠시 이야기했다. 여기에서는 빛의 속도에 대하여 이야기하기 전에 먼저 '속도'란 무엇인가에 대해서 다시 한번 복습을 하면서 빛이 보여주는 기이한 속도의 세계에 본격적으로 들어가보도록 하자. 우리 누구에게나 속도는 매우 친숙한 개념이다. 하지만 조금만 깊게 들어가면 우리가 이야기하는 속도는 그렇게 쉽게 정의할 수 있는 것이 아님을 알 수 있다. 회사에서 격무에 시달리던 철수는 오랜만에 휴가를 받아 라스베가스로 휴가를 떠나기로 하였다. 계획을 급하게 잡긴 했지만 다행히 비행기표를 어렵게 구해서 인천에서 출발하여 약 10시간의 비행시간을 거쳐 라스베가스에 도착했다. 장거리 비행이었지만 시속 약 1,000㎞라는 속도로 날아온 비행기 덕분에 빨리 올 수 있었다고 생각했다.

하지만 이때 우리는 비행기를 타고 있는 철수가 이동하는 속도를 정말 시속 1,000㎞라고 말할 수 있을까? 엄밀히 이야기하면 이것은 맞는 이야기가 아니다. 철수가 비행기를 타고 이동하는 속도는 누가 철수를 바라보느냐에 따라 그 값이 천차만별로 달라질 수 있기 때문이다. 철수의 이동속도는 지금도 여전히 사무실에서 열심히 일하고 있는 영이를 기준으로 할 때는 분명 시속 1,000㎞이다. 하지만 서울에서 부산을 향해 시속 200㎞로 달리고 있는 고속전철을 운전하고 있는 운전사 기준으로는 시속 800㎞이다. 뿐만 아니라 지금 비행기를 타고 있는 철수의 바로 옆자리에서 와인을 마시고 있는 중년 남자의 기준으로는 철수의 이동속도는 0㎞이다. 즉, 철수의 이동속도를 이야기하기 위해서는 반드시 관찰자의 속도가 먼저 정의되어야 하는 것이다. 나의 속도는 상대방의 운동 상태에 따라 결정된다. 이것은 우리의 경험상으로도 이해가 잘될 수 있으면서도 자칫하면 놓치기 쉬운 부분이다. 그러므로 이 점을 다시 한번 확실하게 기억을 해두도록 하자.

이제 이야기를 조금 더 확장해서 지구의 인력이 닿지 않는 먼 곳에서 우주선에 탑승해 있는 영이가 지구에 있는 철수를 바라보고 있다고 생각해보자. 우리가 알고 있듯이 지구는 지금도 자전을 하고 있다. 따라서 지구 밖에 위치해 있는 우주선에 탑승해 있는 영이가 보기에는 사무실에 얌전히 앉아 있는 철수도 시속 1,670㎞라는 맹렬한 속도로 움직이고 있다. 이뿐만이 아니다. 지구는 시속 108,000㎞의 속도로 태양 주위를 공전하고 있으며 조금 더 시야를 확장해보면 우리 태양계는 우리 나선 은하의 변방에서 시속 972,000㎞의 엄청난 속도로 은하의 중심을 따라 움직이고 있다. 만약 영이가 우리 은하계 밖에서 철수를 관찰한다면 단 35초 만에 우리나라에서 미국까지의 거리를 아무렇지 않게 이동하고 있는 철수를 발견하게 될 것이다(물론 사무실에 얌전히 앉아 있는 철수는 여전히 자신이 엄청난 속도로 이동하고 있다는 것을 전혀 느끼지 못한다. 이것이 아직 이해가 가지 않는 분은 앞 장의 갈릴레오 편에서 속도의 상대성에 대한 이야기를 다시 복습하고 돌아오시기를 추천드린다).

빛의 속도를 알아내기 위한 노력

빛은 왜 그런지 모르겠지만 엄청나게 빠르게 움직이는 것만은 확실하다. 직관적으로도 우리는 그것을 알 수 있다. 그렇다면 빛은 얼마나 빨리 움직일까? 과거에는 많은 사람들이 빛의 속도는 측정할 수 없을 정도로 빨라서 '무한대'라고 생각하였다. 하지만 통찰력 있는 선구자들은 이러한 근거 없는 논리를 결코 받아들이지 않는다. 그들은 빛의 속도가 매우 빨라서 우리가 그 속도를 측정할 수 없는 것뿐이며 빛의 속도가 무한대라고는 생각하지 않았다. 만약 빛의 속도가 무한대라면 우리의 눈에는 저 머나먼 우주 한 공간에 있는 별의 모습이 탄생과 함께 바로 보여야 한다.

위대한 과학자 갈릴레오도 이와 마찬가지로 생각하였다. 갈릴레오는 이렇게 빠른 빛의 속도를 측정하고자 처음 시도한 사람으로 알려져 있다(이것은 역사서에 기록된 것일 뿐, 갈릴레오 이전에도 많은 선구자들의 시도가 있었을 것이다). 그는 한밤중에 그의 조수와 서로 멀리 떨어져 있는 두 언덕의 정상에 올라갔다. 그리고 준비해 온 초롱불의 빛을 보자기에 덮었다가 열었다가 하는 방법으로 빛의 속도를 측정하려고 하였다. 하지만 이렇게 가까운 거리에서 사람의 감각만으로 빛의 속도를 인지한다는 것이 가능할 리가 없었다. 따라서 갈릴레오는 빛의 속도 측정에는 실패하였다. 하지만 이와 같이 빛의 속도를 측정하기 위한 갈릴레오의 시도는, 막연하게 빛의 속도에도 한계가 있을 것이라는 생각을 가지고 그 속도를 측정하려고 시도했다는 점에서 높이 평가받을 만하다. 역사는 이러한 도전을 기억하는 것이다.

빛의 속도를 나름대로 과학적인 방법으로 근사하게 측정해낸 사람은 덴마크의 천문학자 뢰메르였다. 1675년에 그는 목성의 위성 중 하나인 '이오'가 보이는 특이한 현상에 주목하였다. 이오는 목성의 위성이기 때문에 목성 주변을 공전하고 있다. 따라서 이오가 만약 목성의 뒤에 위치하게 되면 지구에 있는 우리의 눈에는 관찰이 되지 않을 것이고, 목성의 뒤편을 벗어나는 순간 비로소 우리의 눈에 관찰될 것이다. 뢰메르는 이러한 목성의 위성 이오가 목성에 가려져 보이지 않다가 다시 관측되는 시간이 어떤 특정 주기를 가지고 변화되는 것을 발견하였다. 오랜 고민 끝에 그는 이러한 현상이 발생하는 이유에 대해 지구가 이오에서 가장 가까이 있을 때는 그 모습이 우리 눈에 일찍 관측이 되지만 지구가 이오와 멀리 떨어져 있게 되면 이오에게 반사된 빛이 지구에 도착하기까지 거리가 멀기 때문에 늦게 관측이 되는 것으로 생각하였다.

당시만 해도 천문학자들은 이미 뉴턴의 중력 법칙에 따라 지구를 비롯한 각 천체들의 공전 궤도를 잘 알고 있었다. 따라서 뢰메르는 지구가 목성과 가장 먼 위치에 있을 때와 가장 가까운 거리에 있을 때 이오가 보이지 않다가 다시 관측되는 시간 차이를 활용하여 빛의 속도를 계산해보았다. 이때 계산에 의해 나온 값은 2×10^8m/s였다(실제 빛의 속도는 3×10^8m/s). 당시의 기술 수준을 고려하였을 때 이 정도 수준으로 빛의 속도를 예측한 것은 실로 놀라운 결과였다.

사실 뢰메르가 빛의 속도를 계산하기 위해 사용한 방법은, 그 아이디어는 매우 훌륭한 것임에 틀림없지만 수학적으로는 그렇게 어려운 방법이 아니었다. 그는 단지 뉴턴이 만들어놓은 뉴턴의 중력 법칙을 기반으로 계산된 각 행성들의 공전 궤도를 활용하여 자신이 이오를 관측한 시간차만을 가지고 이러한 값을 도출하였다. 이는 고대 그리스 철학자 중 한 명인 에라토스테네스가 단지 조그마한 막대기와 각도기를 가지고 지구의 크기를 계산해낸 것과 유사하다고도 할 수 있다. 이처럼 인류의 지성은 그들이 기술적으로 직접 관측하기 힘든 사실조차도 단지 간단한 수학과 논리로 밝혀낼 수가 있는 수준에 도달한 것이다.

물론 이 거대한 우주가 가지고 있는 심오함 앞에서는 항상 겸손해야겠지만 이것은 진실의 바다를 탐험하는 우리 인류가 충분히 자부심을 가질 만한 이유이다. 이러한 뢰메르의 논리는 사실 간단하면서도 명료한 것이었다. 하지만 그의 이러한 주장은 당 시대의 주류 학자들에게 잘 받아들여지지 못하였다. 그들은 뢰메르의 이러한 관찰 결과를 당 시대에서 관측 장비의 제약으로 인해 충분히 발생할 수 있는 측정 오차 정도로 생각해버렸다. 이후 빛의 속도를 측정하려고 하는 인류의 시도는 계속되어, 1729년 영국의 천문학자 브래들리는 별빛의 광행차(비가 내릴 때 달리는 자동차에서 창문을 보고 있으면 자동차 밖에서는 분명히 땅을 향하여 수직으로 내리는 비가 기울어진 채로 떨어지며 창문을 때린다. 지구도 태양의 공전 궤도를 달리는 자동차와 마찬가지로 움직이면서 공전하고 있으므로 태양으로부터 수직으로 쏟아지는 빛이 관찰되는 각도가 약간 기울어지게 되는데 이를 광행차라고 한다. 그냥 넘어가도 되는 개념이므로 긴 설명은 생략한다)를 이용하여 약 304,000,000㎧라고 예측하였다. 현재의 기술로는 빛이 이동하는 속도를 직접 측정할 수 있으며 이렇게 측정된 값은 299,792,000㎧이다. 이 정도면 브래들리의 간접적인 속도 측정 방법이 실제와 놀랍도록 유사한 수준임을 알 수 있다. 이렇게 18세기에 이르러서 인류는 그동안 너무나도 빨라서 그 속도를 가늠하기가 힘들었던 빛의 속도가 어느 정도인지를 간접적인 방법으로나마 대략적으로는 알 수 있게 된 셈이다.

전자기력을 연구하는 과정에서 우연하게 드러난 빛의 속도

시간이 흘러 19세기 후반이 되면서 당시에 과학자들에게 가장 큰 관심사는 전기력과 자기력에 관한 것이었다. 자기력은 인류에게 이미 오래전부터 알려진 힘이었다. 왜 그런지 이유를 설명하기는 힘들었지만 자성을 가진 나침반은 항상 특정한 방향을 가리킨다. 자성을 가진 자석은 같은 극끼리는 서로 밀어내며 다른 극끼리는 끌어당긴다. 이런 자기력이 다시 과학자들의 식탁에 본격적으로 다시 올라오게 된 계기는 바로 19세기부터 '전기'라는 힘이 본격적으로 알려지기 시작했기 때문이었다.

나침반의 바늘을 움직이게 하는 자기력과 전구의 불을 밝혀주는 전기력은 분명 서로 전혀 다른 힘으로 보인다. 하지만 전기를 코일에

흘려주면 신기하게도 코일이 마치 자석과 같은 성질을 보이는 현상이 발견되면서, 자기력과 전기력은 모종의 어떤 상관관계를 가지고 있는 것이 아닌가 하는 의문이 제기되기 시작하였다. 전기와 자기에 관한 성질을 밝히기 위한 실험은 특히 패러데이에 이르러서 상당히 큰 진전을 이루게 되었다. 패러데이는 전기력과 자기력이 모종의 상관관계로 서로 얽혀 있다는 것을 다양한 실험을 통해 성공적으로 잘 보여줌으로써 실험 물리학의 대가로 이름을 날리게 되었다. 이 패러데이의 다양한 실험 결과들을 바탕으로 후대의 맥스웰은 수학이라는 도구를 활용하여 드디어 전기력과 자기력이 구분할 수 없는 동일한 것임을 증명해낸다. 이로써 그 존재가 밝혀진 이후 오랜 시간 동안 서로 완전히 다른 힘으로 생각되었던 전기력과 자기력이 하나로 합쳐지며 '전자기력'이라는 통합된 이름으로 불리게 되었다. 여기서 흥미로운 것은 맥스웰이 전자기력을 통합하는 과정에서 전자기파의 속도를 수학적으로 산출해내었는데, 그 속도는 놀랍게도 당시에 알려졌던 빛의 속도와 일치하는 값이었다는 것이다.

전자기파도 결국 빛의 한 종류이다

우리 주변에서 흔히 볼 수 있는 빛과 전기력과 자기력을 전파하는 전자기파의 속도가 동일 하다고? 빛의 속도가 얼마나 빠른지 상기해보자. 이 거대한 숫자들이 모두 일치한다는 것은 결코 우연이 아니다! 이것은 지구 반대편에서 우연히 나와 완전히 똑같이 생긴 사람을 찾았다는 것과 마찬가지로 해괴한 일이 아닐 수 없었다. 만약 지구 반대편에서 나와 똑같이 생긴 사람이 살고 있다는 사실이 밝혀졌다고 생각해보자. 그렇다면 어떻게 생각하는 것이 자연스러운 것일까? 그렇다. 지구 반대편의 나와 똑같이 생긴 사람은 사실 같은 부모에게서 태어난 쌍둥이였을 것이다. 우리는 태어난 직후 어떤 피치 못할 사정으로 헤어진 것일 뿐이지, 그와 나는 원래 한 형제라는 것을 어렵지 않게 추정해볼 수 있다. 빛과 전자기파도 마찬가지였다. 따라서 3×10^8이라는 엄청나게 큰 숫자가 동일하게 나왔다는 것은 전자기파가 사실은 빛의 또 다른 모습이라고 생각하는 것이 자연스러울 것이다. 이로써 우연치 않게 전자기파와 빛의 속도가 동일하다는 것을 수학을 통하여 유추해낸 맥스웰로 인하여 우리는 '전자기파라는 것도 사실은 빛의 한 종류에 불과하다'라는 것을 알게 된 것이다.

빛의 속도에 대하여 던져진 또 다른 수수께끼

앞서 살펴보았듯이 빛의 속도가 얼마나 되는지를 탐구하기 위한 선구자들의 여정은 단순한 아이디어에서 출발하여 발전을 거쳐서 간접적인 방법으로 그 값을 근사적으로 추정할 수 있게 만들었다. 또한 전자기학의 아버지 맥스웰에 이르러서는 전자기파의 속도에 대한 수식을 유도하는 과정에서 전자기파의 속도가 빛과 동일하다는 것을 우연히 발견함으로써 빛이란 무엇인가에 대한 해답에 한

발 더 다가가는 계기가 되었다. 이것은 드디어 인류가 간접적이고 근사적인 방법이 아니라 수학이라는 언어로 빛의 속도까지 계산해 낼 수 있게 된 것을 의미하는 중요한 사건이었다. 이로써 우리는 인류가 가진 큰 수수께끼 중 하나인 빛의 속도가 얼마인지를 알아낸 듯했다. 하지만 맥스웰의 전자기력 통일 과정에서 도출된 빛의 속도에서 또 다른 거대한 수수께끼가 우리에게 던져졌다. 맥스웰이 전자기파의 속도 유도 과정에서 도출된 빛(전자기파)의 속도는 관찰자의 속도가 어떠한지에 상관없이 항상 동일하다고 우리에게 알려주고 있었기 때문이다. 얼핏 생각하면 별다른 의미를 부여하지 않고 넘어갈 수도 있겠지만, 사실 이것은 이미 앞서서 속도의 상대성이라는 것을 공부한 우리에게는 분명 도저히 이해될 수 없는 현상이다. 그러면 이제 도대체 왜 이것이 불가사의한 현상이라고 하는 것인지를 자세히 알아보도록 하자.

속도의 상대성 원리가 적용되지 않는 빛

혹시 기억이 나지 않는 독자를 위하여 우리가 '속도의 상대성'에서 이야기했던, 속도란 무엇인가에 대해 잠시 기억을 떠올려보도록 하자. 속도라는 것은 어떻게 정의될 수 있을까? 상대방의 속도는 나의 운동 상태에 따라 결정된다. 이것이 우리가 알고 있는 속도의 정의이다. 철수가 시속 100㎞로 움직이는 자동차를 타고 가고 있다. 정지해 있는 영이가 철수를 바라보면 분명 철수는 시속

100㎞로 움직이고 있다. 하지만 만약 영이가 시속 50㎞의 속도로 이동하면서 철수를 바라본다면 철수는 50㎞의 속도로 보일 것이다. 이처럼 철수의 속도는 정해진 일정한 값이 아니다. 관찰자인 영이의 운동 상태가 어떠한가에 따라서 변하게 되는 값인 것이다.

이것이 우리가 사는 세상에서 보이는 속도의 모습이다. 그런데 맥스웰 방정식에서 도출된 빛의 속도가 이야기해주는 것은, 관찰자의 운동 상태와 상관없이 빛의 속도는 항상 일정하다는 것이다. 이는 초속 약 30만㎞의 속도로 달리고 있는 빛의 경우에는 영이가 이를 따라잡기 위해 초속 10만㎞의 속도로 이동하면서 철수를 보더라도 여전히 철수는 초속 30만㎞로 이동하는 것처럼 보인다는 것이다. 뿐만 아니라 영이가 초속 15만㎞, 20만㎞로 속도를 점차 올리면서 심지어 철수와 같은 속도인 초속 30만㎞로 달리면서 철수를 본다고 하더라도 철수는 여전히 초속 30만㎞의 속도로 영이로부터 멀어진다는 것을 의미한다. 이게 무슨 말도 안 되는 궤변이란 말인가! 답은 둘 중의 하나가 될 것이다. 맥스웰이 우연히 유도했던 빛의 속도에 대한 수식이 틀렸거나, 혹은 우리가 빛의 숨겨진 속성을 보지 못하고 있거나 둘 중 하나일 것이다.

빛은 관측자의 운동 상태와 상관없이 항상 일정하다

정말로 빛은 맥스웰의 방정식에서 유도된 것처럼, 우리가 심지어 빛의 속도로 달리더라도 변함없이 같은 속도로 멀어지며 결코 잡을 수 없는 존재인 것일까? 아니면 맥스웰 방정식 어딘가에 우리가 찾지 못한 오류가 있었던 것일까? 만약 여러분들이라면 둘 중 어떤 쪽을 선택할 것인가? 필자를 포함한 거의 모든 사람들이 아무런 주저 없이 맥스웰의 방정식이 틀렸다는 데 점심을 걸었을 것이다(아인슈타인 이전까지는 사실상 단 한 명도 없었을 것이라고 보는 것이 옳지 않을까?). 실제로 당대의 유명한 학자들조차도 빛의 속도가 이처럼 기이한 속성을 가지고 있으리라고는 결코 생각하지 않았다. 이것은 우리의 주변에서 경험하는 현상과 완전히 배치되는 현상이었기 때문이다.

그런데 이에 대한 정답을 먼저 이야기하면, 정말 신기하게도 빛은 이처럼 기이한 속성을 가지고 있다! 즉, 빛은 어떤 운동 상태에 있는 사람이 쳐다보더라도 시속 30만㎞라는 고정된 값을 보여준다. 내가 시속 20만㎞의 우주선을 타고 가면서 빛을 쳐다보더라도 빛은 여전히 시속 30만㎞의 속도로 나로부터 멀어지며, 심지어는 내가 시속 30만㎞라는 빛과 동일한 속도로 달리는 우주선을 타고 빛을 바라본다고 하더라도 빛의 속도는 여전히 나로부터 시속 30만㎞로 멀어진다는 이야기이다.

이게 무슨 말도 안 되는 소리냐고? 당신의 반응은 너무나 자연스러운 것이다. 그러나 조급해할 필요는 없다. 뒷장에서 바로 다루게 될 것이다. 이것을 이해하기 위해서 우리에게 필요한 것은 단지 내가 경험한 것에 의해 쌓여진, 머릿속에 자리 잡고 있는 모든 선입견을 버리는 것뿐이다. 선입견을 버리고 그렇게 우리의 여정을 같이 따라가다 보면 당신도 빛의 기이함이 보여주는 자연의 원리를 쉽게 이해하게 될 것이다. 분명한 것은 빛의 속도는 이렇게 기이한 속성을 가지고 있다는 것이다.

왜 빛의 속도는 하필이면 3×10^8㎧일까?

그렇다면 누가 바라보아도 항상 일정하다는 빛의 속도는 왜 하필이면 초속 3×10^8㎧인가? 1×10^8㎧이거나 5×10^8㎧는 될 수 없었을까? 3×10^8㎧라는 숫자는 어디로부터 나온 것일까? 궁금한 질문이 아닐 수 없다. 하지만 필자가 아는 한 왜 하필이면 빛의 속도가 이러한 값을 가지게 되었는지, 이 이유에 대해서 논리적인 설명을 할 수 있는 이론은 없는 것 같다. 이 질문은 우리에게 너는 왜 그렇게 생긴 채로 태어났느냐 하는 질문과 같은 것이기 때문이다. 빛은 그냥 이 세상에 이러한 값을 가지고 태어났다. 그것은 빛이 태어날 당시에 이 우주가 빛에게 부여한 속성인 것이다. 만약 누군가가 나에게 너는 왜 그렇게 생긴 채로 태어났느냐 하는 질문을 한다면 우리는 이 질문에 답할 수 있을까? 아마 답을 할 수 없을 것이다. 그것은 우리가 태어나면서 부모로부터 부여받은 속성이기 때문이다. 단지 우리가 할 수 있는 것은, 우리의 생김새는 어떻게 생겼는지를 누군가에게 설명할 수 있을 뿐이다. 이것이 빛의 속도는 3×10^8㎧이지만 왜 이런 값이 나왔는지를 알 수 없는 이유인 것은 아닐까? 하지만 또 누가 알겠는가? 훗날 우리의 후손들이 어쩌면 이에 대한 답변을 들고 나올 수 있을지…. 은하계의 한 귀퉁이에 별다를 것 없이 떠 있는 행성의 어느 연구실 한편에서는 어둠 속에 불을 밝히고 진실을 탐구하기 위한 여정이 오늘도 계속되고 있으니 말이다.

제 3 장
숨겨진 비밀

영화 '닥터 스트레인지'의 한 장면. 개인적으로 매우 재미있게 보았던 영화 중의 하나이다. 영화 속에서 주인공은 공간을 마음대로 구부리고 휘게 하며 조정할 수 있는 능력을 가지고 있다. 이제 알게 되겠지만 닥터 스트레인지만이 공간을 휘게 하는 능력이 있는 것이 아니다. 공간은 지금 당신에 의해서도 휘어지고 있다. 이 세상은 휘어지고 변형되는 시공간으로 가득 차 있다. 단지 우리가 느끼지 못하고 있을 뿐이다.

❶

서문

우주의 근원을 이해하기 위한 첫 관문은 상대성 이론을 이해하는 것이다. 왜냐하면 상대성 이론은 우리가 바라보는 거시 세계에서 발생하는 운동의 원리를 설명해주는 법칙이기 때문이다. 따라서 상대성 이론은 양자역학과 함께 현대 물리학을 이루는 핵심이다. 상대성 이론을 이야기하면 매우 난해한 수식들이 연상되며 일단 거부감이 드는 것이 현실이다. 혹자는 상대성 이론 이야기를 꺼내는 사람들을 현학적으로 허세 부리기를 좋아하는 사람으로 치부해버리기도 한다. 이런 현실은 우주에 대한 우리의 이해를 방해하는 큰 장애물이면서 또 잘못된 편견이기도 하다. 일반 상대성 이론이 발표된 1915년에는 이를 이해하는 사람이 지구상에서 아인슈타인 혼자였을지는 몰라도 지금은 기존에 가지고 있던 고정관념을 포기하는 자세만 가진다면 어렵지 않게 이해되고 받아들일 수 있는 것이 바로 상대성 이론이다. 이에 대한 이해 없이 우주로 나아가는 것은 불가능하다.

최근에 나는 우연히 상대성 이론이 고등학교 교과 과정에 포함되어 있는 것을 보고 상당히 놀랐지만 바람직한 방향에 대해 격한 공감을 하였다. 단언컨대 우리가 우주여행을 할 수 있게 되는 세대에서는 초등학교 교과서에도 상대성 이론이 등장하게 될 것이다(사실 상대성 이론이라는 용어 대신 상대성 법칙이라는 용어가 사용되는 것이 맞다). 물론 상대성 이론의 풀이 및 유도 과정은 심란하고 어려울 뿐만 아니라 사실 평범한 우리의 수준에서는 알 필요도 없다. 하지만 상대성 이론이 의미하는 것이 무엇인지에 대한 개념을 이해하는 것은 매우 중요하다. 따라서 학문이 아닌 단지 교양을 위한 수준으로의 상대성 이론은 진리로의 여정을 항해하고 있는 우리가 반드시 넘어야 할 장애물이다. 준비할 것은 오직 기존에 가지고 있던 고정관념을 말 그대로 '완전히' 버리는 것뿐이다. 이제 이해를 돕기 위하여 철수와 함께 다시 상상의 세상 속으로 들어가보자.

고정관념을 버려야 숨겨진 세계가 보인다

우리는 운전을 할 때 빨간 신호등이 켜지면 정지를 하고 파란 신호등이 켜지면 주행을 해야 한다는 것을 알고 있다. 전 세계에 신호등이 만들어진 이후 단 한번도 이 법칙이 어겨진 적은 없다. 우리는 태어나면서부터 교육과 경험을 통하여 이를 받아들여왔다. 하지만 어느 이름 모를 오지의 나라에 방문해서 운전을 하고 있었던 철수는 평소대로 신호등의 빨간불을 보고 정지를 했다가 큰 충돌 사고가 날 뻔했다. 그 이름 모를 오지의 나라에서는 우리와는 반대로 파란불에서 정지를 하고 빨간불에서는 주행을 해야 했던 것이다. 오지의 나라를 여행 중인 철수는 이 세상 어디에서나 빨간 신호등이 정지 신호라는 고정관념을 버려야만 그곳의 교통 신호를 이해하고 안전하게 운전을 할 수 있을 것이다.

물론 이러한 고정관념을 바꾸기는 쉽지 않다. 하지만 철수가 일단 이것을 받아들이기만 하면 오지의 나라에서 운전하는 것도 아무런 문제가 되지 않을 것이다. 상대성 이론도 이와 마찬가지이다. 아무것도 모르는 무의 상태에서 고정관념을 버리고 앞으로 이야기하는 흐름대로 따라가다 보면 당신은 어느새 상대성 이론이 바탕이 된 시선으로 세상을 바라보고 있는 자신을 발견하게 될 것이다.

숨겨진 비밀을 풀기 위한 선구자들의 여정

이제 우리는 빛의 기이한 속성을 설명해줄 상대성 이론에 대하여 설명하려고 한다. 하지만 그 전에 먼저 해야 할 일이 하나 있다. 우리가 논의해왔던 큰 발견과 업적들이 항상 그러하였듯이 상대성 이론도 어느 한 사람에 의해서 갑자기 툭 하고 튀어나온 것이 아니다. 아인슈타인이 살던 그 시대에는 이와 같은 세상의 비밀이 밝혀질 수 있는 여건이 급격하게 성숙되고 있었다. 따라서 우리는 상대성 이론의 발표 이전에 어떤 과학적 발견들이 이루어지고 있었는지를 먼저 살펴보면서 단계적으로 상대성 이론에 접근해나갈 것이다. 물론 아인슈타인이 인류의 걸출한 대천재인 것은 두말할 나위 없는 사실이다. 하지만 그의 걸출한 연구 결과도 선대 과학자들이 꾸준하게 뿌린 씨앗을 토대로 결국은 활짝 필 수 있게 된 것임을 잊지 말아야 한다.

출처: Wikipedia

가난한 대장장이의 아들로 태어나 정규 교육을 받지 못았음에도 불구하고 당대의 유명한 석학들보다도 훨씬 더 뛰어난 업적을 만들어낸 패러데이.

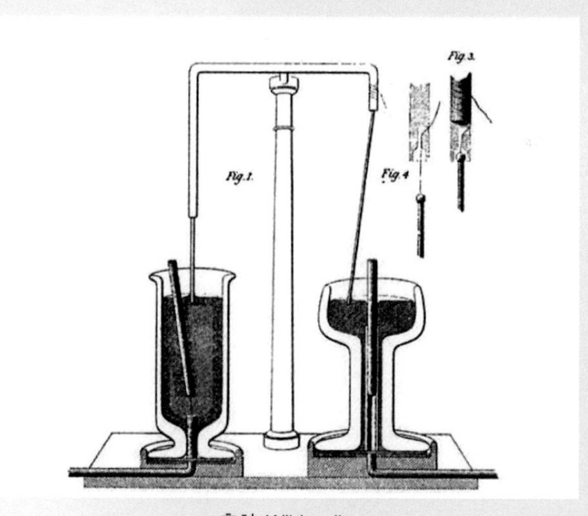

출처: Wikipedia

패러데이가 최초로 만든, 전기 에너지를 활용하여 물을 휘젓는 실험 장치. 오늘날 모터가 동작하는 원리와 같다.

출처: 픽사베이

중앙의 자석이 만들어내고 있는 자기장은 자석 주위 바닥에 보이지 않는 패턴을 만들어내고, 그 패턴을 따라 배열된 주변의 나침반들이 각기의 방향을 가리키며 패턴을 만들고 있다. 주변의 나침반들이 만들어낸 패턴은 사실 실존하는 것이 아니다. 실존하는 것은 자석이 만들어낸, 보이지 않는 자기장이다. 우리는 이 자기장에 의해 만들어진 나침반들의 모양으로 새로운 패턴을 인지하게 된다.

이렇게 만들어진 새로운 패턴을 새로운 물질이라고 해보자. 눈에 보이는 이 물질은 사실 실존하는 것이 아니다. 사실 실존하는 것은 물질이라는 입자들을 일정한 모양으로 구속시켜 형태를 만들어주는 힘이다. 우리는 이러한 힘을 장(field)이라고 부른다.

물질이 실존하는 것이 아니다. 실제로 존재하는 것은 눈에 보이지 않는 장(field)이다.

❷
현대 물리학의 태동, 전자기력의 발견

패러데이는 가난한 대장장이의 아들로 태어났다. 런던에서 거주했던 그는 제본업자 밑에서 일을 하면서 브리태니커 백과사전을 제본 작업하던 중 우연히 백과사전의 화학 편을 읽고 나서 이에 흥미를 느껴 공부를 하게 되었다고 한다. 19세기 초 당시의 상황은 전기라는 힘이 본격적으로 세상에 알려지기 시작하는 시기였다. 사람의 눈에는 보이지 않는 전기가 일으키는 여러 가지 신비스러운 현상에 대하여 학자들은 물론이고 일반인들조차 많은 관심을 가지고 있었다. 따라서 당시 대중의 뜨거운 관심을 반영하여 왕립과학 연구소의 석학이자 대중에게도 널리 알려져 인기가 있었던 학자 데이비는 '로열 인스터티션'이라는 곳에서 일반인들을 대상으로 전기를 활용한 재미있는 실험들을 주기적으로 공개하곤 했다. 그러던 중 우연히 이 행사에 참석을 했던 패러데이는 데이비의 강연에 큰 감명을 받았다고 한다. 그래서 패러데이는 자신이 데이비의 강연에서 보고 배운 것을 요약하고 잘 정리하여 책의 형태로 제본을 만들어서 데이비를 찾아가 선물하였다. 경제적으로 여유가 없었던 패러데이는 그가 가진 특기를 잘 활용하여 정성을 담은 선물을 존경의 의미로 데이비에게 준 것이었다. 패러데이가 만들어준 책은 데이비의 강의 내용을 깔끔하게 아주 잘 정리해놓았기 때문에 그의 선물은 데이비에게 패러데이의 존재를 머릿속에 각인시켜두는 계기가 되었다. 그러다가 1813년 패러데이는 21세의 나이에 비로소 데이비의 조수로서 일할 기회를 얻게 된다. 평소에 근면하고 성실하였으며 관찰력이 좋았던 패러데이가 데이비의 조수로 일할 수 있는 기회를 가지게 됨으로써 그는 과학자로서 성장할 수 있는 좋은 발판을 가지게 된다.

전기력과 자기력은 하나의 서로 다른 모습이다

앞서 잠시 언급했던 것처럼, 패러데이의 가장 큰 업적 중의 하나는 당시까지만 하더라도 완전히 다른 것으로 여겨지고 있던 전기력과 자기력이 무언가에 의하여 서로 연결되어 있다는 것을 밝혀낸 것이다. 전기가 흐르는 도선에 나침반을 가까이 가져가면 마치 자력의 영향을 받는 것처럼 나침반의 바늘이 요동친다. 하지만 전기를 끊으면 나침반은 언제 그랬냐는 듯이 항상 그랬던 것처럼 변함없이 북쪽을 가리킨다. 눈썰미가 있었던 패러데이는 이 현상을 보고 전기와 자기가 서로 연결이 되어 있는 다른 모습이라는 것을 간파하였다.

패러데이는 이 현상을 발전시켜 전기가 흐르면 나침반의 자침이 요동치며 반응을 하는 것처럼, 반대로 자석을 이동시키면 전기가 발생할 것이라고 생각하게 되었다. 과연 그의 예상은 적중하였다. 패러데이는 전기가 전혀 흐르지 않는 도선 근처에 자석을 가져다 놓고 자석을 이리저리 운동시켜보았다. 그 결과 놀랍게도 전기를 공급해주는 건전지가 없음에도 불구하고 자석의 운동만으로도 전기가 흐르면서 꺼져 있던 전구에 불이 들어온 것이었다. 이것이 바로 전기를 만들어내는 발전기의 원리이다. 전기라는 것은 전자들의 흐름에 의해 만들어지는데, 이러한 전기의 흐름은 자기를 만들게 되고 반대로 자기의 흐름은 다시 전기의 흐름을 만들어내고 있던 것이다. 이로써 패러데이는 전기와 자기가 하나의 서로 다른 모습이라는 것을 명확하게 인식하게 되었다.

앞서 언급했듯이 자기는 전기보다도 훨씬 오래전부터 세상에 알려져 있었다. 이것이 전자의 흐름으로부터 발생되는 전기가 발견되면서부터 그동안 우리가 알지 못했던 자기의 성질이 같이 드러나게 된 것이다. 전기라는 것은 전자가 흘러가면서 발생하는 현상이다. 그런데 각각의 전자들은 모두 회전 방향을 가지고 있다. 회전하는 방향은 단 두 가지의 경우만 존재한다. 즉, 어떤 전자들은 시계 방향으로 회전하며 어떤 전자들은 반시계 방향으로 회전한다. 이렇게 전자가 회전하는 방향을 어려운 말로 스핀(spin)이라고 한다.

전자의 스핀을 상상할 때 빠른 속도로 돌아가는 팽이를 상상하면 이해하는 데 도움이 될 것이다. 즉, 팽이가 시계 방향으로 돌기도 하고 반시계 방향으로 돌기도 하는 것처럼 전자도 이러한 방식으로 회전을 하며 운동하고 있는 것이다. 하지만 이는 전자의 운동을 정확하게 기술하는 방법은 아니다. 사실 전자와 같이 작은 입자가 살아가고 있는 미시의 세계는 거시의 세계에서 살아가는 우리가 상상하기 힘든 형태와 모양을 가지고 있다. 전자의 스핀은 거시 세계에서 살아가는 우리가 전자의 운동을 최대한 근사적으로 이해하기 위해 비유한 표현 방법이다. 입자이면서 동시에 파동이기도 한 전자의 움직임을 거시 세계에서 정확하게 표현할 수 있는 언어가 없기 때문에 우리는 이러한 방법을 통해서라도 미시 세계를 이해하고자 노력하고 있다. 하지만 근사적이라고 해도 이 정도의 개념만으로도 우리가 앞으로의 여정을 진행하는 것에는 아무런 문제가 없으니 걱정하지 않아도 좋다. 우리가 전자의 스핀에 관하여 기억해야 할 것은 꽤 오래전부터 알려져 있던 자기력이 바로 이 전자의 스핀으로부터 유래가 된다는 것이다.

전자는 물질을 이루는 기본 입자 중의 하나이다. 모든 물질들은 개수가 다를 뿐이지 모두 수많은 전자를 가지고 있다. 그런데 일반적으로 전자가 가진 스핀은 시계 방향과 반시계 방향이 무질서하게 혼합되어 있다. 이렇게 되면 그 물체는 자성을 가지기가 힘들다. 그런데 우리가 자석이라고 부르는 물질들은 전자들의 스핀 방향이 한쪽으로 일정한 방향을 가진 비율이 상당히 높은 것이다. 이렇게 전자들의 스핀 방향이 오른쪽 혹은 왼쪽으로 같이 회전하는 비율이 높을 경우 그 물체는 자성을 가지게 되며, 전자의 스핀이 한쪽 방향으로 일치하는 비중이 높을수록 더 높은 자성을 가지게 되는 것이다.

전자의 흐름은 전기를 만들어내고 전자의 스핀은 자성을 만들어낸다

지금까지의 이야기를 잠시 정리해보도록 하자. 전기력이라는 것은 전자들이 흘러가면서 만들어지는 힘이다. 그리고 자기력은 이렇게 흘러가는 전자들이 가진 스핀에 의하여 만들어진다. 즉, 전기와 자기를 만들어내는 주체는 모두 전자들이라는 것이다. 이렇게 전기와 자기는 전자라는 하나의 공통된 입자가 만들어내는 결과물이다. 흥미로운 것은, 전자들이 움직이면서 전기가 만들어지는데 이렇게 스핀을 가진 전자들이 움직이게 되면 이로 인하여 자기도 자연스럽게 만들어지게 된다는 것이다. 또한 반대로 스핀을 가진 전자들을 운동시키면 이로 인하여 영향을 받은 전자들이 이동을 하게 될 것이므로 이 과정에서 전기도 발생하게 된다.

이렇게 전자가 이동하게 되는 순간 전자의 흐름에 의하여 전기가 만들어지고 이때 이동하는 전자가 가진 스핀에 의하여 또다시 자연스럽게 자기가 형성된다. 이는 물론 반대의 과정으로도 성립하게 된다. 이렇듯 전기력과 자기력은 서로 다른 것이 아니었다. 전자기력은 전자라는 만물을 구성하는 소립자 중의 하나가 움직이면서 만들어내는, 하나의 결과물이었던 것이다. 따라서 전기와 자기를 서로 구분하는 것은 불가능하다. 오랜 시간 동안 우리가 전기력과 자기력이 다르다고 생각한 것은 이 두 가지가 모두 전자라는 하나의 소립자에서 유래가 되는 것임을 알지 못해서 발생한 착각이었던 것이다.

자연의 심연 속에 가려져 있던 이러한 속성의 발견은 훗날 인류의 발전에 실로 엄청난 영향을 미치게 된다. 전기력과 자기력이 분리될 수 없는 하나의 서로 다른 모습임을 발견하게 된 것은 전자의 활용을 더욱 극대화시키는 계기가 된다. 따라서 이는 우리 사회가 기존에는 알지 못했던, 전자공학이라는 새로운 학문이 탄생하는 계기가 되었다. 그리고 이것은 전자공학에 의하여 급격하게 발전하는 현대사회로의 진입을 예고하는 획기적인 사건이었다.

전자기력을 이용하여 모터와 발전기를 만들어내다

패러데이는 전기력과 자기력이 가진 이런 관계를 잘 활용하여 전기를 주입하여 자기력이라는 힘을 발생시키고 이러한 힘에 의해서 물 위에서 계속 회전 운동을 하는 작은 기구를 만들어냈다. 당시에는 패러데이가 발명한 이 작고 볼품없는 기구가 인류의 역사를 바꿀 것이라고 생각한 사람은 많지 않았다. 바로 그때 패러데이는 세계 최초로 전기 에너지를 운동 에너지로 바꿔주는 모터를 발명한 것이었다.

패러데이가 활동하던 시대에는 물을 가열하여 발생하는 수증기의 힘을 이용한 증기기관이 발달하고 있던 시대였다. 그런데 증기기관은 효율이 매우 낮을 뿐만 아니라 증기기관을 유지하기 위한 장치도 매우 무겁고 거대했기 때문에 그 한계를 가지고 있었다. 그런데 지금 패러데이는 전자의 흐름인 전기를 이용하여 운동을 할 수 있는 모터의 시초를 만들어낸 것이다. 뿐만 아니라 그는 앞서 자석을 운동시키면 반대로 전기가 만들어진다는 것도 실험을 통하여 밝혀내었던 터였다. 즉, 모터의 과정을 거꾸로 적용해주면 오히려 전기도 만들어낼 수 있다는 사실도 잘 알고 있었다. 이것은 또한 훗날 운동 에너지를 통하여 전기를 만들어내는 발전기의 모태가 되기도 한다.

패러데이는 전기와 자기를 연구하는 과정에서 모터와 발전기의 핵심 기술을 완성시킨 것이다. 패러데이가 연구 과정에서 만들어낸 이러한 성과물들은 우리가 숨겨진 자연의 이치를 깨달아가는 과정에서 나오는 결과물들이 우리 사회를 얼마나 크게 변화시키는

지를 잘 보여준다. 사실 패러데이가 살던 당 시대에도 이미 특허제도라는 개념이 널리 사용되고 있었다. 하지만 그는 자신이 개발한 발명품에 대한 특허권에는 별 관심이 없었던 것 같다. 패러데이가 만약 사업이나 재물에 관심이 많았다면 그는 그의 이러한 발명품들을 가지고 가히 상상할 수도 없는 부를 가지게 되었을 것이다. 만약 그렇게 되었다면 우리는 오늘날까지도 그가 만들었을지도 모르는, 패러데이의 이름을 딴 수많은 전자회사의 제품들을 사용하고 있을지도 모를 일이다.

시간이 지나면서 패러데이가 명성을 얻으며 급속하게 성장을 하게 되자 패러데이를 단순히 조수 이상으로 생각하고 있지 않았던 데이비는 패러데이를 극도로 경계하면서 의도적으로 그의 업적을 무시하려고 하였다. 그도 그럴 것이, 데이비는 당 시대에 최고의 엘리트 코스를 밟아왔고 항상 가장 높은 곳에서 존경을 받으며 성장을 해온 인물이었다. 그런 그가 정규 교육조차 받아본 적이 없는, 단순 연구 조수였던 패러데이에게 뒤진다는 것을 그 자신은 용납할 수 없었던 것이다. 패러데이는 자신이 스승으로 생각하며 따르고 있던 데이비의 이런 의중을 파악하고 데이비의 뜻에 순응하며 독립적인 실험을 최소화하려고 스스로 노력했던 것으로 알려진다. 따라서 패러데이가 본격적으로 그 자신만의 연구를 인정받게 되는 것은 데이비가 죽은 이후부터 였다. 이후 패러데이는 그의 눈부신 공로를 인정받아 왕립 과학 연구소장까지 역임하게 되었으나, 공로가 많은 과학자에게 영국 여왕이 수여하는 기사 작위는 2번이나 거절하였다고 한다. 패러데이가 기사 작위를 거절한 이유가 그의 겸손함에서 비롯되었는지, 혹은 어릴 때부터 극심한 신분 차별 속에서 성장한 그가 신분제도 모순을 증오하여 거절한 것인지는 본인만이 알 것이다. 하지만 학문에 대한 그의 열정과 능력만은 진실로 신분을 초월하는 엄청난 것이었음은 분명하다.

실재하는 것은 물질이 아니고 장(field)이다

패러데이는 당 시대에 상당히 흥미로운 주장을 한 것으로 알려져 있다. 그는 우리 눈에 보이지 않는, 장(field)이라고 하는 것이 실제 존재하는 것이고 우리 눈에 보이는 물질은 이러한 장이 응집되거나 매듭이 생겨난 것에 불과하다는 주장을 한 것이다. 보이지 않는 것이 실제 물질이 존재하는 방식이라니…. 이게 도대체 무슨 말인가? 이 말이 지금 이해되지 않더라도 그것은 너무나 자연스러운 것이다. 하나씩 순서대로 차근차근 나아가도록 할 것이다. 이를 이해하기 위해 먼저 우리에게 생소한 장(field)라는 개념을 먼저 짚고 넘어가도록 하자.

우리가 가장 많이 들어본 '장'으로는 자기장이 있다. 잠시 초등학교 시절 많이 했던 실험으로 되돌아가보자. 준비물로는 막대자석과 철가루, 그리고 투명 플라스틱 판이 필요하다. 필자의 어린 시절에는 투박하게 붉은색과 파란색으로 반씩 표시되어 있는 막대자석이 매우 훌륭한 장난감이었는데 요즘은 이런 막대자석들을 잘 볼 수 없다. 막대자석을 투명 플라스틱 판 밑에 놓고 그 위에 철가루를 뿌려보도록 하자. 그리고 투명 플라스틱 판을 살살 손으로 쳐주면 놀랍게도 철가루들이 어떤 특이한 포물선을 그리며 패턴을 형성하면서 막대자석 주위를 둘러싸게 된다. 아시다시피 철가루 하나하나는 그 크기가 작아 매우 가볍다. 이러한 철가루들이 특이한 패턴 모양으로 늘어서면서 어떤 곳에는 철가루들이 많이 모여 있는 반면에 또 어떤 영역은 모여 있지 않게 된다. 이것은 철가루가 눈에 보이지 않는 어떤 힘에 의해 움직이게 되면서 힘이 존재하는 영역을 따라 자연스럽게 이동했다는 것을 의미한다. 이렇게 우리 눈에는 보이지 않지만 공간에 존재하면서 실제 작용하는 힘, 이것을 '장'이라고 한다(무협지에 등장하는 장풍도 바로 보이지 않는 강력한 바람이 아니던가!).

일부 독자들은 눈치챘겠지만 투명 아크릴 판에 막대자석을 가져다대는 순간 우리는 기존에는 존재하지 않았던 철가루 패턴이 생기는 것을 목격하였다. 이 철가루 패턴의 모양을 어떤 새로운 물질이라고 생각해보자. 눈에 보이지 않는 자기장으로 인하여 실제 눈에 보이는 철가루 패턴이 만들어졌다. 지금 우리가 눈으로 보고 있는 것은 철가루 패턴이지만 사실 그곳에 실제 존재하는 것은 눈에 보이지 않는 장(자기장)인 것이다.

물질은 장(field)이 만들어낸 허상이다

그러면 다시 패러데이가 이야기한 것으로 넘어가서 위의 상황을 한 번 더 짚어보도록 하자. 그는 '장'이라고 하는 것이 실제이고, 물질이라는 것은 이러한 장이 응집되거나 매듭이 생겨난 영역이라고 주장했다. 하얀 종이 위에 늘어선 철가루들을 유심히 보자. 철가루들로 검게 뭉쳐 있는 지역이 있는 반면, 철가루가 거의 보이지 않는 하얀 영역도 보인다. 이것을 패러데이의 이야기로 풀이하면 종이 위에 철가루가 늘어선 패턴 모양은 자기장에 의하여 형성된 새로운 물질로 볼 수 있다는 것이다.

철가루는 막대자석이 존재하기 전에는 아무런 질서 없이 여기저기 흩어져 있었다. 하지만 막대자석이 존재하게 되는 순간 막대자석으로부터 나오는, 눈에 보이지 않는 자기장에 의하여 지금 우리 눈앞에 보이는 철가루 패턴으로 세상에 존재를 드러내게 된다. 즉, 우리 눈에 보이는 철가루 패턴은 실재하는 것이 아니며, 실제 존재하는 것은 눈에 보이지 않는 막대자석의 자기장이라는 것이다.

이것을 조금 더 확장해서 생각해보자. 패러데이에 의하면 물질을 구성하는 최소 단위인 입자 또한 원래는 공간 속에 펼쳐져 있던 장이 서로 매듭이 생기면서 발생한 결과물이라는 것이다. 이러한 원자들이 모이고 모여서 만들어진, 거리에 굴러다니는 돌덩어리들도 미세한 원자들의 집합체가 실재하는 것이 아니라 처음에는 실체 없이 하얀 종이 위에 무질서하게 늘어서 있던 철가루처럼 그 미세한 원자들이 여기저기 펴져 있다가 보이지 않는 서로의 결합력에 이끌려 응집되었고 이것이 완성되어 우리가 바라보는 '돌'이라는 물질로 보여진다는 것이 그의 설명이다.

결론적으로 이야기하면 공간과 공간 속의 원자는 '장'이 없는 상태에서는 아무런 의미가 없이 무질서하게 존재하다가 원자들 사이에서 발생하는 어떤 '장'에 의해 힘이 응집되어 원자가 되고, 또 이러한 원자들이 서로 모이면서 물질이 된다는 것이다. 즉, 우리가 눈으로 보고 있는 물질은 사실은 허상에 불과하며 실제로 존재하는 것은 물질이 아니라 그러한 물질들을 서로 모이게 하는, 우리 눈에 보이지 않는 '장'이라는 것의 그의 설명이다.

장(field)의 불규칙한 분포가 물질을 만들어낸다

우리의 주변에 대기가 존재한다는 사실을 알아차리기 위해서는 공기의 움직임, 즉 바람이 있어야 한다. 바람이 전혀 없는 고요한 곳에서는 우리는 그곳에 무엇인가가 있다는 것을 전혀 알아차리지 못한다. 하지만 바람이 불게 되면 우리는 우리 주변에 무엇인가가 있어서 우리의 몸을 때리고 있다는 것을 즉시 알아차린다. 즉, 균일하게 퍼져 있는 대기 분자들이 불규칙성을 가지고 뭉쳐 이동하게 되면 우리는 비로소 대기 분자가 우리 주변에 있다는 것을 인지하게 되는 것이다.

패러데이는 우리가 물질이라고 생각하는 원자도 근처에 존재하는 힘들이 작은 회오리바람처럼 일어나면서 힘(장)의 불규칙한 분포가 만들어낸 것이 바로 물질이라는 주장을 한 것이다. 힘이라는 것은 곧 에너지를 의미한다. 따라서 패러데이의 이러한 설명은 에너지의 불규칙한 분포가 결국은 물질이라는 존재라는 것을 의미하는 것이다. 나는 패러데이가 1800년대에 이런 주장을 했다는 것을 알았을 때 거의 충격에 가까운 전율을 느꼈다. 이것은 에너지가 곧 물질이라는 $E=mc^2$의 근원을 설명하는 동시에 아무런 물질이 존재하지 않는 곳에서도 에너지가 존재한다면 무엇인가가 생길 수 있다는 빅뱅의 원리를 설명할 수도 있는 모델이기도 하기 때문이다. 뿐만 아니라 이는 곧 뒤에 다루게 될 현대 천문학의 불가사의 중 하나인 암흑 물질과 암흑 에너지(독자들도 한 번씩은 들어본 단어일 것이다. 이에 대한 설명은 뒤에서 하게 될 것이다)를 설명할 수 있는 기틀이 될 수도 있다. 비록 패러데이의 이러한 주장이 당시 수학적으로나 물리학적으로 이론적 뒷받침이 있었던 것은 아니라고 할지라도, 자연의 근원을 바라보는 이러한 그의 세계관이 후대 학자들에게 충분한 영감으로 작용하여 결국은 진실에 접근하는 큰 실마리를 제공해준 것일지도 모른다. 실제 패러데이는 실험 물리학자의 대가이긴 하였으나 이러한 것들을 체계적으로 정리하고 수학적인 방법으로 설명하는 방법에는 서툴렀다. 가난한 대장장이의 아들로 태어났던 그는 당시에는 주로 상류층만 받을 수 있었던 고등교육을 전혀 받지 못하였기 때문이다. 하지만 이러한 그의 뛰어난 업적들은 후대 맥스웰에 의하여 학문으로 정립되어 전자기학이 탄생하는 밑거름이 되었던 것은 분명하다.

전자기력을 통합하여 전자기학을 완성시키다

공대생이라면 대학교에서 대부분 접했을 전자기학은 학창 시절 우리를 괴롭혔던 성가신 과목 중의 하나였다. 이러한 학문을 처음 체계적으로 완성시킨 사람이 바로 맥스웰이다. 맥스웰은 부유한 집안의 유복자로 태어났다. 그는 어린 시절부터 지극한 사랑과 보살핌 속에서 많은 관심과 교육을 받으며 성장하였다. 성인이 되었을 때 그는 이미 수학적으로나 과학적으로 상당히 뛰어난 실력을 보여주고 있었다. 그가 특히 관심을 가졌던 것은 역시 당대에 가장 주목받던 전기력과 자기력에 관련된 분야였다. 특히 그는 패러데이가 발견한, 전기력과 자기력이 보여주는 상관관계에 대하여 주의를 기울였다. 패러데이의 주장은 매우 흥미로운 것이었으며, 그의 실험 결과들은 그의 주장을 완벽하게 잘 뒷받침해주고 있었다. 하지만 패러데이의 실험 결과들이 그의 주장과 매우 잘 들어맞는다고 해서 그의 주장이 증명된 것은 아니다. 그의 주장이 법칙으로 인정받기 위해서는 전기력과 자기력이 왜 연관이 되어 있는지 이 두 힘 사이의 관계에 대한 학문적, 수학적 접근이 필요했다. 정규 교육을 받지 못한 패러데이와는 달리 맥스웰은 바로 이러한 일을 할 수 있는 준비가 되어 있었다.

어린 시절부터 엘리트 교육을 받으며 성장했던 그는 젊고 유능했을 뿐만 아니라 이러한 것들을 수학이라는 언어로 정리할 수 있는 높은 식견도 가지고 있었던 것이다. 맥스웰은 패러데이의 실험 결과들을 꼼꼼히 분석하여 결국 전기력과 자기력이 하나의 서로 다른 모습이라는 것을 수학적으로 아름답게 정리해내었다. 총 4개의 식으로 구성이 되어 있는 맥스웰 방정식은 전기와 자기가 보여주는 모든 현상들을 거의 완벽하게 서술해주는 방정식으로, 지금까지도 전자기학이라는 학문으로 정리되어 교육은 물론 산업 분야 전반에 폭넓게 활용되고 있다. 또한 패러데이와 맥스웰로 이어지는 전자기력 발견과 통합 과정에서 빛도 전자기파의 한 종류라는 것과, 빛의 속도는 관찰자의 운동 상태와는 전혀 상관없이 항상 일정하다는 것이 우연히 발견되며 수백 년 동안 물리학의 근간을 이루고 있었던 뉴턴의 물리 법칙에 대해 강력한 의문이 제기되게 된다. 빛의 속도에 숨겨진 속성에 대한 의도치 않은 발견에 대하여 당시 대부분의 학자들은 맥스웰의 방정식 어디엔가 분명 오류가 있을 것이라고 생각하였다. 따라서 왜 이러한 결과가 유도되는지 그 이유에 대한 원인을 찾기보다는 도대체 어디에 맥스웰 방정식의 오류가 있는지를 찾아내기 위하여 역량을 집중하고 있었다. 하지만 단 한 명의 사람은 다소 황당하기까지 한 이 결과를 겸허히 받아들이며 이 과정에서 인류의 역사를 바꿀 만한 대단한 발견을 하게 되니 그가 바로 그 유명한 아인슈타인이다.

영겁의 시간은 단지 바람과 물방울만으로 지구 표면 곳곳에 아름다운 조각을 만들었다. 세상에서 절대적인 시간의 빠르기나 절대적인 속도의 기준은 없다. 우리에게는 영겁의 시간이 저 우주 너머 어느 누군가에게는 단지 찰나가 될 수도 있다. 모든 것은 상대적일 뿐이다.

사진은 캐년랜드 내셔널 파크가 내려다보이는 곳이다. 개인적으로 그랜드캐년보다 더 감동을 준 곳이었다.

❸ 시공간에 숨겨진 비밀의 문을 열다, 아인슈타인

1879년 3월, 독일의 '울름'이라는 작은 도시에서 어린 아기가 태어난다. 별로 특별한 것도 없던 이 아이는 훗날 전 세계에서 역사적으로 가장 유명한 학자 중의 한 명이 되는데 그가 바로 걸출한 천재 과학자로 불리는 아인슈타인이다. 물리학에 전혀 지식이 없는 초등학생조차도 한 번쯤은 들어봤을 이름, 아인슈타인. 그만큼 그가 현대사회에 끼친 영향은 실로 막대한 것이었다. 하지만 아인슈타인과 관련된 여러책들에서 그와 관련된 이야기를 살펴보면 그는 어린 시절부터 모든 분야에서 천재적인 뛰어난 성과를 보이지는 않았던 것 같다.

스위스 취리히 연방공과대학의 물리학과에 입학한 그는 1901년 대학을 졸업하고 마땅한 취직자리를 구하지 못한다. 아인슈타인은 처음에는 교사가 되려고 했다고 한다. 하지만 이마저도 자리를 구하지 못하게 되면서 결국 베른 특허국에서 특허 관련된 잡무를 봐주는 것으로 그의 첫 사회생활을 시작하게 된다. 특허국에서의 일은 별다를 것이 없었고, 보수는 많지 않았지만 그나마 시간적인 여유는 많은 편이었다고 한다. 그래서 그는 특허국 근무를 하는 틈틈이 그가 평소에 생각해왔던 이론들을 정리하기 시작했다. 그가 특허국에서 일하게 된 지 몇 년이 지난 1905년, 20세기가 시작되던 즈음에 그는 한꺼번에 여러 편의 논문을 발표하게 된다. 그런데 이 논문 한 편 한 편이 훗날 과학계를 뒤흔들 정도로 엄청난 파급 효과를 가져온 대작들이었기 때문에 혹자들은 1905년을 '기적의 해'라고 부르기도 한다. 아인슈타인이 발표한 이 논문들이 도대체 무엇이기에 '기적의 해'라고 불릴 정도로까지 평가를 받는지 잠깐만 간단하게 알아보고 넘어가도록 하자.

시간과 공간의 정의를 완전히 바꾸다

여러 논문 중 첫 번째는 우리에게 가장 잘 알려져 있는 특수 상대성 이론이다. 특수 상대성 이론은 기존에 우리가 가지고 있던 시간과 공간의 정의를 송두리째 바꾸어놓았으며, 그동안 맹신해왔던 뉴턴의 역학 법칙에 오류가 있다는 것을 알려주는 매우 충격적인 내용이었다. 아인슈타인 이전의 시간과 공간은 절대 시간과 절대 공간이 존재하는, 정해지고 고정되어 있는 값이었다. 하지만 아인슈타인은 시간과 공간은 변화무쌍하게 변동되는 고무줄과 같으며, 이 변화는 독립적이 아니라 '시공간'이라는 통합된 개념으로 서로에게 영향을 준다는 것을 밝혀내었다.

아인슈타인은 이 특수 상대성 이론으로 인하여 학계의 무명에서 일거에 주목받는 학자로 부상하게 된다. 특수 상대성 이론은 시간과 공간의 정의를 송두리째 바꾸고, 질량과 에너지가 같은 것임을 밝혀 현대 물리학의 서막을 열게 하였다. 사실 질량과 에너지가 같다는 $E=mc^2$은 시공간을 다시 정의한 특수 상대성 이론과는 별도로 발표되었다. 하지만 시공간과 물질의 기원을 밝혀내며 훗날 일반 상대성 이론으로 연결되는 토대가 되기 때문에 특수 상대성 이론과 항상 같이 이야기되고 있다. 뒤에서 보다 자세히 다뤄볼 것이다.

물방울 위의 꽃가루가 보여주는 운동을 해석하다

그의 두 번째 논문은 브라운 운동에 관한 기체론적 연구였다. 브라운 운동이라는 것은 액체 혹은 기체 안에 떠서 움직이는 작은 입자들의 불규칙한 운동을 이야기한다. 19세기 초 영국의 식물학자인 로버트 브라운이 물방울에 떠 있는 꽃가루가 마치 살아 있는 것처럼 요동치면서 움직이는 것을 현미경을 통하여 확인함으로써 세상에 알려지게 되었다. 당 시대의 사람들은 물방울 위에 떠 있는 꽃가루가 이렇게 요동치며 움직이는 이유는 꽃가루가 가진 생명력으로 인하여 그 자체가 살아 움직이며 물방울 안에서 요동친다고 생각을 하였다. 그렇지 않고서는 아무것도 존재하지 않는 물방울 위에서 격렬한 춤을 추듯이 요동치는 꽃가루의 운동을 설명할 방법이 없었던 것이다.

하지만 이것은 당시에는 물방울을 구성하는 분자나 원자에 대한 개념이 없었기 때문이다. 만약 물방울이 수많은 원자와 분자들의 집합으로 이루어져 있다는 것을 알고 있었다면 이러한 입자들의 운동에 의하여 꽃가루가 영향을 받고 있는 것은 아닐까 하는 생각으로 자연스럽게 이어질 수가 있을 것이다. 그러나 이 당시만 해도 물은 수많은 물 분자들의 집합이 아니라 물 그 자체로 단지 하나의 덩어리에 불과하다는 인식이 지배적이었다. 따라서 물방울 속에서 요동치며 움직이는 꽃가루를 보고 이렇게 생각한 것은 어쩌면 자연스러운 생각일지도 모른다.

아인슈타인은 브라운 운동이라는 것은 살아 있는 꽃가루가 자신의 생명력을 과시하기 위하여 스스로 물방울 내에서 요동치는 것이 아니라 물방울 내에 존재하는 수많은 입자들이 격렬하게 운동하는 과정에서 물 분자들에게 얌전히 자신의 몸을 맡긴 꽃가루가 운동하는 것처럼 관찰되는 것일 뿐이라는 것을 이론적으로 증명하였다. 이렇게 아인슈타인은 이 두 번째 논문을 통해 액체 속 분자들의 운동을 수학적으로 해석함으로써 훗날 입자물리학을 태동시키는 단초를 제공하게 된다.

빛의 입자성을 밝혀내다

마지막 세 번째 논문은 빛이 에너지 덩어리인 입자의 성질을 가지고 있다는 광양자설이다. 빛이 파동이냐 입자냐에 대한 논란의 역사는 상당히 오래전으로 거슬러 올라간다. 이런 논란이 이어지던 와중에 당대에 절대적인 명성을 가지고 있던 뉴턴은 빛이 항상 직진을 한다는 성질에 주목하여 빛은 입자라는 입장을 가지고 있었다(파동은 서로 간의 간섭으로 인하여 직진을 하지 못한다). 그가 과학사에 미친 막대한 권위와 영향력으로 인하여 한때는 빛이 입자라는 주장이 주류를 이루고 있었다. 하지만 19세기 초 토마스 영의 이중 슬릿 실험에서 서로 다른 두 개의 슬릿을 통과한 빛이 파동과 같은 간섭 무늬를 만들어내는 것이 실험적으로 확인이 되었다. 따라서 이 실험 결과를 토대로 빛이 파장이라는 주장이 다시 강한 설득력을 가지게 되었다. 이후 19세기의 가장 위대한 발견 중의 하나라고 할 수 있는, 전자기력을 통일한 맥스웰 방정식에 의해서 확인된 전자기파도 빛의 한 종류라는 사실 또한 빛은 역시 파동이라는 의견에 힘을 더해주게 되었다. 따라서 19세기 중반 이후에는 빛이 파동이라는 생각이 학계 전반에 주류를 이루고 있던 상황이었다.

이렇게 빛이 파동이라는 개념이 다수로 자리 잡고 있던 시기에 아인슈타인은 다시 빛이 최소의 에너지 덩어리를 가지고 있음을 과학적으로 증명해냄으로써 빛이 입자의 성질도 가지고 있음을 확실히 밝혀내었다. 만약 빛이 파동이라면 빛은 연속적으로 전달이 될 것이기 때문에 최소 크기라는 것이 있을 수 없다. 따라서 무엇인가 크기를 가지고 있다면 그것 자체가 입자라는 것을 증명하는 것이다(생각해보라, 파동이라는 것은 그 크기를 측정할 수 없다). 맥스웰의 방정식은 빛은 파동이라고 이야기한다. 아인슈타인의 광양자설은 빛은 입자라고 이야기한다. 자, 그렇다면 빛은 과연 파동일까? 입자일까? 아인슈타인의 광양자설을 근거로 하여 후에 광전 효과가 실험으로 증명된 이후 이 질문에 대한 답은 이렇게 정의되었다. '빛은 파동인 동시에 입자이기도 하다.' 이를 빛의 파동 입자 이중성의 원리라고 한다. 이렇게 빛이 파동의 성질뿐만 아니라 입자의 성질도 가지고 있다는 아인슈타인의 광양자설은 사실상 양자역학의 태동을 이끌어내게 된다.

매우 잘 알고 있다고 생각하지만 사실은 잘 모르고 있는 것들

아인슈타인은 어떻게 1905년 한 해에 이렇듯 주옥같은 놀라운 결과물을 한꺼번에 발표할 수 있었던 것일까? 그것은 그가 물론 범상치 않은 천재였기 때문이기도 하겠지만, 이러한 일이 가능할 수 있었던 것은 어린 시절부터 그가 오랜 시간 고민하고 연구해왔던 결과물들을 이미 그의 머릿속에 구상을 하고 있었기 때문일 것이다. 특허국에서 근무할 때의 여유로운 환경은 그가 그동안의 연구 결과를 정리할 수 있는 매우 좋은 여건이 되었고 그의 오랜 고민의 흔적들을 이렇게 많은 논문으로 정리할 수 있게 해주었다고 생각한다. 그런 의미에서 그가 원하던 취직자리를 얻지 못하고 상대적으로 여유가 많았던 특허국에서 근무하게 된 것은 그뿐만 아니라 온 인류에게 행운이 아닐까 하는 생각을 해본다.

이 주옥같은 논문들 중에서 먼저 우리가 주목할 것은 당연히 기존 시공간의 개념을 완전히 송두리째 바꿔버린 특수 상대성 이론이다. 그런데 이에 대한 이야기를 풀어나가기 전에 우리는 먼저 시간과 공간과 속도와 같은 기본 개념에 대하여 알아보는 시간을 가질 것이다. 뭐라고? 시간과 공간에 대해서 이야기를 하겠다고? 아니, 이 세상에 시간과 공간을 모르는 사람도 있다는 것인가? 이러한 기본 개념들에 대하여 한 번 더 이야기를 하려는 필자를 이해하지 못하시는 분들도 계실 것이다. 하지만 우리가 당연히 알고 있는 것이라고 생각해왔던 이런 기본 개념들에 대해서 사실 우리는 아는 것이 별로 없다. 우리는 단지 이처럼 우리 주변 도처에서 쉽게 보고 느낄 수 있는 것들에 대해 익숙해져 있을 뿐이다. 이 익숙한 느낌들이 우리가 이런 것들에 대하여 잘 알고 있다는 착각을 가지게 하고 있는 것이다. 이제 필자와 함께 우리가 너무나 잘 알고 있다고 생각했던 우리 주변에 존재하는 시간, 공간, 속도, 질량, 에너지 등에 대해 찬찬히 살펴보도록 하자. 이 과정에서 당신은 자연의 근원에 숨겨져 있는 놀라운 진실과 마주할 수 있게 될 것이다.

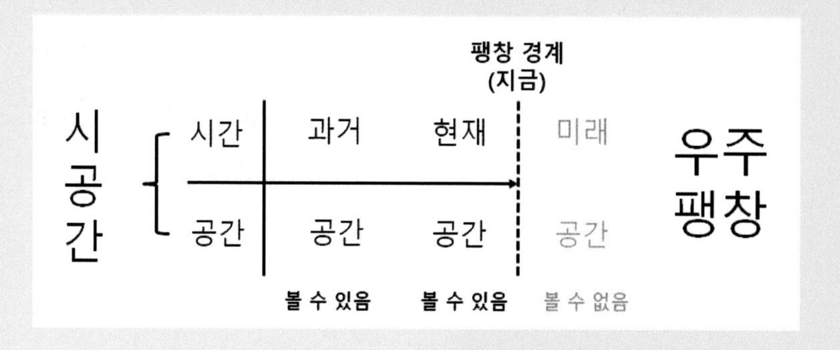

시간과 공간은 하나의 '시공간'이라는 개념으로 엮여 있다. 이를 우리에게 익숙한 시간과 공간으로 구분하여 표현을 해보았다. 시간적인 측면에서 과거에서 현재까지 만들어지며 흐르는 시간으로 인하여 거기에 해당되는 공간도 동시에 만들어졌다. 그리고 아직 만들어지지 않은 미래라는 시간은 지금도 팽창하고 있는 우주의 경계를 따라 새로운 공간을 만들어내며 확장되고 있다. 우리는 이미 만들어져 있는 과거와 현재의 시간과 공간을 바라볼 수 있지만 아직 만들어지지 않은 미래를 볼 수는 없다. 따라서 지금이라는 순간은 팽창하고 있는 우주의 경계에 해당된다. 우주는 지금 이 순간도 팽창하고 있다. 팽창의 경계에서 미래로 향하는 곳에서는 지금도 미래로의 시간의 흐름에 따라서 공간이 새로 만들어지고 있는 것이다. 공간과 시간은 분리가 될 수 없다. 공간이 새로 만들어지고 있다면 그곳에서 시간도 만들어지고 있다고 봐야 할 것이기 때문이다. 그렇다면 공간이 팽창함에 따라서 팽창의 경계가 확장되고 이와 동시에 그곳에서 새롭게 만들어지고 있는 시간으로 인하여 시간의 방향성이 결정되어 있는 것은 아닐까? 아직 만들어지지도 않은 공간을 우리가 바라볼 수 없듯이, 우리는 아직 만들어지지 않은 시간을 바라볼 수 없다. 그것이 우리가 우리의 미래를 결코 알지 못하는 이유가 아닐까? 시간은 우리에게 친숙한 것 같으면서도 가장 많은 비밀을 숨기고 있다. 여러분도 여러분 나름대로 시간의 방향성에 대해서 상상의 여행을 떠나보도록 하자.

❹
시간의 비밀

시간은 흐르는 것일까?

우리는 오늘 아침에도 요란한 자명종 소리에 잠에서 깼다. 침대의 따스한 기운을 더 오래 느끼고 싶었지만 정해진 일정에 늦지 않기 위해서 서둘러 집을 나선다. 오늘도 자동차 조립 라인에서 컨베이어 벨트는 쉼 없이 돌아가고 있으며 사람들의 바쁜 일상생활 속에서 하루해가 저물어간다. 그러다가 퇴근 시간이 되면 피곤한 몸을 이끌고 집에 들어와서 사랑하는 가족과 즐거운 저녁 식사를 하고 마감 뉴스를 보면서 또 다른 내일을 위하여 잠을 청한다. 이러한 과정에서 우리는 어느덧 흰 머리가 하나둘씩 보이는 중년이 되고, 어여쁜 손자들의 방문을 손꼽아 고대하는 노년이 되어 그렇게 아쉬운 마음으로 과거를 회상하곤 할 것이다.

시간이란 무엇인가? 이 질문에 정확한 답을 할 수 있는 사람이 있을까? 시간은 보이지도 않고 만져지지도 않을 뿐 아니라 실체를 증명할 방법도 없다. 하지만 분명한 것은 무슨 이유에서인지 시간은 한 방향으로만 흘러가는 것처럼 보인다. 내가 책상 위에서 엎지른 물컵의 물이 쏟아지고 나면 쏟아진 물이 다시 컵 속으로 들어가는 일은 일어나지 않는다. 그리고 냉장고 문을 열다가 떨어져서 깨진 달걀이 다시 냉장고 속으로 들어가 원래 있던 곳에 얌전히 자리를 잡는 일 또한 일어나지 않는다. 달걀이 깨진 이후에 냉장고를 조심스럽게 열거나 달걀이 떨어지지 않게 미리 잘 정리를 해둘걸 하는 후회를 아무리 한다 해도 냉장고를 열기 전 상황으로 돌아갈 수는 없는 것이다.

시간이란 무엇인가에 대해서 말하기는 힘들지만 확실한 것은 시간은 과거에서 미래로의 한 방향으로만 흘러가는 속성을 가지고 있으며, 일단 흘러가게 되면 다시 과거로 거슬러 올라가는 상황은 결코 발생하지 않는다는 것이다. 우리는 시간이 거꾸로 가는 상황을 한 번도 경험한 적이 없다. 즉, 시간은 항상 미래를 향하여 흘러가고 있는 것처럼 느껴진다. 이것은 너무나도 당연한 것이어서 이처럼 미래로의 일방통행만을 허용하는 시간의 성질이 이상하다고 생각할 필요성조차 못 느낀다.

수학적으로는 시간이 과거로 흘러가는 것도 허용한다

하지만 시간에 대해서도 공간과 비슷한 방식으로 생각해본다면 시간이 가진 한쪽으로의 일방적인 방향성은 좀 의아하다고 생각할 수 있다. 공간 속에서 우리는 앞으로 갈 수 있지만 이 길이 아니라고 생각하면 뒤로도 갈 수 있다. 지하를 통하여 밑으로 내려갈 수도 있지만 하늘 높이 올라갈 수도 있다. 꼭 공간뿐만 아니라 우리 주변의 모든 자연의 이치도 음이 있으면 양이 존재하는 조화로운 대칭성을 유지하고 있는데 왜 유독 시간만은 한 방향으로만 흘러간단 말인가?

과학자들은 수학이라는 언어를 사용해서 자연의 법칙을 기술하는 데 익숙하다. 현대에 사는 우리는 자연에서 발생하는 거의 모든 현상을 수학을 통하여 표현할 수 있다. 흥미로운 것은, 수학적으로는 시간이 거꾸로 가는 것을 제한하는 어떤 조건도 존재하지 않는다는 것이다. 앞으로 움직이면 뒤로도 갈 수 있는 것처럼 미래 방향으로의 시간이 있으면 과거 방향으로의 시간도 수학적으로는 표현이 가능하다.

즉, 수학적으로만 본다면 시간은 미래뿐만 아니라 과거로 흘러가는 것도 허용하고 있는 것이다. 그런데 현실 속에서는 어떠한 상황에서도 거꾸로 흘러가는 시간이라는 것은 존재하지 않는다. 언급했던 것처럼 대부분의 자연 현상을 우리는 수학적으로 표현할 수 있는데, 오직 시간만은 표현이 안 된다는 것은 분명 이상한 현상이다.

그렇다면 혹시 시간이라는 것도 공간과 마찬가지로 반대 방향으로도 흐를 수 있는 것은 아닐까? 현재 우리가 사는 세상의 시간이 오직 한 방향만으로 흐른다고 해서 우리가 아닌 다른 모든 세상에서의 시간도 꼭 한 방향으로만 흐른다고 단정할 수 있을까? 내가 살아가는 세상에서 시간이 오직 한 방향으로만 흐른다고 해서 이것이 시간이 언제 어디서나 가지는 속성이라고 결정내리는 것은 성급할 수도 있다. 과거의 역사 속에서 이미 경험했듯이 내가 경험한 지식은 우주 전역에서 적용되는 보편적인 진실이 아닌 경우가 훨씬 더 많기 때문이다. 그만큼 우리의 경험은 지구라는 매우 제한적인 환경에서만 적용되는 것임을 잊어서는 안 된다.

시간의 방향성도 경험에 의해 만들어진 선입견일까

시간과 관련해 다음과 같이 조금은 엉뚱한 상황을 상상해보도록 하자. 아무것도 없는 밀폐된 우주선 안에서 태어난 사람이 있다고 생각해보자. 좀 가혹한 조건이긴 하지만 이 방 안에는 시간의 흐름을 미루어 짐작할 수 있는 그 어떠한 것도 없는 상태이다. 이 사람에게 태어나서 처음으로 비디오를 보여준다. 다만 비디오를 정방향으로 틀어주기도 하고, 반대 방향으로 틀어주기도 해보자.

밀폐된 공간 안에만 있던 사람은 비디오를 통하여 냉장고에서 달걀이 떨어지는 것도 보겠지만, 바닥에 떨어진 달걀이 다시 올라가서 얌전히 제자리로 들어가는 것도 거부감 없이 보게 된다(중력이 없는 우주선 안에서는 물체가 자연적으로 바닥에 떨어지는 일은 일어나지 않는다). 이 사람은 냉장고에서 떨어지는 달걀과 바닥에서 솟아올라 냉장고 속으로 다시 자기 자리를 찾아서 돌아가는 달걀의 두 가지 경우에서 어떠한 이상한 점도 발견할 수 없다. 그 두 가지 모두 처음 보는 현상이기 때문이다. 그 사람에게는 시간이 앞으로 갈 수도 있으며, 뒤로 가더라도 이상함을 느끼지 못한다. 즉, 그에게는 시간도 과거와 미래로의 대칭성을 가지고 있는 것처럼 보이는 것이다. 이것은 무엇인가를 경험에 의해 판단하는 것이 얼마나 많은 오류를 가질 수 있는지를 잘 알려준다.

세상은 무질서도가 증가하는 방향으로 흘러간다

그런데 이상하게도 우리 현실에서의 시간은 오직 한 방향으로만 흘러간다. 이것은 분명 시간에 수학적으로는 기술될 수 없는 어떤 다른 속성이 부여되어 있는 것처럼 보인다. 시간의 방향성을 설명하기 위한 시도는 여러 가지가 있었다. 가장 폭넓게 받아들여지는 것은 '엔트로피'라는 개념을 접목하는 것이다. 엔트로피라는 것은 무질서도를 나타내는 함수인데 모든 만물은 무질서도가 증가하는 방향으로만 움직이는 경향이 있다는 것이다. 즉, 이 세상은 고도의 질서 상태에서 무질서 상태로 변해가고 있다는 것이다.

냉장고 안에 들어 있는 달걀은 껍데기를 가진 고질서 상태이다. 이 달걀이 떨어져서 깨지는 순간 껍데기는 산산조각이 나며 노른자와 흰자가 바닥에 어지러이 퍼지며 흩어지게 된다. 냉장고 안에 있던 달걀은 껍데기 안에서 높은 질서 상태를 유지하고 있었다. 이 달걀이 떨어지게 되면 껍데기가 깨지면서 바닥에 흩어지는 무질서 상태가 된다는 것이다. 컵 안에 채워져 있던 액체 상태의 물은 물 분자의 치밀한 연결 상태를 유지한 채로 고질서 상태로 있다가 조금씩 무질서도가 높은 기체 상태의 입자로 증발되면서 조금씩 그 양이 줄어들게 된다. 뿐만 아니라 순서대로 잘 정리되어 있는 서류철을 내 방에서 공중에 던져서 뿌린 후 다시 아무렇게나 주워서 살펴보면 처음에 고질서 상태로 순서에 맞게 정리되어 있던 서류철이 뒤죽박죽의 무질서 상태로 되어버린 것을 즉각 확인할 수 있을 것이다. 이렇게 만물은 무질서도가 증가하는 방향으로 흘러가는 것이 자연스러운 것인데, 이것이 바로 시간의 방향성을 설명해줄 수 있다는 것이다.

하지만 시간의 방향성을 설명하기엔 무엇인가 부족한 엔트로피

한편으로는 이해가 되는 설명이다. 그런데 과연 엔트로피만으로 시간의 방향성이 잘 설명될 수 있을까? 우리는 주변에서 무질서 상태에서 오히려 고도의 질서 상태로 가는 경우도 드물지 않게 보게 된다. 바로 달걀이 만들어지는 과정 같은 것이 그것이다. 하지만 이것은 태양으로부터 광합성을 하여 에너지를 얻은 곡물을 닭이 먹고 이것이 몸의 생체 에너지로 전환되면서 무질서도 상태의 입자들을 질서 상태로 뭉치면서 달걀을 만들어내는 과정으로 설명이 된다. 즉, 어떤 대상에 에너지가 들어갈 경우 투입된 에너지가 무질서에서 질서의 상태로 이동을 가능하게 한다는 것이다. 우리가 정성을 들여서 높이 쌓아올리는 거대한 탑도 무질서에서 질서로 이동하는 현상이긴 하지만 이것 또한 우리에게 식량을 통하여 신체로 투입된 에너지가 탑을 쌓는 일로 전환되는 것이다.

즉, 어떠한 조건의 에너지가 투입된다면 이처럼 국부적인 고질서 상태로의 이동을 가능하게 만든다는 것이다. 분명 이해가 가는 설명이기도 하지만 필자는 바로 이 부분이 엔트로피로 시간의 방향성을 설명하는 한계를 잘 보여준다고 생각한다. 한번 생각해보자. 바닥에 떨어진 달걀도 우리가 엄청난 에너지를 써서 노력만 한다면 다시 깨진 껍질을 이어서 붙이고 내용물을 채워넣는 것이 가능하다(물론 매우 많은 인내와 시간을 필요로 할 것이지만 분명 불가능하지는 않다). 이처럼 우리 주변에서 관찰되는, 국부적으로 무질서도가 감소하는 방향으로 벌어지는 사건들이 단순히 에너지가 그곳에 투입되었기 때문에 가능한 일이라는 설명은 반대로 이야기하면 에너지만 투입되면 국부적으로는 엔트로피의 방향 또한 변경이 될 수 있다는 것을 의미한다. 따라서 이것은 엔트로피의 방향만으로 시간의 방향을 설명하려는 시도에 즉각적인 한계를 만들어낸다.

그렇다면 정말 어떠한 에너지만 투입이 된다면 그 에너지가 투입된 한정적인 영역에서는 시간도 거꾸로 흐를 수 있는 것일까? 엔트로피 증가로 시간의 방향성을 설명할 때 발생하는 모순은 이뿐만이 아니다. 앞서 내 방안에서 공중에 던져 뿌려졌던 서류철은 분명 처음과 순서가 뒤섞여 있을 가능성이 높기는 하지만 정말 낮은 확률로 서류철의 순서가 그대로 바뀌지 않을 확률도 분명 존재한다. 뿐만 아니라 아예 처음부터 순서가 뒤죽박죽인 서류를 공중에 뿌렸는데 기가 막히게도 순서가 꼭 들어맞는 순서로 종이가 뿌려졌을 수도 있다. 이것은 분명 무질서도가 오히려 감소하는 방향으로 사건이 일어난 것이다(그 가능성이 매우 낮기는 하지만 가능성은 분명 0이 아니다). 그렇다면 이것은 매우 희박하기는 하지만 이 세상에 시간이 거꾸로 흘러갈 확률이 존재하기라도 한다는 것인가?

물론 이러한 모순되는 상황을 논리적으로 설명하기 위하여 작은 영역에서 일부 엔트로피가 역전되는 현상이 보이더라도 이를 포함한 더 큰 영역에서 보면 전체의 엔트로피는 여전히 무질서도가 증가한다는 방식으로 모순을 봉합하면서 설명을 하기도 한다. 하지만 현실에서 시간의 방향성은 아무리 작은 영역이라도 결코 반대로 흘러가는 일은 일어나지 않는다. 필자는 시간의 방향성을 엔트로피로 설명하기 위하여 여러 가지 모순되는 상황들에 덧붙여지는 부차적인 과정들을 보면, 과거 천동설이 보여주는 모순을 설명하기 위하여 천체의 구조를 점점 복잡하게 변경하며 부차적인 설명을 계속 시도하였던 역사 속 과거의 상황이 떠오른다. 어떠한 법칙을 거스르는 상황을 해명하기 위하여 부가적인 설명을 계속 덧붙여야 한다는 것은 우리가 아직 그 진실의 상자를 완전하게 열지 못한 것임을 우리는 역사를 통하여 깨달아왔다. 자연의 법칙은 여러 가지 상황에 따라 복잡한 단서가 붙어야 하기보다는 항상 단순하고 간결하였음을 우리는 역사를 통하여 배워왔다. 자연의 법칙은 항상 작은 것을 설명하는 것과 완전히 동일한 원리로 큰 것도 설명이 될 수 있기 때문이다.

이처럼 시간의 방향성을 단순히 무질서도의 증가만으로 설명하기에는 아직도 석연치 않은 의문이 남아 있는 것이다. 논쟁의 여지가 있겠지만 필자의 개인적인 생각으로는 시간의 방향성에 대해서는 아직까지 명확한 설명이 부족한 것 같다. 즉, 우리는 시간의 방향성에 대한 비밀의 문을 아직까지는 열지 못하고 있는 것 같다. 이것이 필자가 시간의 방향성에 대하여 가지고 있는 생각이다. 혹시 다른 생각을 가진 독자가 계시다면 자신만의 가치관을 그대로 유지하셔도 상관없다. 적어도 지금 시대에서 시간에 대한 해석은 각자의 모든 논리가 타당성을 갖는다. 이제 슬슬 두통이 생기고 있는 독자들이 있을지 모르니 머리 아픈 질문을 잠시 멈추고 시간의 방향성에 대한 자신만의 개념을 정리해보도록 하자.

현재의 시간의 방향성은 빅뱅의 순간에 이미 정해졌다?

아직까지 정확하게 설명은 되지 않고 있지만 명확한 것은 어떤 이유에서인지 우리가 살고 있는 이 우주에서는 시간은 오직 한 방향으로만 흘러가고 있다는 것이다. 그렇다면 우리가 살고 있는 이 우주 공간에서는 왜 시간이 한 방향으로 흘러갈까? 현재의 우리에게 이러한 시간의 방향성은 너무나도 당연하게 느껴질 수 있겠지만 앞서 밀폐된 우주 공간에서 달걀이 깨지는 장면과 다시 붙는 장면만을 보고 성장한 사람에게는 시간의 방향성이 존재한다는 것이 오히려 의문이 될 것이다.

이처럼 시간의 방향성은 분명 의문을 품기에 충분한 질문인 것이다. 이에 대하여 이렇게 설명하는 시각도 있다. 빅뱅 이전에는 시간과 공간 자체도 존재하지 않았다. 시간이 존재하지 않았으니 시간의 방향성이라는 것도 없었을 것이다. 하지만 빅뱅이 일어난 순간 시간의 흐름이라는 것이 만들어졌으며, 시간이 어느 방향으로 흐를 것이냐에 대한 그 방향성은 빅뱅이 발생하는 바로 그 순간 결정이 되었다는 것이다. 즉, 우리가 살아가고 있는 이 우주에서는 시간은 태어날 때부터 한쪽 방향으로 흐를 수밖에 없는 숙명을 가지고 태어난 인자라는 것이다.

필자는 개인적으로 이 설명이 가장 설득력이 있다고 생각한다. 우주 탄생의 순간 급팽창하는 공간과 동시에 태어난 시간은 이 순간부터 탄생과 동시에 한쪽 방향으로만 흘러가고 있는 것이다. 지속적인 공기 주입으로 인해 팽창하면서 부풀어오르는 풍선을 한번 상상해보자. 지속적으로 팽창하고 있는 풍선 내에서 우리는 좌우, 위아래 어디로든 자유롭게 풍선 내의 공간을 움직일 수 있다. 하지만 여기에서 주목할 것은 풍선 자체를 팽창시키고 있는 공기의 흐름은 결코 변하지 않는다는 것이다. 풍선이 계속 팽창하고 있는 한 공기는 풍선을 팽창시키는 방향으로만 흐를 수밖에 없는 것이다. 이렇게 팽창하고 있는 풍선 안에서는 어떠한 방법을 쓰더라도 공기의 흐름이 반대로 바뀌는 경우는 일어나지 않는다. 공기 흐름의 방향을 바꾸기 위해서는 풍선이 팽창을 멈추고 수축을 시작하는 상황이 되어야만 가능하기 때문이다.

앞으로 더 자세히 알게 되겠지만 시간과 공간은 분리되어 있는 것이 아니라 서로 완전하게 얽힌 채로 연결되어 있다. 따라서 팽창하고 있는 풍선에서 벌어지고 있는 상황과 지금도 팽창하고 있는 우주와 시간이 흐르는 방향을 한번 연결시켜 생각해보자. 팽창하고 있는 풍선은 지금 현재도 팽창하고 있는 우리의 우주이며 팽창을 위해서 주입되고 있는 공기는 시간이다. 그러면 지금처럼 팽창하고 있는 우주에서 시간의 흐름이 왜 한 방향으로만 흘러가야 하는지가 조금은 이해가 되지 않는가? 주입되는 공기의 변화가 풍선의 공간에 대한 변화를 가져오듯이 시간의 변화는 바로 우주 공간의 변화를 가져오고 반대로 공간의 변화도 시간의 변화로 이어진다. 따라서 지금 우리의 우주가 이 순간도 팽창이라는 한쪽으로의 방향성을 가지고 변하고 있다면 이에 따른 시간도 한쪽 방향으로의 방향성을 가지게 되는 것이 오히려 자연스러운 것이 아닐까? 아직 팽창에 의하여 만들어지지도 않은 공간을 우리가 바라볼 수 없듯이, 우리는 아직 만들어지지 않은 시간을 바라볼 수 없다. 그것이 바로 현재를 살아가고 있는 우리가 미래를 알지 못하는 이유일지도 모른다. 먼 훗날 혹시라도 이 우주가 팽창을 멈추고 수축을 하게 된다면 우리는 과거로 가는 시간과 마주하게 될지도 모르겠다. 그 세상에서 인간은 어머니의 배 속에서 태어나는 것이 아니라, 무덤에서 걸어 나와 세상을 살아가다가 어머니의 배 속에서 생을 마치는 삶을 살아가게 될 지도 모를 일이다.

결론적으로 우리가 살고 있는 이 우주에서는 어떤 이유에서인지 시간이 한쪽 방향으로만 흘러가는 특성을 지니고 있다. 그것을 부인할 수는 없다. 하지만 이 우주 너머에 존재할지 모르는 또 다른 우주에서도 이 시간의 방향성이 동일하게 적용될지는 확정적으로 말하기 어렵다. 이에 대한 해답은 현재로서는 없다. 적어도 필자는 지금까지의 설명에서처럼 자신만의 방법으로 시간의 방향성에 대하여 이해하고 있다. 하지만 여러분들이 상상하는 바로 그것이 시간에 대한 진실이 될 수도 있다. 이처럼 시간은 우리에게 친숙한 것 같으면서도 가장 많은 비밀을 숨기도 있다. 여러분들도 나름대로 시간의 방향성에 대해서 상상의 여행을 떠나보도록 하자.

시간은 얼마나 빠른 속도로 흘러갈까?

시간은 한 방향으로만 흘러간다는 것을 우리는 모두 잘 알고 있다. 그렇다면 시간은 어느 정도의 빠르기로 흘러가고 있는 것일까? 시간의 빠르기는 크게 우리가 체험으로 느끼는 심리적 시간과 시간이 흘러가는 주기를 객관적으로 계측하여 나타나는 물리적 시간으로 나눌 수 있다. 하지만 심리적인 시간은 각 개인의 성향과 처해진 상황에 따라서 크게 달라지기 때문에 여기에서 이야기할 필요는 없을 것이다. 다만 심리적 시간을 여기에서 언급하는 이유는, 시간의 상대성을 이야기할 때 시간의 상대적인 변화를 심리적 시간과 혼동하는 경우도 일부 있기 때문이다. 우리가 앞으로 논의하게 될 시간은 개인마다 달라질 수 있는 심리적인 시간이 아닌, 우주에서 공통적으로 사용할 수 있는 물리적 시간임을 명확하게 하고 싶다.

시간은 연속적으로 흘러가는 물리량이기 때문에 그 빠르기를 측정할 수 있다. 하지만 시간의 빠르기를 측정하는 것은 어떤 도구를 쓰는지, 혹은 누가 측정하는지에 따라 조금씩 차이가 날 수 있다. 따라서 오래전부터 이런 차이를 최대한 줄여서 시간의 빠르기 기준을 정해줄 필요성이 항상 있었을 것이다. 먼 과거에는 모든 사람들에게 동일한 기준을 제공해주는 것 중 가장 정확한 것이 우리 주변에 매일 등장하는 달과 태양 등 천체의 운동이었다. 따라서 이를 기준으로 시간의 빠르기를 정하게 되었다. 즉, 우리가 아침에 일어나서 태양이 처음 보이게 되는 시점과 그다음 날 태양이 다시 보이게 되는 시점이 하루가 되는 것이고 지구가 태양을 한 바퀴 회전하여 동일한 위치에 떠오를 때가 1년이 되는 것이다. 옛날에는 이러한 천체의 움직임만으로도 시간의 기준으로 삼고 생활하기에는 별다른 불편함이 없었다. 하지만 과학이 발전하면서 이렇게 천체의 운동을 기준으로 하는 시간의 단위는 너무나도 커서 생활에 큰 불편을 가지고 올 뿐만이 아니라 지구 공전 및 자전의 주기에도 조금씩 변화가 발생하는 것이 확인되었기 때문에 정확성 역시 떨어지는 것으로 여겨진다.

그러므로 이런 자연의 주기적인 운동을 기준으로 하는 것보다 더 정확한 시간의 기준을 정하는 것이 필요하였다. 이러한 필요에 의해서 1967년 파리에서 열린 세계 도량형 총회에서 원자에서 보이는 진동수를 기준으로 하는 세슘 원자 시계를 국제표준시계로 채택하게 된다. 이 세슘 원자 시계는 1초에 약 90억 번 이상 진동을 하는데 그 오차가 약 3,000년에 1초 정도라고 한다. 이 정도의 정확도라면 우리가 물리적인 시간의 빠르기를 객관적으로 이야기하는 데 문제가 될 수준은 분명 아닐 것이다. 그러므로 앞으로 우리가 이야기를 해나갈 때 등장하는 모든 시계는 이 세슘 원자 시계임을 기억해두도록 하자.

시간의 빠르기는 이 세상 어느 누구에게나 동일하다?

모든 사람에게 주어진 물리적인 시간의 빠르기가 동일하게 흘러간다는 것은 지극히 합리적인 생각이다. 우리가 학창 시절 공부를 할 때 선생님들부터 항상 들어왔듯이 시간은 누구에게나 공평하게 주어지는 '신의 선물'이었다. 누군가는 부유한 환경에서, 누군가는 어려운 환경에서 태어나고 또 누군가는 잘생긴 외모를 물려받는 반면, 누군가는 외모로 고민을 하는 사람도 있게 마련이다. 본인의 의사와는 어쩔 수 없이 태어날 때부터 부여된, 수많은 차별적인 상황들과는 달리 시간은 우리 모두에게 항상 같은 양으로 공평하게 주어진다. 만인에 대한 이 공평성 때문에 우리는 균등하게 부여된 시간 속에서 열심히 노력하면 나는 그 보답을 받을 수 있다는 희망을 가질 수 있는 것이다.

이러한 시간의 빠르기에 대한 보편성은 지구에서 살고 있는 우리뿐만 아니라 저 멀리 안드로메다 은하의 한 행성에서 사는, 이름 모를 어느 우주인에게도 적용될 것이라는 것이 자연스러운 생각이다. 물론 자신이 살고 있는 행성의 주어진 조건(항성에 대한 행성의 자전 주기)에 따라 하루의 주기는 48시간도 될 수 있고 혹은 6시간도 될 수 있을 것이다. 하지만 시간의 빠르기를 측정할 때 이처럼 자연의 천체 운동이 아니라 원자 세슘 시계와 같은 정밀한 기계를 사용하면 우리가 가지고 있는 시계와 안드로메다 은하에 사는 우주인이 가지고 있는 시계는 정확히 동일한 속도로 움직일 것이라고 생각되기 때문이다. 이것이 아인슈타인이 등장하기 이전인 20세기까지 우리가 가져왔던, 시간에 대한 생각이었다(사실 지금도 많은 사람들이 시간에 대하여 이러한 생각을 가지고 있다).

뉴턴의 운동 법칙에 의문이 제기되다

이러한 생각에 의문을 던지고 획기적인 발상의 전환을 한 사람이 바로 아인슈타인이었다. 그렇다면 아인슈타인은 어떻게 해서 시간의 빠르기에 대해 발상의 전환을 할 수 있게 되었을까? 혹시 이것도 뉴턴이 사과나무에서 떨어지는 사과를 보고 만유인력의 법칙을 발견했던 것처럼 탁자 위에서 시간에 따라 흘러가는 초침을 보다가 시간이 가지고 있던 비밀을 깨닫게 된 것일까? 앞에서도 설명했듯이 운명처럼 보이는 이러한 일들도 반드시 그러한 발견이 가능하게 된 시대적 상황과 과정이 있었다.

아인슈타인이 살던 당시에는 전기력과 자기력이 통일되며 전자기학이 활발하게 연구되고 있었다. 이 과정에서 수학적으로 유도된 전자기파의 속도가 빛의 속도와 일치한다는 것이 발견되면서, 사실은 빛도 전자기파 중의 하나라는 생각이 주류를 이루고 있는 시기였다. 특히 이 과정에서 우연히 빛의 속도가 관측자의 운동 속도와 상관없이 항상 일정하다고 나온 것에 대해 많은 논란이 일고 있던 상황이었다. 상대방의 속도는 나의 운동 상태에 따라 결정된다는 것이 뉴턴이 이야기한 세상의 물리 법칙이었다. 그 사실은 또한 우리의 경험과 잘 부합되며 저절로 고개를 끄덕이게 만들어준다. 그런데 나의 운동 상태와는 상관없이 빛의 속도가 언제 어디에서나 항상 일정하다니…. 당시 절대 진리로 추앙받던 뉴턴의 운동 법칙으로는 도저히 이 현상을 설명할 수 없었다. 바야흐로 그동안 우주를 지배하는 절대 진리로 자리 잡혀 있던 뉴턴의 운동 법칙이 새로운 도전에 직면하는 순간이었다.

선입견을 깰 수 있는 용기

앞서 설명했듯이 맥스웰 방정식 유도 과정에서 나온 전자기파의 속도 불변성에 대하여 당시 대부분의 학자들은 분명 맥스웰 방정식

어딘가에 우리가 미처 보지 못한 오류가 있을 것이라고 생각하고 이 오류가 무엇인지를 찾는 것에 더 집중을 하고 있었다. 하지만 관측자의 운동 상태와 상관없이 빛의 속도가 항상 일정하다는 결과를 있는 그대로 받아들인 사람이 있었다. 그가 바로 어린 시절부터 빛이란 무엇인가에 대하여 통찰력을 길러왔던 아인슈타인이었다.

별것 아닌 것처럼 보일 수도 있는 아인슈타인의 이러한 도전은 사실 인간 사회에서는 생각보다 큰 용기를 필요로 한다. 가령 10명의 사람들을 모아서 포도주는 포도나무의 열매인 포도로 만드는 것일까, 아니면 줄기로 만드는 것일까 질문한다고 생각해보자. 정상적인 경우라면 당연히 10명 모두 포도주는 포도로 만든다고 답을 할 것이다. 하지만 이 중 앞선 9명에게 사전에 줄기라고 답변하라는 요청을 넌지시 해놓았다고 생각해보자. 마지막 10번째 사람은 이 질문에 대한 정답이 포도라는 것을 알고 있으면서도 앞서 9명이 포도주는 포도나무의 줄기로 만들었다고 당연하게 이야기하는 것을 눈앞에서 본다면 자신의 답변을 무엇으로 해야 할지 상당히 주저하게 될 것이다.

하물며 역사적인 천재 학자 뉴턴은 물론이고 당대의 모든 저명한 물리학자들이 이야기하는 법칙의 근간을 부정하는 주장을 한다는 것은 자신이 가진 생각에 매우 명확한 신념을 가지고 있거나 혹은 제정신이 아닌 경우일 것이다. 당시 아인슈타인이 아무런 논거 없이 이러한 주장을 하였다면 아마 미치광이 소리를 들었을 수도 있을 것이며 그의 의견은 일고의 가치도 없이 쉽게 매장되었을 것이다. 이처럼 황당하게까지 들리는 아인슈타인의 주장이 설득력을 가질 수 있었던 것은 바로 사고 실험과 수학이라는 언어를 통하여 자신의 주장이 옳다는 것을 입증해내었기 때문이다. 이것이 바로 시간과 공간이 기존에 가지고 있던 개념을 송두리째 바꿔놓은 '특수 상대성 이론'이다. 우리는 잠시 후 이에 대해 자세히 살펴보도록 할 것이다. 쉽지는 않겠지만 일단은 고정관념을 버리고 필자를 한번 따라와주었으면 한다.

상대성 이론이 어렵게 느껴지는 것은
심오한 논리 때문이 아니라
경험에 의해 각인된 선입견 때문이다

우리가 버려야 할 고정관념은 바로 시간과 공간이 언제 어디에서나 변하지 않는 '고정된 값'이라고 생각하는 것이다. 우리는 그동안 시간과 공간이 누구에게나 같은 값으로 정해져 있는 절대적인 값이라고 생각해왔다. 모두에게 매우 친숙한 내용이겠지만 이러한 상황을 조금 자세하게 풀이해보자. 나에게 주어진 1시간은 우주선에 타고 있는 철수와 영이에게 주어진 1시간과 항상 같은 값이다. 또한 나에게 주어진 1m 길이의 막대기는 전 우주 공간 어디에서도 1m의 길이를 유지한다. 이렇게 시간과 공간은 서로에게 독립적으로 정해져 있는 값이다.

시간과 공간이 가지고 있는 이러한 속성으로 인하여 시간과 공간이 각각 정해진 값을 가지게 되면 그에 따라 물체의 운동 속도가 결정되는 것이다. 가령 철수가 1시간에 100㎞의 거리를 이동했다면 시속 100㎞가 되는 것이고, 1시간에 200㎞를 이동했다면 그의 속도는 시속 200㎞가 되어야 한다. 즉, 철수의 속도는 정해진 시간과 공간의 값에 따라 가변되어야 하는 것이다. 이러한 관점을 유지하기 위해서는 어떤 대상의 운동 속도는 반드시 관찰자의 운동 속도에 의하여 결정이 되어야 한다. 시속 100㎞로 달리고 있는 철수의 자동차를 시속 50㎞로 달리는 영이가 바라본다면 관찰자인 영이의 눈에 철수는 시속 50㎞로 달리고 있는 것으로 보인다. 이것이 과거 대부분의 사람들이 생각하던, 시간과 공간이 가지고 있는 속성이었다.

그러면 지금부터는 아인슈타인의 시선으로 시간과 공간을 바라보도록 해보자. 아인슈타인은 빛의 속도가 관찰자의 속도와 상관없이 초속 30만㎞로 항상 동일하다는 것을 받아들였다. 철수가 우주선을 타고 초속 20만㎞로 이동한다고 하더라도 철수의 눈에 빛은 여전히 초속 30만㎞로 보인다는 것을 받아들인 것이다. 자, 그러면 어떤 일이 일어나게 되는 것일까? 빛의 속도가 이처럼 관찰자의 운동 속도에 상관없이 항상 일정하게 보이기 위해서는 변하는 것은 빛의 속도가 아니라 바로 시간과 공간 그 자체가 되어야 한다! 즉, 빛의 속도를 일정하게 유지시키기 위해서는 초속 20만㎞로 달리는 우주선을 타고 있는 철수의 시간이 느리게 가야 하는 것이다. 이렇게 빠르게 달리는 우주선에서 시간이 느리게 가면 철수가 아무리 빨리 움직이더라도 그만큼 시간 또한 천천히 흐르게 된다. 따라서 철수의 우주선과는 아무런 상관 없이 저 우주 공간을 변함없는 속도로 달리고 있는 빛은 그만큼 더 멀리 달아나게 된다. 따라서 시간이 느리게 흘러가고 있는 우주선을 타고 있는 철수가 바라보는 빛의 속도는 변함없이 항상 초속 30만㎞를 유지할 수 있게 되는 것이다.

그렇다. 철수가 초속 20만㎞로 이동하면서 빛을 바라보더라도 빛이 여전히 초속 30만㎞로 보이기 위해서는 그동안 언제 어디서나 변함없는 값을 가지고 있다고 생각했던, 우주선에 있는 철수의 시간이 느리게 가야 한다. 이는 움직이는 속도에 따라 지구상에 있는 나에게는 1시간이라는 시간이 빠르게 달리는 우주선을 타고 있는 철수에게는 2시간이 될 수도 있다는 것을 의미한다. 이게 무슨 해괴한 이야기인가? 나의 기준으로 1시간은 분명 철수에게도 1시간이 되어야 하는 것이 아닐까? 물론 때때로 철수가 복권 방송을 보면서 당첨 번호를 확인하려는 순간의 심리적 시간은 시간이 상대적으로 느리게 흐르는 것처럼 느껴질 수 있다. 하지만 그렇다고 해서 내가 바라보기에 철수의 시간이 물리적으로 정말로 느려지는 것은 아닐 것이다. 그런데 빛의 속도가 관찰자의 속도에 상관없이 언제나 항상 일정하다는 전제 조건을 받아들이는 순간 우리는 물리적인 시간과 공간이 마치 고무줄처럼 변해야 한다는 사실을 받아들여야 하는 것이다(필자는 일단 혼동을 피하기 위해서 공간에 대한 이야기는 일부러 빼고 시간으로만 이야기하고 있다. 공간에 대한 이야기는 뒤에서 자연스럽게 등장하게 될 것이다).

결론부터 이야기하면 정말 괴이하게도 자연은 이런 방식으로 운영이 되고 있다. 혹자는 이런 의문을 제기할 수도 있을 것이다. 혹시 이러한 현상이 빛처럼 빠르게 움직이는 대상에만 적용되는 특수한 현상은 아닐까? 분명 시속 100㎞로 움직이는 철수를 시속 50㎞의 속도로 움직이고 있는 내가 바라본다면 철수의 속도는 시속

50㎞로 보인다. 따라서 시간이 느리게 간다거나 하는 현상은 전혀 일어나지 않는데 무슨 황당한 주장을 하고 있는 것인가?

당연히 나올 수 있는 의문이다. 하지만 정답을 먼저 이야기하면 놀랍게도 시속 50㎞로 달리고 있는 당신의 자동차에서도 시간은 정지해 있는 상황보다 분명 천천히 흐르고 있다. 다만 이때 발생하는 시간의 차이가 너무나도 미미하여 우리가 단지 눈치채지 못하고 있을 뿐이다. 앞서 등장하였던 원자 세슘 시계 같은 것을 준비하여 측정을 해본다면 분명 움직이고 있는 자동차에서의 시간은 천천히 간다. 이러한 시간 지연 효과는 대상의 속도가 빨라질수록 그 값이 커진다. 따라서 빛의 속도에 근접하는 엄청난 속도로 이동한다면 시간이 천천히 흘러가는 시간 지연 효과를 충분히 피부로 체감할 수 있다. 이처럼 움직이는 물체에서의 시간 지연 효과는 지금도 움직이고 있는 모든 물체에서 항상 일어나고 있는 현상이다. 우리는 단지 매우 느리게 움직이는 속도로 인하여 너무나도 작은 시간의 차이를 느끼지 못하고 있는 것뿐이다.

물론 지금은 받아들이기 힘들겠지만 시간과 공간이 가지고 있는 이러한 성질은 우리가 어떻게 생각하든 상관없이 우주가 만들어진 태초부터 지금까지 이런 방식으로 운영이 되어왔다. 그러므로 지금 이해가 가지 않는다고 큰 한숨과 함께 책을 덮을 필요는 없다. 필자와 함께 아인슈타인의 설명을 찬찬히 따라가다 보면 어느새 어렵지 않게 이 사실에 동의할 수 있을 것이다. 앞서 철수가 여행을 떠난 섬에서 신호등 색깔에 대한 고정관념을 버린 후 바로 아무런 문제 없이 운전을 할 수 있었던 점을 한번 상기해보자. 다시 한번 이야기하지만 상대성 이론이 어렵게 느껴지는 것은 심오한 논리 때문이 아니라 우리의 오랜 경험에서 비롯된, 잘못된 선입견 때문이다. 선입견을 버리는 순간 시공간이 가지고 있는 비밀의 문이 당신의 눈앞에 자연스럽게 열리게 될 것이다.

시간의 빠르기는 상대방의 운동 상태(속도)에 따라 달라진다

그럼 우선 우리가 그동안 보지 못했던, 시간의 숨겨진 모습부터 알아보도록 하자. 이를 위해서는 우리는 철수를 우주선에 태워서 지구 밖으로 내보내야 한다. 잦은 출장으로 입이 나올 만도 하지만, 실험이 종료된 후에 휴가를 보내준다는 약속을 하니까 크게 웃으면서 즐거운 마음으로 나갔으니 너무 걱정할 필요는 없다. 영이는 철수를 보내면서 자신이 가지고 있는 것과 완전히 동일한 시계를(원자 세슘 시계) 하나씩 나누어 가졌다. 영이는 철수가 우주선에 타기 전 철수 시계가 자신의 것과 정확히 같은 시간을 가리키고 있는 것을 확인하였다. 우주선은 정확히 오전 9시에 출발하여 우주 공간으로 나아가고 있다. 철수가 지금 타고 있는 우주선은 인류의 모든 기술이 결합된 결과물로 거의 광속에 달하는 속도로 이동할 수 있는 최첨단 비행 기술을 가지고 있다(물론 아직은 상상 속의 우주선이다). 힘차게 지구 대기권을 벗어나 우주 공간에 도착한 철수는 계획된 대로 초속 100,000㎞의 일정한 속도로 빠르게 움직이기 시작했다.

이제 여러분은 영이가 지구에 머무른 채로 우주선에 탑승해 있는 철수를 바라볼 수 있다고 생각해보자. 철수의 우주선이 안정적으로 초속 100,000km가 되자, 영이는 자신의 시계와 철수의 시계를 비교해보았다. 그 순간 영이는 자신의 눈을 의심하지 않을 수 없었다. 영이가 가지고 있는 시계는 9시 10분을 가리키고 있는데, 화면에서 보여지는 철수의 시계는 분명 9시 8분을 가리키고 있었기 때문이다. 절대 오차를 보이지 않는 것으로 알려진 원자 세슘 시계가 벌써 고장이라도 났다는 것인가? 영이는 의아하게 생각하며 철수의 우주선을 더욱 주의 깊게 관찰하기 시작했다. 철수의 우주선이 점점 속도를 높이고 있다. 이제 우주선의 속도는 빛의 속도의 99% 수준까지 올라갔다. 속도가 이 정도까지 증가하니 영이가 바라보기에 철수의 움직임이 매우 이상하게 보인다. 철수가 움직이는 모습은 마치 녹화된 영상을 천천히 재생하고 있는 것처럼 모든 동작이 매우 천천히 움직이고 있는 것이 아닌가? 혹시나 하고 시계를 바라보니 영이의 시계는 9시 30분을 가리키고 있는데 철수의 시계는 이제 겨우 9시 10분을 가리키고 있다. 그렇다. 영이뿐만 아니라 독자 여러분들도 눈치채셨겠지만 빠르게 움직이는 철수의 우주선 안에서 시간은 천천히 흘러가고 있었던 것이다.

우주선의 속도가 증가하면 할수록 우주선 내에서의 시간은 더욱 천천히 흘러간다. 만약 우주선을 거의 광속까지의 속도로 증가시킨다면 그때부터는 시간 또한 거의 흘러가지 않는다. 즉, 이렇게 되면 영이의 눈에는 철수가 움직이지 않고 마치 정지해 있는 것처럼 보일 것이다. 여기에서 흥미로운 것은, 우주선 안에 있는 철수 본인은 영이가 바라보는 것과는 달리 시간이 평상시와 다름없이 동일한 속도로 흘러가고 있다고 느낀다는 것이다. 그는 평상시처럼 운동을 하면서 우주여행 동안 약해질지도 모르는 근력을 단련하기도 하고 차분한 클래식 음악과 함께 커피를 즐기기도 한다. 철수가 느끼기에 그는 지구에 있을 때와 어떠한 다른 점도 느끼지 못하는 것이다(물론 빛의 속도 수준까지 가속을 한다면 이 과정에서 만들어진 엄청난 가속도의 힘에 의해 철수는 생명을 유지하기도 힘들 것이다. 여기에서는 이러한 영향은 배제하고 시간의 빠르기 쪽에만 집중을 해보도록 하자). 영이가 보기에 분명 우주선 안에서 생활하고 있는 철수는 모든 것이 매우 천천히 움직이고 있지만, 정작 철수는 평소와 다른 점을 전혀 느끼지 못한다. 즉, 시간의 빠르기가 변한다는 것은 관찰자인 영이가 철수를 바라보는 상황처럼 관찰자를 기준으로 이야기하는 것이다. 이것은 시간의 본질을 이해하는 데 매우 중요한 포인트이다.

상대적인 시간 차이가 발생하더라도
각자가 느끼는 시간의 빠르기는
결코 변하지 않는다

움직이는 대상에서 시간의 빠르기가 변한다고 하는 것은 이를 바라보는 관찰자의 기준에서만 그렇다는 것이다. 빠른 속도로 이동하고 있는 우주선을 타고 있는 철수의 시계는 지구에 있을 때와 여전히 다름없는 속도로 흘러간다. 즉, 영이의 1시간은 빠른 속도로 움직이는 철수에게는 영이와의 상대속도 차이에 따라 10시간이 될 수도 있고 100시간이 될 수도 있는, 서로의 운동 상태(속도)에 따라서 고무줄처럼 상대적으로 변화하는 값인 것이다. 다만 이것은 영이가 바라보는 관점에서 철수의 시간이다. 막상 빠르게 움직이는 우주선을 타고 있는 철수가 느끼고 있는 시간 빠르기는 전혀 변화가 없다. 정리하면, 시간의 빠르기는 고정된 값이 아니라 상대방의 속도에 따라 얼마든지 가변되는 상대적인 값이다. 다만 이것은 관찰자의 관점에서 본 시간의 빠르기가 상대적으로 변하는 것을 의미하며 정작 관찰 대상인 우주선의 철수 본인이 가지고 있는 시계는 평상시와 다름없는 속도로 흘러간다.

어느 곳에서나 절대 변하지 않는 값이라고 생각해왔던 시간은 사실은 이렇게 상대방의 속도에 따라서 무수하게 가변되는 값이었다. 이것은 매우 기이하게 느껴지는 일이다. 하지만 우리는 이와 비슷한 상황을 앞서 속도의 상대성을 이야기할 때 이미 목격한 바가 있다. '상대방의 속도는 나의 운동 상태에 따라 결정된다'가 바로 그것이다. 시속 100㎞로 달리고 있는 자동차가 있다고 생각해보자. 이 자동차의 속도는 과연 100㎞라는 속도로 고정된 것일까? 물론 그렇지 않다. 내가 정지해 있는지 혹은 50㎞로 움직이고 있는지에 따라 내가 바라보는 자동차의 속도는 무수하게 가변되는 값이다. 자동차의 속도가 변하는 것이 아니다. 자동차와 나의 상대속도의 차이가 내가 바라보는 자동차의 속도를 변하게 만드는 것이다. 시간도 이와 같은 이치로 변화한다. 빠르게 움직이는 우주선에 타고 있는 철수의 시간의 빠르기가 변하는 것이 아니다. 영이와 철수의 상대적인 속도의 차이가 시간의 상대적인 빠르기를 변화하게 만드는 것이다. 마치 속도가 그러했던 것처럼 말이다. 앞서 속도의 상대성을 이야기할 때 우리가 거부감 없이 이를 받아들일 수 있었던 것은 이러한 현상들이 우리 주변에서 어렵지 않게 관찰되기 때문이었다. 하지만 같은 논리임에도 시간에 대한 상대성의 이야기가 터무니없이 들리는 것은, 우리 주변에서 관찰되는 상대적인 속도의 차이가 너무 적기 때문이다. 따라서 이로 인하여 발생하는 시간의 빠르기 차이 또한 너무 작아 우리가 인지를 하지 못하기 때문이다. 만약 먼 미래에 광속에 근접하는 우주선을 타고 수시로 여행을 할 수 있는 시대가 온다면 마치 우리가 자동차의 속도를 보고 발생하는 속도의 상대성을 아무 어려움 없이 이해했던 것처럼 상대적인 속도 차이에 따라 시간의 빠르기가 고무줄처럼 무수하게 변화하는 현상을 아무런 거부감 없이 느끼게 될 것이다.

지금까지의 설명을 잘 따라왔고, 이처럼 특이한 시간의 본질에 대해 이해했다면 당신은 이미 시간이라는 고정관념을 타파한 것이다. 하지만 혹시 일부 독자들은 지금까지의 설명을 도저히 받아들이지 못하고 우주선 안의 철수가 우리에게 즐거움을 주기 위해 장난을 치고 있는 것이라고 생각할 수도 있다. 따라서 가상의 우주 공간에서 벌어지는 사건보다 우리에게 좀 더 익숙한 상황을 예로 들어보도록 하자. 우리는 종종 컴퓨터나 휴대폰으로 영화를 보곤 한다. 오늘은 전설의 무림 고수 황비홍이 등장하는 무협영화를 같이 보면서 관찰자와 행위자가 느끼는 시간의 빠르기에 대해 한번 생각해보도록 하자.

황비홍이 등장하는 무술 격투 장면은 자세히 쳐다보지 않으면 팔과 발의 움직임을 파악하기가 힘들 정도로 빠르다. 하지만 우리는 마음만 먹으면 시간을 천천히 흐르게 하여 영화 속 황비홍의 움직임을 자세히 보는 방법을 알고 있다. 비디오 플레이어의 기능 중 영상 재생 속도를 조정하는 기능이 그것이다. 영화 재생 속도를 반으로 줄여보자. 기존에는 그렇게 빠르게 보이던 무림 절정 고수의 움직임이 우스꽝스러울 정도로 느리게 보인다. 또한 그들의 대화 소리는 천천히 늘어져 괴이스럽게 들리기까지 하다. 우리가 보기에는 분명 영화의 각 장면이 천천히 흘러가는 것이 보인다. 하지만 영화 속 등장인물들 입장에서는 어떨까? 그들의 입장에서는 변한 것은 아무것도 없다. 그들은 영화 속에서 언제나 동일한 시간의 빠르기를 느끼며 행동할 뿐이다. 우리가 재생 속도를 천천히 바꾸든지 혹은 반대로 빠르게 바꾸든지 영화 속의 무림 절정 고수는 아무런 이상한 점을 느끼지 못하고 언제나 귀신 같은 속도로 움직이며 악당들을 제거해나가고 있을 뿐이다. 영화의 재생 속도 조정은 단지 이를 보는 관찰자에게만 그렇게 보이는 것이지, 실제 영화 속 장면에 등장하는 인물(행위자) 자신에게는 아무런 변동이 없다. 지구에서 우주선의 철수를 바라보는 영이에게도 이와 완전히 동일한 원리가 적용된다. 우주선 안의 철수는 지구에 있을 때와 다름없이 정상적인 움직임을 이어나가고 있지만 지구에 있는 영이가 바라보기에 철수는 마치 비디오 플레이어의 재생 속도를 천천히 돌리고 있는 것처럼 너무나도 천천히 행동하고 있는 것이다.

시간은 이렇게 누구에게나 고정된 값이 아니라 관측자와 서로의 상대속도에 따라 변하는 상대적인 값이다. 시간은 서로의 운동 상태(속도)에 따라서 느리게도, 빠르게도 흐를 수 있다. 지구에서 살아가는 영이의 1년이 우주 반대편 이름 모를 어느 은하에서 살아가는 철수에게는 100년이 될 수도 있는 것이다. 하지만 어떠한 경우에도 자신 혹은 상대방 각자가 느끼는 시간의 빠르기는 동일하다. 특수 상대성 이론에서 이야기하는 시간의 상대성은 이 세상 모든 물체는 자신의 속도에 따라 각자만의 고유한 시간의 빠르기를 가진다는 것이다. 지구에 있는 영이나 우주선을 타고 빠르게 이동하고 있는 철수, 그리고 오늘 아침 버스에 몸을 싣고 일터로 나가고 있는 당신조차도 모두 각자 자신만의 독특한 시간의 빠르기를 가지고 있다. 이처럼 시간은 이동속도에 따라 각자 모두 자신만의 다양한 시간의 빠르기를 가지고 있다. 다른 속도로 움직이는 모든 대상은 각자 자신만의 고유한 빠르기를 가지고 있는 시계를 가지고 살아가고 있는 셈이다. 시간이 보여주는 이러한 성질에 대하여 지금까지도 혼동을 겪는 독자들이 있을 것이다. 여러 번 이야기하지만 이것은 당신이 이상한 것이 아니다. 상대성 이론이 어렵게 느껴지는 것은 그 원리가 어려운 것이 아니라 우리가 평소 느껴보지 못한 상황과 마주해야 하기 때문임을 다시 한번 기억하자. 우리의 상상 실험 속에서 벌어지고 있는 이러한 상황들은 빛의 속도에 근접하는 상황이 되어야 우리가 피부로 느낄 수 있는 차이를 보여준다. 평상시에 우리는 이와 비교할 수 없을 정도로 낮은 속도로 이동하기 때문에 이러한 현상을 경험해보지 못한 것이다. 오랜 시간 동안 우리가 시간의 이러한 속성을 깨닫지 못했던 것은 빛과 비교해서 너무나도 느리게 움직이는 우리의 이동속도 때문인 것이다. 즉, 너무나도 느린 속도로 인해 모두에게 차이가 나는 시간의 속성이 드러나지 않은 채 오랜 시간 동안 숨겨져 있었던 것이다. 지금 이 순간에도 집에 있는 나와 회사에 가기 위해 자동차를 타고 가고 있는 아버지와의 시간은 그 차이는 미미하지만 분명 다른 속도로 흘러가고 있다.

진시황제가 그렇게 찾던 불로불사의 방법은 결코 존재하지 않는다

이렇듯 모든 만물은 모두 각자 자신만의 시간의 빠르기를 가지고 살아가고 있다. 따라서 이 세상에는 그 대상만큼이나 다양한 시간의 빠르기가 존재한다고도 할 수 있을 것이다. 앞서 언급했지만 한 가지 유의할 것이 있다면, 빠르게 이동하는 물체에서 시간이 천천히 흘러간다는 것은 그 물체를 관찰하는 관측자의 기준으로 시간이 천천히 간다는 것이지 정작 우주선에 탑승하여 움직이고 있는 탑승자는 전혀 그 사실을 인지하지 못한다는 점이다. 시간을 포함하여 우주선 안의 모든 것, 철수의 심장 박동마저도 천천히 움직이기 때문이다. 따라서 빠르게 움직이고 있는 우주선을 타고 있는 철수가 지구에서보다 상대적으로 천천히 흘러가는 시간을 이용하여 영이보다 더 오랜 기간 동안 휴가를 즐길 수 있는 상황은 발생하지 않는다. 지구에 남아 있는 영이와 우주선의 철수는 각각 항상 동일한 빠르기의 시간을 느끼고 있을 뿐이다. 시간의 빠르기가 변하는 것은 두 비교 대상의 이동속도 차이에 의하여 관측자가 상대방을 바라보는 기준에서만 발생하는 것이다.

시간이 관찰하는 대상의 상대속도에 따라서 천천히 흘러갈 수도 있다는 사실을 오해하여 마치 이동속도가 빠른 우주선을 타고 돌아다니면 늘어난 시간을 활용하여 무엇인가를 더 할 수 있거나 심지어 더 오래 살 수 있다고 오해를 할 수도 있다. 하지만 이런 일은 결코 일어나지 않는다는 이야기이다. 서로에게 시간의 빠르기는 상대적으로 흐르더라도 각자가 느끼는 시간인 물리적인 시간의 빠르기는 이 우주의 누구에게나 공평하게 주어진다. 그러므로 시간이 움직이는 속도에 따라 상대적으로 변한다는 사실을 받아들이더라도, 학창 시절에 듣던 '시간은 누구에게나 공평하다. 주어진 시간에 최선을 다하자!'라는 명언은 다행히도 여전히 온 우주에 통용되고 있는 진실인 것이다. 타임머신을 개발한다고 해서 남들보다 더 오래 살 수 있는 영생을 얻을 수는 없다. 먼 옛날 중국의 진시황제가 그토록 찾으려고 했던 불로불사의 방법은 아무리 미래의 기술이 발전하여도 만들어지지 않을 것이다. 그것은 적어도 이런 방식으로 운용되는 현시대의 우주가 존재하는 한 변하지 않는다. 누구에게나 공평하게 주어진 시간 앞에서 인간은 태어나고 다시 돌아간다. 이 우주의 질서는 그렇게 유지되어왔고 앞으로도 그럴 것이다.

미래로 가는 타임머신

그렇다면 광속 수준으로 빠르게 움직이고 있는 우주선을 타고 있는 철수가 1달간의 우주여행을 마치고 지구로 돌아온다면 어떤 일이 일어날까? 철수는 1달간의 우주여행을 마치고 무사히 다시 지구에 도착하였다. 1달이라는 시간 동안 여러 가지 과제를 수행하느라 지친 철수는 동료들과 다시 만난다는 기대감에 도착하자마자 연구소로 달려갔다. 하지만 이내 철수는 감당하기 힘든 현실과 마주해야만 했다. 자신이 우주여행을 출발하기 전 한적한 교외의 연구소가 있던 자리에는 전에 없던 고층 빌딩이 줄지어 들어서 있었으며, 주변은 하늘을 날고 있는 자동차로 가득한 것이었다. 철수는 손을 들어 자신의 눈을 세게 비비며 혹시 자신이 꿈을 꾸고 있는 것인지를 확인했다. 하지만 이것은 꿈이 아닌 현실이었다. 지구는 분명 자신이 출발한 1달 전과는 완전히 다른 모습으로 변해버린 것이다.

그렇다. 철수가 1달 동안의 우주여행을 하는 동안 지구에서는 이미 1,000년이라는 시간이 지나버린 것이다. 이 시간 차이는 우주선의 이동속도가 클수록 더욱 커진다. 그 차이는 수만 년 혹은 수백만 년이 될 수 있으며, 우주선의 이동속도가 빛의 속도에 가까워질수록 기하급수적으로 커지게 된다. 우리가 현재 살아가고 있는 우주 공간에서 현실적으로는 불가능하지만 만약 우주선의 이동속도가 빛의 속도로 이동하게 된다면 우주선 안에서의 속도는 느려지다 못해 아예 멈추게 된다. 빛의 속도로 이동하는 물체에서는 아예 시간이 흐르지 않기 때문이다. 시간의 개념이 아예 사라진다는 이야기이다. 빛의 속도로 이동하는 순간 시간은 존재의 의미를 잃어버리고 멈추게 된다. 실로 우리가 상상하기도 힘든 상황이긴 하지만 이것이 우리의 세상을 움직이는 물리 법칙이다. 아인슈타인의 상대성 이론에 따르면 이 우주상에 존재하는 어떤 것도 빛과 같거나 빠르게 움직일 수 없다. 빛과 같은 속도로 달릴 수 있는 것은 오직 빛 그 자신뿐인 것이다. 그렇다면 왜 온 세상의 만물은 빛보다 빠르게 움직일 수 없을까? 우리는 이것에 대하여 뒤에서 자세하게 살펴보게 될 것이다. 많이 궁금할 수도 있겠지만 지금은 감당할 수 없는 현실과 마주하게 된 철수의 문제에 좀 더 집중해보자.

분명 철수는 한 달 전에 지구에서 출발하였다. 영이가 선물해주었던 원자 세슘 시계를 다시 한번 확인해봐도 분명 단지 한 달의 시간이 흘러 있을 뿐이다. 그런데 엄청나게 빠른 우주선을 타고 여행을 하고 있던 철수의 시간은 지구보다 상대적으로 매우 느리게 가고 있었기 때문에 철수가 느꼈던 한 달이라는 시간 동안 지구에서는 1,000년이라는 시간이 흘러가버린 것이다. 그렇다! 철수는 지금 사실상 타임머신을 타고 미래로의 여행을 하게 된 것이다. 미래로 가는 타임머신은 공상 과학 소설에서나 나오는 허구가 아니다. 과학적으로 충분히 실현 가능한, 실제 존재하는 장치이다. 사실 아주 짧은 시간 정도의 미래로의 여행은 지금 기술로도 충분히 가능하며 실제로 수많은 실험을 통하여 증명된 바가 있다. 하지만 아직까지 인류의 기술로는 우리가 체감할 수 있는 시간 차이를 발생시킬 만큼 빠른 속도를 구현할 수 있는 방법이 없기 때문에 의미가 있을 정도는 아니다. 기억해야 할 것은 미래로 가는 타임머신은 과학적으로도 충분히 가능하다는 것이다. 혹시 철수의 경우처럼 미래로의 여행을 떠나고 싶은가? 그렇다면 지금 당신 옆자리에 앉아 있는 당신의 동료보다 빠른 속도로 운동장을 한 바퀴 달리고 오도록 하자. 그 차이는 아주 미세하지만 분명 당신은 자리에 얌전히 앉아 있었던 동료보다 천천히 흐르는 시간으로 인하여 조금 더 미래로 움직인 것이나 마찬가지이다(물론 정확한 시간 지연 효과를 고려하기 위해서는 중력의 영향도 계산이 되어야 한다. 나중에 이야기가 될 것이다).

이처럼 상대속도에 따라 변화하는 시간의 빠르기로 인하여 미래로 가는 타임머신은 과학적으로 실존 가능한 대상이다. 다만 공상과학 소설에 나오는 것처럼 과거로 가는 타임머신은 존재하지 않는다. 앞서 언급했던 대로, 시간이 가진 방향성으로 인하여 시간여행 또한 미래로만 열려 있으며 과거로의 시간여행은 허용되지 않는 것이다. 따라서 먼 미래에 이러한 타임머신을 타고 우주를 여행하고자 하는 사람은, 가족을 비롯한 주변 사람들과 생전 마지막이 될 작별 인사를 꼭 잊지 말아야 할 것이다. 이것이 우리의 우주에서 시간이 흘러가는 방식이다. 일부 학자들은 SF 영화에도 자주 등장하는 것처럼 공간과 공간을 이어주는 웜홀을 통하여 과거와 미래를 넘나들 수 있다고 이야기하기도 한다. 하지만 현재까지 학계의 주류는, 상대성 이론이 웜홀의 존재 가능성은 허용하고 있지만 웜홀이 존재할 수 있는 시간이 너무나 짧고 그 크기도 너무 작아서 이 웜홀을 통하여 거시 세계에 존재하는 우리가 시공간을 여행하는 것이 사실상 어렵다고 보고 있다. 하지만 누가 알겠는가? 먼 미래에 아인슈타인과 같은 걸출한 인재가 시간이 가지는 한 방향성에 대한 비밀을 풀고 과거로의 여행을 가능하게 할지…. 잠재되어 있는 모든 것들에 대한 가능성을 보고 연구하는 것, 그것이 과학의 본질이 아니겠는가?

그럼에도 불구하고 혹시 누군가가 지금 필자에게 과거로 가는 타임머신의 존재 가능성을 묻는다면 필자는 고민 없이 불가능할 것이라는 의견을 낼 것이다. 근거가 무엇이냐고? 앞서 서로 간의 상대속도의 차이가 크게 나면 날수록 흘러가는 시간의 차이도 커진다고 하였다. 그러면 매우 빠르게 달리는 우주선의 최대 속도가 커질수록 우리는 더 먼 미래로 여행할 수 있을 것이다. 상대속도의 차이에 따라 이 우주가 미래 방향으로 한없이 열려 있다는 것을 인정한다면, 문명이 발전한 먼 미래의 어느 시점에서는 과학이 더욱 엄청나게 발전하여 그보다도 훨씬 먼 미래로의 여행도 가능할 것이다. 즉, 미래로의 시간이 끝까지 열려 있다면 문명이 가질 수 있는 발전의 한계 또한 발전할 수 있는 최대 한계까지 열려 있다고 봐야 할 것이다. 그런데 현재 시대를 살아가고 있는 우리는 발전할 수 있는 문명의 한계치까지 발전한 미래의 문명에서 과거로 타임머신을 타고 왔다는 어느 누구도 만난 적이 없다. 이것이 한없이 열려 있는 먼 미래의 기술로도 여전히 과거로 가는 타임머신을 만들지 못하고 있다는 반증이 아닐까? 이에 대한 답과 상상은 독자 여러분들의 몫이다.

이 우주 모든 존재는 각자의 '지금'을 가지고 있다

우리는 이제 시간이 상대적으로 가변될 수 있는 물리량임을 알게 되었다. 내가 가지고 있는 시계와 저 우주 너머 외계 행성의 외계인이 가진 시계는 결코 같은 속도로 흐르지 않는다. 이 우주에 존재하는 모든 만물은 각자 자신만의 고유한 시간의 빠르기를 가지고 살아간다. 내가 바라보는 우주 너머의 외계인이 사는 세상은 영화 속의 슬로우 모션처럼 시간이 천천히 움직이는 세상일 수도 있고, 빠른 속도로 재생되며 순식간에 수천 년의 시간이 흘러가는 세상일 수도 있다. 그런데 이렇게 시간이 다양하게 변하는 물리량이라면 이 세상에 '정확하게 동시에 벌어지는 사건'이라는 것이 존재할 수 있을까? 지금까지의 논리를 잘 따라오신 독자라면 정답을 알 수 있을 것이다. 결론적으로 이 세상은 어느 곳에서나 통용되는 보편적인 '동시'를 허용하지 않는다. 내 기준으로의 지금이 저 우주 너머에 살고 있는 외계인에게는 지금이 아니라는 이야기다. 이는 저 우주 너머의 한 행성에 앉아 있는 영이가 '지금' 지구를 바로 쳐다볼 수 있다면 그것은 지구에서의 '지금'이 아니라 공룡이 지구를 지배하던 시대일 수도 있고 아니면 화성과 금성에도 인간이 정착하여 살고 있는 미래의 '지금'이 될 수도 있다는 것이다.

우리 모두는 각자의 속도에 따라 모두 각자의 시간의 빠르기를 가지고 살아가고 있다. 따라서 모든 관찰자들에게 동일한 동시성이라는 것은 존재하지 않는다. 따라서 미국 서부의 총잡이들이 동시에 총을 뽑아서 누군가와 결투하는 게임은 서로의 상대속도 차이가 적고 거리 또한 가까운 지구상에서나 행해질 수 있는 게임이다. 지구상에서는 분명 동시에 총을 뽑아들어서 공정하게 보이는 이 게임을 만약 먼 은하의 누군가가 보고 있다면 분명 둘 중 한 명이 먼저 총을 꺼내들어서 쏘고 있는 것처럼 보일 수도 있는 것이다. 따라서 먼 미래에 별과 별 사이나 혹은 은하와 은하 사이를 여행할 수 있는 기술이 개발된다고 하더라도 우리가 서로 다른 은하에 살고 있는 외계인과 시간 약속을 하려고 한다면 무엇인가 다른 방법을 강구해야 할 것이다. 상대속도에 따라 서로 다른 시간차로 인하여 나와 은하 너머 외계인이 동시로 인식할 수 있는 시간을 잡을 수는 없기 때문이다. "앞으로 5시간 후에 미팅을 하자" 혹은 "2월 12일 정오에 만나자"라는 말로는 결코 서로 만날 수 없다는 이야기이다(사실 이 정도 거리에서는 서로 소통을 할 수 있는 수단조차 존재하지 않는다. 내가 한마디 한 후 상대방의 회신을 듣기 위해 수백만 년을 기다릴 수는 없지 않은가…).

우주에서 모두를 만족시킬 수 있는 '동시'와 '지금'이라는 것은 존재하지 않는다. 나의 지금이 지금 우주 어느 곳에 존재할지 모르는 누군가에게는 전혀 다른 시대(시간)로 보일 수도 있다니…. 서부 총잡이들의 싸움에서 분명 우리의 눈에 두 사람이 동시에 총을 뽑는 것으로 보였다고 할지라도 저 은하 너머의 또 다른 누가 관찰하기에는 다른 한 명이 총을 먼저 뽑은 것으로 보일 수도 있다니…. 이것은 분명 이상한 상황처럼 생각된다. 지구에서의 나와 외계에서 살아가는 누군가가 있을 때 관찰자가 다르다고 하더라도 분명히 눈앞에서 벌어지는 상황은 하나뿐 아닌가? 그러면 도대체 누구의 관점이 옳은 것인가? 혼란을 느끼는 분들도 물론 계실 것이다. 이해하기는 힘들겠지만 관찰자가 바라보는 모든 관점이 옳다.

이해를 돕기 위하여 완전히 동일하지 않지만 아래 상황을 예로 들어보자. 달리는 기차 안에 있는 사람이 공을 위아래로 던져서 잡는 동작을 하고 있다. 기차 안에 있는 사람들에게 이 공은 분명 위아래의 방향으로만 움직이는 상하 운동을 하고 있다. 하지만 이것은 기차 안에서 같이 여행하고 있는 사람에게만 해당되는 관점이다. 기차 밖에 있는 사람이 이 공을 쳐다본다고 생각해보자. 그에게 공은 분명 상하 운동이 아닌, 기차가 달리는 방향으로 포물선 운동을 하고 있다. 움직이고 있는 공은 분명 하나이다. 하지만 하나의 운동 상태를 보고 두 명의 관찰자가 완전히 서로 다른 이야기를 하고 있다. 누가 옳은 것인가? 그렇다. 두 사람 모두 옳다. 각자의 운동 상태에 따라서 운동의 상태를 이야기하는 관점만 바뀌는 것일 뿐이다. 세상은 이러한 원리로 운영이 되고 있는 것이다.

만약 누군가 당신과 비슷한 지금을 느끼고 있다면
그는 당신과 같은 배를 타고 여행을 함께하는
여행객이다

우리가 지금까지 알아본 것처럼 나보다 빨리 달리는 물체에서는 시간이 나보다 천천히 흐른다. 지금까지 절대 변한다고 생각하지 못했던 시간은 정해진 물리량이 아니었다. 그것은 상대방의 이동 속도에 따라 수시로 변동이 되는, 역동적인 물리량이었던 것이다. 책상에 앉아 있는 철수와 버스를 타고 이동하고 있는 영이의 시계는 미세하지만 서로 다른 빠르기로 흘러간다. 철수와 영이의 상대 속도 차이가 많이 날수록 그 시간차는 점점 커진다. 하지만 지구상에서는 아무리 빠른 속도로 이동을 한다고 하더라도 서로가 느끼는 지금이 차이가 날 정도로 충분한 속도를 낼 수 없다. 그런데 지구를 벗어나 우주 공간으로 나서게 되는 순간 이야기는 완전히 달라진다. 앞서 언급했듯이 이 우주 속에서 지구는 지금도 엄청난 속도로 우주 공간을 여행하며 어디론가로 이동하고 있다. 지구 자체가 우리에게 이 우주 공간을 헤집고 다니는 커다란 우주선인 셈이다. 앞서 우주선에 승선하여 우주를 여행하고 돌아왔던 철수처럼 우리 모두는 지금 지구라는 커다랗고 안락한 우주선에 올라타서 이 우주 공간을 자유롭게 누비고 있는 것이다. 지구라는 우주선에 함께 승선해 있는 사람들의 상대속도 차이는 별로 크지 않다. 지구상에서는 지금 책상에 앉아 있는 철수에 비해 가장 빠르게 달릴 수 있는 것은 비행기를 타고 있는 영이 정도일 것이다. 하지만 시속 1,000㎞ 정도의 속도로는 체감이 될 정도로 시간 차이가 벌어지지 않는다. 따라서 지구에서 살아가고 있는 우리 모두가 느끼는 시간의 빠르기는 거의 같다고 느낀다. 이것이 지금까지 우리가 동시에 어떤 일이 벌어지고 있다고 생각을 해왔던 이유이다. 하지만 서 로 간의 상대속도 차이가 커지게 되면 서로가 느끼는 시간의 차이가 체감이 될 정도로 충분히 커지게 된다. 저 멀리 은하 건너편에 살고 있는 철수와, 지구에 살고 있는 영이의 지금은 결코 일치하지 않으며 시간의 빠르기도 상당히 큰 차이가 난다. 하지만 지구에서 살아가는 우리는 모두 거의 비슷한 지금을 느끼고 있다. 그것은 우리 모두는 지구라는 우주선을 함께 타고 이 거대한 우주를 여행하고 있는, 한 배를 탄 여행객이기 때문이다.

어떠한가? 이제 우리 주변의 이웃이 조금은 더 가깝게 느껴지지 않는가? 이 배를 탄 모든 승객은 거의 비슷한 빠르기의 시간을 공유하고 서로 같은 시간의 관점으로 대상을 바라보고 관찰할 수 있는 것이다. 이 광활한 우주 공간에서 물리적으로 이렇게 비슷한 관점으로 세상을 바라볼 수 있는 존재는 거의 없다고 봐도 무방할 것이다. 우리의 이웃 모두가 우리에게 얼마나 가까운 관계인지는 바로 우리가 모두 비슷한 지금을 느끼고 있다는 점만으로도 충분히 증명이 되는 셈이다. 이것만으로도 내일 엘리베이터에서 만나게 될 우리의 이웃에게 정다운 인사를 먼저 건네야 할 충분한 이유가 되지 않겠는가.

서로 멀리 떨어져 있을수록 발생할 수 있는 시간의 빠르기 차이는 더욱 커진다

우리는 지금까지 이 세상에서 절대적인 동시라는 것이 없다는 것을 알게 되었다. 절대적인 동시가 없다는 것은 지금이라는 순간이 대상의 운동 상태에 따라 모두 다르다는 것을 의미한다. 여기에서 좀 더 상상력을 확장해보도록 하자. 지금부터 이야기하려는 것은 좀 어려운 이야기일 수도 있으니 우주로의 여행을 보다 빨리 하고 싶으신 분들은 이 부분을 뛰어넘어도 된다. 우리가 지금까지 해온 이야기만으로도 시간에 대한 이해는 충분할 것이기 때문이다. 다만 두 대상의 거리가 멀어져 있을수록 발생할 수 있는 시간 차이도 더욱 커진다는 현상으로부터 도출되는 시간의 기이함에 대해 더 깊은 이해를 하고 싶으신 분은 지속적으로 여정을 같이해주기를 바란다. 이 또한 분명 우리의 우주여행을 보다 더 풍성하게 해줄 수 있는 좋은 개념이기 때문이다. 우리는 지금까지 영이와 철수, 두 대상의 상대속도의 차이가 클수록 서로가 바라보는 시간의 빠르기 차이가 크게 난다는 것을 알 수 있었다. 하지만 영이와 철수가 모두 시간 차이를 느낄 수 있을 만큼 상대속도 차이를 크게 하기 위해서는 최소한 빛의 속도 절반 이상으로 그 속도를 올려야 할 것이다. 이것은 분명 어려운 일이다. 그런데 구태여 이렇게 힘들게 서로의 상대속도에 큰 차이가 나지 않게 하더라도 서로의 시간 차이를 크게 만들 수 있는 방법이 있다. 그것은 바로 시간과 결코 분리될 수 없는, 공간을 이용하는 것이다. 즉, 영이와 철수의 거리를 서로 멀리 떨어뜨리면 된다. 두 대상의 속도의 차이가 많이 날수록 상대적인 시간 차이가 많이 나는 것과 마찬가지로 거리가 멀어질수록 시간의 상대론적 효과도 점점 커지기 때문이다. 가위를 한번 상상해보자. 종이를 자르기 위하여 가위를 움직이면 손잡이 쪽은 아주 조금 움직이지만 가위의 끝부분은 훨씬 더 움직이는 폭이 크다. 이 가위의 길이를 저 은하 너머까지 확장시켜보자. 그러면 지구에서 조금 움직이는 가위로 인하여 저 은하 너머 가위의 끝이 움직이는 범위는 실로 어마어마하게 커질 것이다. 이처럼 두 대상의 거리가 멀어질수록 거리로 인한 상대론적 효과는 커진다. 그럼 지금부터 영이와 철수를 등장시켜서 설명을 더 이어나가보도록 하자.

영이와 철수는 지금 같은 방에 있다. 영이는 지금 책상에 앉아서 독서를 하고 있으며 철수는 영화를 보고 있다. 우리는 지금부터 시간에 대해서도 논의해야 한다. 그러므로 시간의 흐름이 표현

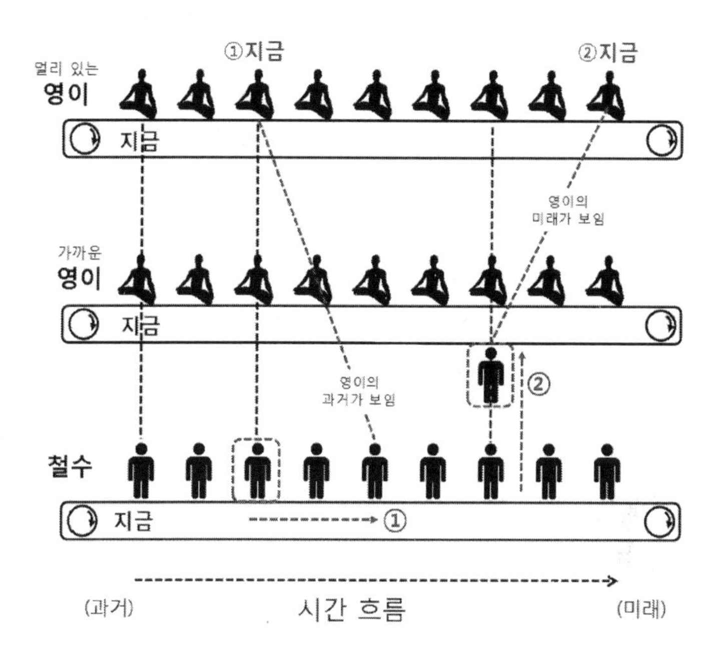

되도록 항상 동일한 속도로 왼쪽에서 오른쪽으로 흘러가는 컨베이어 벨트 위에 영이와 철수가 각각 올라타 있다고 상상해보자. 영이와 철수가 각각 올라타 있는 컨베이어 벨트는 정확하게 동일한 속도로 움직이고 있다. 왼쪽에서 오른쪽으로 움직이는 컨베이어 벨트를 시간축이라고 가정해보면, 현재 동일한 속도로 움직이고 있는 컨베이어 벨트는 영이와 철수에게 동일한 시간이 흐르고 있는 것과도 같다. 따라서 영이와 철수가 전혀 움직임이 없더라도 벨트는 움직이고 있으므로 영이와 철수는 조금씩 왼쪽에서 오른쪽으로 이동하게 될 것이다. 마치 시간이 흐르는 것처럼 말이다. 그리고 현재는 영이와 철수의 거리가 가깝다. 따라서 서로 간에 기준이 되는 '지금'이라는 시간축의 위치는 거의 차이가 나지 않는다.

그런데 영이를 방에서 나오게 해서 철수로부터 아주 멀고 먼 다른 은하로 이동시켜서 멀리 떨어뜨려놓아보자. 사실 영이와 철수가 아무리 멀리 떨어져 있다고 해도 두 사람이 이동하지 않고 정확하게 같은 속도로 같은 선상에 멈춰 있다면 두 사람이 올라타고 있는 컨베이어 벨트의 속도는 두 사람의 거리와는 상관없이 항상 같은 속도로 움직이고 있으므로 앞선 상황과 마찬가지로 그들이 느끼는 '지금'은 거의 차이가 없다(실제로는 다른 행성으로 가 있는 영이도 분명 특정한 속도로 이동하고 있고 지구에 있는 철수 또한 마찬가지이므로 현실에서 두 사람이 완전히 멈추어 있는 절대 정지 상태는 불가능하다. 우리는 앞에서 이미 살펴보았다. 다만 여기에서는 거리에 따른 상대론적 효과를 이야기하기 위하여 이상적인 상황을 가정한 것이다). 이러한 상태가 유지되면 영이와 철수는 시간이 흘러감에 따라 시간축 에 대하여 동일한 속도로 평행하게 움직이게 될 것이므로 서로가 한 방에 같이 있을 때와 마찬가지로 거의 동일한 '지금'을 느끼면서 생활하게 된다.

하지만 철수가 영화를 다 보고 자리에서 일어나 이동하며 상대적인 속도 차이를 만들어내는 순간 상황은 완전히 달라진다. 만약 철수가 시간이 흘러가는 오른쪽으로 움직이면서 이동하게 되면 자연적으로 흘러가는 시간의 차원에다가 철수가 이동을 하는 속도까지 더해지게 되므로 시간이 흘러가는 차원 방향으로 그만큼 더 빠르게 이동이 된다. 영이는 시간 방향으로만 이동되고 있는 반면에 철수는 시간 방향과 함께 운동 방향으로도 추가로 이동하고 있기 때문이다. 이렇게 되면 시간 차원을 따라 이동하고 있는 철수는 자연스럽게 영이보다 순식간에 큰 차이를 보이며 시간 차원에서 앞서게 되고 그렇게 되면 지금까지 '동시'라고 생각되던 시간축이 돌아가면서 철수 입장에서의 '지금'이 영이 입장에서는 과거의 상황과 일치된다. 영이와 철수가 지구에 있었다면 서로 간의 거리가 그렇게 멀지 않기 때문에 이러한 시간의 차이가 별로 크지 않았을 것이다. 하지만 엄청나게 먼 거리에 위치해 있는 두 사람의 거리로 인하여 거리에 의한 상대론적 효과가 커지면서 그들이 느끼는 '지금'의 차이도 엄청나게 크게 확장되는 것이다.

또한 철수가 이번에는 영이가 있는 방향을 향해 움직인다고 생각해보자. 이번 경우에는 영이는 정상적으로 왼쪽에서 오른쪽 방향으로 자연적인 시간의 흐름을 따라 이동하고 있는데 반하여 철수는 영이 방향으로 공간 이동 운동을 하고 있다. 따라서 이번에는 오히려 영이가 철수보다 시간축에서 더 앞서나가게 된다. 그러므로 철수가 느끼는 지금이 영이 입장에서는 미래의 지금과 일치하게 된다. 앞선 경우와 마찬가지로 지금 영이와 철수가 매우 먼 거리로 떨어져 있기 때문에 작은 움직임에도 영이는 철수보다 순식간에 큰 차이를 벌이며 앞서나가게 될 것이다. 이렇게 영이와 철수가 가까이 있을 때에는 서로 간의 시공간 차이가 미미하여 어떠한 방식으로 운동을 하더라도 그 차이가 미미했지만 두 사람이 이렇게 먼 거리를 떨어져 있다면 거리에 의한 상대론적 효과가 엄청나게 커지기 때문에 두 사람 간의 과거와 미래로의 시간 차이가 조그만 운동만으로도 극명하게 드러나게 된다.

이렇게 움직임에 의하여 틀어지는 '지금'의 시간축의 차이는 두 대상의 거리가 멀어질수록 점점 커지게 된다. 따라서 두 대상이 수십억 광년 떨어져 있다면 꼭 빛의 속도로 이동하지 않더라도 움직임이나 속도를 살짝 바꾸는 것만으로도 '지금'에 해당되는 시간의 축은 급격하게 변하게 되는 것이다. 정리하자면 영이와 철수 서로 간의 상대속도 차이가 클수록, 그리고 거리가 멀어질수록 서로 간의 시간 차이는 크게 벌어진다. 따라서 꼭 빠른 속도로 이동하면서 상대속도 차이를 크게 발생시키지 않더라도 두 대상의 거리가 멀어지게 되면 내가 보내는 1시간은 이 우주 공간 어디에 있는 영이에게는 10년이 될 수도 있고 100년이 될 수도 있으며, 반대로 단지 1분이 될 수도 있고 1초가 될 수도 있는 것이다. 그러므로 만약 철수와 멀리 떨어져 있다면 영이가 있는 행성에서의 1분이 지구에서는 100년이 될 수도 있다는 것이다. 이때 만약 영이가 지구에 있는 철수를 바라볼 수 있다면 마치 타임랩스로 만들어진 짧은 동영상을 보는 것처럼 단지 1분 만에 지구에서 벌어지는 100년의 역사가 순간적으로 지나가는 것을 눈앞에서 확인할 수 있을 것이다.

만물은 모두 각자 상대적인 시간의 속도를 가지고 살아가고 있다

시간은 이처럼 우주 스케일에서 보면 그 길고 짧음이 아무 부질없는, 고무줄과 같이 상대적인 빠르기를 가지는 물리량이다. 앞선 사례처럼 영이와 철수가 엄청나게 먼 거리로 떨어져 있다면 거리의 상대론적 효과로 인하여 작은 움직임에도 그들이 느끼는 상대적인 시간의 빠르기가 엄청나게 큰 차이를 보인다. 철수에게는 1분이 영이에게는 1,000년이 될 수도 있다는 이야기이다. 필자는 물속에서 몇 년을 지내다가 물 밖으로 나와 하루밖에 살지 못하는 하루살이를 보면서 큰 세상으로 나오자마자 허무하게 짧은 시간을 보내고 죽는 그네들을 불쌍히 여긴 적이 있다. 하지만 이러한 시간의 상대성을 이해하게 된다면 이 우주 공간 속에서 나와 누군가의 삶의 길이를 내가 바라보는 기준으로 비교한다는 것이 얼마나 부질없는지 깨닫게 된다. 나의 삶 또한 저 너머 우주의 누군가의 눈에는 단지 1초의 시간처럼 보일 수도 있기 때문이다. 하루살이는 비록 하루라는 짧은 시간의 삶을 살고 갔지만 그 짧다는 것은 나의 기준에서 짧은 것이며, 그들이 느낀 시간은 혹시 영겁의 시간이 아니었을까 하는 생각도 해본다. 이렇게 이 우주에서 살아가는 모든 우리는 모두 각자 상대적인 시간의 속도를 가지고 살아가고 있다. 서로에게 시간의 길고 짧음은 문제가 되지 않는다. 그러므로 그 한정된 시간 동안 각자가 얼마나 많은 것을 느끼고 살았느냐에 따라 실질적인 우리 인생의 길이가 결정된다고 볼 수 있는 것이다.

과거와 현재 그리고 미래는 이미 모두 존재한다?

우리는 지금까지 두 대상의 운동 속도의 차이가 많이 나거나 거리가 멀어짐에 따라 상대론적 효과가 크게 발생할 수 있다는 것을 알게 되었다. 그런데 이 과정에서 기존에 우리가 시간에 대해 가졌던 생각으로는 도저히 이해가 될 수 없는 시간의 묘한 속성이 드러나게 되었다. 그것은 철수의 운동 상태에 따라 영이의 과거뿐만 아니라 미래로도 '지금'에 해당하는 시간축이 돌아갈 수 있다는 것이다. 과거로 지금의 시간축이 돌아갈 수 있다는 것은 직관적으로도 어느 정도는 이해할 수 있을 것이다. 지금도 우리는 과거의 태양 모습과 과거의 별의 모습을 보고 있기 때문이다(사실 이것은 시간의 축이 돌아가는 현상과는 차이가 있다. 여기에서는 단순히 현재 기준으로 과거의 모습도 직접 볼 수 있다는 정도로 이해하면 된다). 그런데 영이의 입장에서는 아직 경험해보지도 못한 미래로 시간축이 이동을 할 수 있다고? 이것은 우리의 미래조차도 거기에 이미 존재하고 있다는 것을 의미하는 것이 아닌가! 그렇다! 상대성 이론에 따르면 우리의 과거, 현재, 그리고 미래조차도 이미 거기에 존재하고 있다고 이야기하고 있다. 우리가 느끼는 시간의 흐름은 단지 우리의 착시 현상일 수도 있다는 것이다.

우리는 시간이 과거에서 현재 그리고 미래로 흘러간다고 생각하고 있다. 따라서 우리는 우리의 미래가 정해져 있다고 생각하지 않는다. 흘러가는 시간에 따라 우리의 미래는 얼마든지 바뀔 수 있으며 시간이 도달하지 않는 한 우리는 결코 우리의 미래를 알 수 없다. 이것이 기존에 우리가 시간에 대하여 가지고 있던 생각이었다. 하지만 수학이라는 논리적인 언어로 증명이 되고 있는 상대성 이론은 과거가 이미 정해져 있는 것처럼 우리의 미래 또한 정해져 있다고 이야기하고 있다. 즉, 시간이 흘러간다고 생각하는 것은 우리가 느끼는 착각일 뿐이며 공간과 마찬가지로 시간 또한 과거와 현재와 미래가 이미 존재하는 상태에서 우리는 정해진 삶을 살아가고 있다는 것이다.

사실 우리가 이보다 앞서 알게 되었던, 이 우주에는 절대적인 '동시'가 존재하지 않는다는 명제 또한 과거와 현재 그리고 미래가 이미 동시에 존재하고 있다는 것을 우리에게 알려주고 있는 것이었다. 내가 느끼고 있는 바로 지금 이 순간이 일치하는 절대적인 '지금'은 존재할 수 없다는 것은 저 우주 너머의 누군가에게는 나의 지금이 과거가 될 수도 있고 혹은 미래도 될 수 있기 때문이다. 이제 조금씩 시간이라는 것의 실체가 보이기 시작하는가? 그렇다. 시간은 과거에서 시작해서 현재 그리고 미래로 흘러가는 것이 아니다. 과거, 현재, 미래가 이미 존재하고 있는 세상을 단지 우리는 시간이 흘러가고 있다고 느끼며 살아가고 있는 것이다. 이것이 수학이라는 언어로 보여지는 시간의 모습이다. 수학이라는 언어는 과거가 그곳에 이미 존재하고 있던 것처럼 미래도 이미 거기에 존재하고 있다고 이야기한다. 수학 속에서는 과거와 미래에 어떠한 구분과 차별도 존재하지 않는 것이다.

공간이 만들어지는 그곳에서 새로운 시간도(미래) 만들어지고 있다

여러분들은 어떻게 생각하는가? 정말 이 세상은 과거와 현재, 미래가 한꺼번에 이미 모두 존재하는 세상이며 지금의 나는 이미 정해져 있는 운명에 몸을 맡긴 채 시공간을 따라 움직이고 있을 뿐인가? 누군가 이야기했던 것처럼 정말 우리가 느끼는 시간의 흐름은 단지 우리의 착각일 뿐인가? 그렇다면 나의 미래조차도 어떤 방향으로 나아갈지가 이미 정해져 있다는 말인가?

이 부분에 대해서는 아직도 여전히 논란이 많다. 은하계를 공전하고 있는 태양과 지구를 주기적으로 방문하는 혜성과 같은 천체들의 움직임은 우리가 정보만 충분히 가지고 있다면 그 천체들의 과거는 물론이고 미래까지도 모두 알 수 있다. 즉, 천체들의 움직임은 그들의 미래가 이미 거기에 존재하고 있다고 해도 별다른 거부감 없이 받아들일 수 있다. 하지만 인간의 경우는 다르다. 인간은 천체들이 가지고 있지 못한 자유 의지를 가지고 있기 때문이다. 자유 의지는 수학적으로 기술될 수 있는 것이 아니다. 우리는 지금 이 순간에도 셀 수 없이 많은 상황에서 선택을 강요받고 있다. 내일 있을 중요한 자격 시험에 응시를 할 것이냐 혹은 하지 않을 것이냐, 연인과 크게 다툰 후 속상한 마음에 헤어지는 것을 결심할 것이냐 아니면 서로 화해를 하고 다시 새로운 시작을 할 것이냐 등등 인간 세상의 미래는 수많은 선택과 가능성으로 가득 차 있다. 확정되지 않은 미래를 믿기에 비록 지금 현재가 힘들더라도 보다 밝은 미래를 위하여 우리는 참고 인내할 수 있다. 그런데 우리의 미래조차 사실은 정해진 것이라니…. 이러한 상황에 대하여 거부감과 회의가 드는 것은 당연한 일이다.

따라서 이런 모순을 해결하기 위하여 사실 이 세상은 우리의 자유 의지에 따라 모든 가능성과 변화에 맞는, 각각의 셀 수 없는 많은 시공간이 이미 모두 존재하고 있으며 우리는 그 정해진 시공간 중 하나의 경로를 따라 살아가고 있을 뿐이라는 설명으로 이러한 모순을 봉합하기도 한다. 그리고 이러한 설명은 자연스럽게 다중 우주론으로도 이어지면서 결국은 철학적인 영역으로 넘어가게 된다. 아직 정해진 답은 없다. 독자 여러분들은 자신 나름대로의 가치관에 따라서 원하는 방식의 우주관을 가지면 된다. 중요한 것은 시공간이 가지는 이러한 오묘한 관계를 이해하고 있기만 하면 되는 것이다.

필자에게 이 부분에 대한 개인적인 생각을 물어본다면 나는 이 세상의 미래가 결코 정해져 있다고 생각하지 않는다. 비록 상대성 이론이 과거 100여 년 동안 감히 넘어설 수 없는 명백한 법칙으로써 자리매김하였고, 수학이라는 논리적인 언어로 그 과정이 아름답게 설명이 되고 있다고 하더라도 인간의 자유 의지처럼 수학이라는 언어로는 결코 설명이 안 되는 부분도 분명 존재할 것이라고 생각한다. 시간도 그중 하나일 수 있다. 수학적으로는 과거로 흘러가는 시간도 수식으로 표현하는 것에 아무런 제약이 없다. 하지만 실제 현실에서는 과거로 흘러가는 시간을 재현하는 것은 불가능하다. 즉, 우리가 현재 가진 지식만으로는 시간의 방향성을 수학적으로 설명하는 것은 불가능하다고 보는 것이 맞지 않을까? 그렇기 때문에 단지 수학적으로 표현이 가능하다는 이유로 미래의 모습이 모두 이미 거기에 존재한다고 볼 수는 없을 것이다.

필자는 앞서 시간의 방향에 대해 이야기할 때 설명했던 것처럼, 결코 바뀌지 않는 시간의 방향성이 빅뱅과 함께 창조된 우주와 그리고 지금도 진행되고 있는 우주 팽창이 결코 바뀌지 않는 시간의 방향성과 모종의 연관이 있지 않을까 하는 생각을 한다. 만약 지금도 팽창하고 있는 우주의 끝 그 경계면에서 아무것도 없는 '무'의 세상으로부터 존재하지 않던 공간이 새롭게 만들어지고 있다면, 그동안 존재하지 않던 시간조차도 거기에서 새롭게 만들어지고 있다고 봐야 할 것이다. 시간과 공간은 결코 분리될 수 없는 시공간으로 묶여 있기 때문이다. 그러면 여기에서 지금 이 순간 저 머나먼 우주의 끝에서 새롭게 만들어지고 있는 새로운 시간이 바로 우리가 생각하고 있는 그 미래가 아닐까? 그리고 팽창하고 있는 우주 속에서 이렇게 새롭게 만들어지고 있는 시간으로 인하여 지금 미래의 시공간이 우리가 느끼고 있는 것처럼 무한한 가능성으로 열려 있는 것이 아닐까? 지금 팽창하고 있는 우주 경계면의 끝, 그곳에서도 아직 새로운 시간이 만들어지지 않은 것처럼 우리의 미래도 아직 만들어지지 않았다. 아직 만들어지지 않은 미래는 존재도 할 수 없을 것이다. 따라서 우주 저 끝에서 지금 팽창하면서 새롭게 만들어지고 있는 시공간으로 인하여 지금 우리의 미래도 그에 따라 다양한 가능성을 가진 채로 새롭게 만들어지고 있는 것일지도 모른다. 시간의 속성은 이렇게 아직도 많은 비밀을 간직한 채 여전히 신비스러운 베일에 가려져 있다. 따라서 이에 관해서는 각자가 자신의 가치관에 부합하는 시간의 관념을 가지고 있으면 될 것이다.

전설적인 SF 영화 '터미네이터2'의 한 장면. 손상된 미래 로봇의 머리를 수리하고 있는 장면이 거울을 통하여 보이고 있다. 롱테이크로 끊김 없이 촬영된 이 장면은 놀랍게도 CG가 아니고 더미 인형으로 만들어진 로봇의 뒷모습을 만지고 있는 여주인공의 반대편에서 실제 아놀드 슈왈제네거와 여주인공의 쌍둥이 자매가 실사로 촬영한 장면이다. 30여 년 전에는 CG로 이런 장면을 만드는 것보다 실사로 현장을 구현하는 것이 비용도 적게 들고 더 사실적으로 보였다고 한다.

아무튼 거울을 바라보면 자연스럽게 우리 자신의 모습이 보일 것이라는 것은 결코 의심의 여지가 없을 것이다. 사고 실험을 어릴 적부터 즐겨 했던 아인슈타인은 소년 시절부터 만약 자신이 빛의 속도로 날아가면서 한 손에 거울을 들고 쳐다본다면 어떻게 될 것인가에 대하여 자주 상상하곤 했다고 한다.

고전 역학에 따르면, 내가 빛의 속도로 움직이고 있으면 내 얼굴에서 반사되어 나온 빛과 나의 이동속도가 동일하므로 빛에 반사된 나의 얼굴이 거울에 비치는 일은 결코 일어나지 않는다. 나는 분명 거울을 보고 있음에도 불구하고 내 얼굴이 거울에 비치지 않는다니… 이 무슨 공포영화 같은 오싹한 상황이란 말인가?

이렇게 기존 고전 역학의 테두리 안에서 우리가 빛의 속도로 움직이고 있다는 상상을 하면 오히려 결코 일어날 수 없는 패러독스가 유발되는 상황이 발생한다. 물체가 빛의 속도로 움직이고 있는 세상에서는 내가 빛의 속도로 달리더라도 빛은 항상 나로부터 여전히 같은 속도로 멀어져야 거울에서 반사되어 비치는 내 얼굴을 볼 수 있다. 반복되는 이야기지만, 이처럼 나의 주변 환경에서 얻어진 경험만으로 모든 상황을 미루어 짐작하는 것이 얼마나 많은 오류를 만들어낼 수 있는지 우리는 역사를 통하여 끊임없이 배우고 있다.

❺ 왜 만물은 빛의 속도 이상으로는 달릴 수 없는가?

빛의 속도는 항상 일정하며 변하는 것은 시간과 공간이다

우리는 앞서 빠르게 움직이고 있는 대상에서는 시간이 천천히 흘러가게 된다는 사실을 알았다. 지금 철수는 지구상에서 느긋하게 따스히 쏟아지고 있는 빛을 바라보고 있다. 오후의 따스한 햇살 아래에서 차 한잔의 여유를 즐기고 있던 철수에게 불현듯 이런 의문이 떠올랐다. 내가 빛의 속도로 이동하면서 빛을 바라본다면 어떻게 될까? 빛의 속도가 아무리 빠르다고 하더라도 만약 내가 빛의 속도로 달릴 수 있다면 저렇게 빠르게 달리고 있는 빛일지라도 움직이고 있는 빛의 가장 앞부분으로 달려가 빛이 어떻게 생겼는지를 직접 바라볼 수도 있지 않을까? 사실 이것은 아인슈타인이 소년 시절 가졌던 의문이었다.

아인슈타인 못지 않은 호기심을 가지고 있던 철수는 직접 이 실험을 해보기로 하였다. 다행히도 철수가 살고 있는 시대에는 놀라운 과학기술로 거의 빛의 속도까지 달릴 수 있는 최신 우주선이 개발되어 있던 터였다. 철수는 평소 잘 알고 지내던 우주선 센터 관리인을 통하여 어렵지 않게 우주선을 빌려 타고 서서히 속력을 올려서 거의 빛의 속도에 도달하였다. 철수는 이제 두근거리는 가슴을 진정시키며 빛이 과연 어떻게 생겼는지를 잘 관찰해보려고 하였다. 아니… 그런데 이게 웬일인가? 분명 철수의 우주선은 거의 빛의 속도로 이동하고 있음에도 불구하고 빛이 어떻게 생겼는지 보이기는커녕 빛은 여전히 철수로부터 3×10^8㎧의 변함없는 속도로 멀어지고 있는 것이 아닌가!

그렇다. 앞서 몇 번 설명하였듯이 이것은 우주선의 속도계가 고장 난 것이 아니다. 빠르게 이동하는 우주선에서는 시간이 느리게 흘러가기 때문에 우주선의 속도가 증가할수록 철수의 시간도 천천히 가기 때문이다. 따라서 철수의 우주선이 아무리 빠르게 움직인다고 하더라도 시간이 천천히 가고 있는 철수의 눈에는 여전히 저 앞에서 3×10^8㎧의 변함없는 속도로 멀어지는 빛을 볼 수밖에 없는 것이다. 이 세상 누가 관찰하더라도 빛은 항상 같은 속도를 나타낸다. 빛의 속도는 관찰자의 이동속도에 상관없이 언제 어디에서나 전 우주에 걸쳐 동일하다. 변하는 것은 빛의 속도가 아니라 바로 시간과 공간이다. 이 우주의 시공간은 바로 빛의 속도를 항상 일정하게 유지시켜주기 위하여 수시로 역동적으로 변하고 있다. 회사에 출근하기 위해 버스에 몸을 실었을 때의 시간은 분명 잠자리에서 이제 막 일어나서 침대에 앉아 있을 때의 시간보다 느리게 흐른다. 매우 느린 속도로 움직이고 있는 우리에게는 그 차이가 매우 미미해서 그 차이를 느낄 수 없었던 것뿐이다. 그래서 빛이 보여주는 이러한 현상이 기괴하게 생각되기도 하지만 사실은 이것이 우리 우주가 처음 만들어진 이후 지금까지 운영되는 원리인 것이다.

어떠한 상태에서도 변하지 않는 우주의 절대 상수

이 세상에서 변하지 않는 것이 있을까? 냉장고 밖으로 나와 있는 고기는 쉽게 상한다. 너무나도 귀여웠던 우리 집 강아지는 어느새 늙고 병들게 된다. 아련한 마음으로 강아지를 땅에 묻어주고 강아지의 죽음을 안타까워하며 슬퍼했던 우리조차 이내 같은 곳에서 영원히 잠이 든다. 나이를 분간하기 힘든 식물들도 유한한 수명이 있으며 영원히 썩지 않을 것 같던 플라스틱조차도 어느 순간에는 끝내 분해된다. 오늘의 날씨는 어제와 다르게 매일 변화무쌍한 모습을 보여주고 있으며, 절대 움직이지 않는 것처럼 보이는 밤하늘의 저 별들도 긴 시간에 걸쳐 관찰하면 활발한 움직임을 볼 수 있다. 이렇게 우리 주변의 모든 만물은 지금 이 순간도 변화하면서 역동적으로 바뀌고 있다. 심지어 변하지 않는 절대 기준이라고 생각되었던 시간과 공간마저도 이제는 운동 상태에 따라 수시로 휘어지고 늘어나는 역동적인 물리량임을 우리는 깨닫게 되었다.

이처럼 모든 것이 변하는 세상에서도 절대 변하지 않고 고고하게 그 값을 변함없이 유지하는 것이 있다. 우리가 지금까지 이야기해온 '빛의 속도'가 바로 그것이다. 우리가 어느 위치에 있든지, 어떤 속도로 달리든지 이 우주의 어느 곳에서 빛을 관찰하더라도 빛의 속도는 항상 일정하다. 언제 어느 곳에서나, 시간과 장소에 상관없이 변치 않는 절대량이 있다는 것은 우리에게 매우 고마운 일이다. 우리가 기준으로 삼을 수 있는 무엇인가가 있다는 것을 의미하기 때문이다. 하지만 빛의 속도에 대한 이러한 속성을 깨닫는 순간 우리는 그동안 우리에게 있어 절대 불변의 양이었던 시간과 공간이 변한다는 것을 받아들여야 했다.

그렇다면 왜 빛의 속도는 항상 일정해야 하는가? 시속 100㎞의 자동차를 타고 달리고 있는 철수를 따라잡기 위해서 내가 가진 오토바이를 타고 시속 100㎞로 달리면서 철수를 본다면 철수는 마치 움직이지 않고 내 옆에 있는 것처럼 느껴진다. 그런데 왜 이 세상 만물 중에서 유독 빛만은 내가 빛의 속도로 달리면서 빛을 쳐다본다고 하더라도 나로부터 항상 빛의 속도로 멀어지는 것일까? 아인슈타인은 이 이유에 대해서 모든 물질은 '시공간' 속에서 이미 빛의 속도로 이동하고 있다는, 다소 황당한 주장으로 이 부분을 설명해주었다. 이 이야기는 상대성 이론에 대한 내용을 정리할 때 더 자세하게 나오므로 조금만 궁금증을 참아보면서 우리의 여정을 계속 가도록 하자.

자연이 부여한 한계

아인슈타인의 상대성 이론은 빛의 속도 이상으로 달리는 것을 허용하지 않는다. 반복해서 하는 이야기지만 상대성 이론이 세상에 태어난 지 100여 년이 넘는 시간 동안 이를 검증하기 위해 저명한 학자들에 의하여 시도되었던, 셀 수 없이 많은 모든 실험 결과 중 단 한번이라도 상대성 이론의 예측을 벗어난 적은 없었다. 이 정도면 어지간히 의심이 많은 사람도 상대성 이론이 설명하는 세계관을 받아들여야 할 것이다.

그런데 상대성 이론을 신봉하는 필자조차도 상대성 이론에 대해 항상 가지고 있는 의문이 있었다. 그것은 '왜 만물은 빛의 속도 이상으로는 움직일 수 없다는 것인가?'다. 왜 자연은 하필이면 이러한 제약을 주었는가? 영이는 달리기 시합이 있을 때면 항상 반에서 1등을 한다. 영이와 같은 반이었던 철수는 영이 때문에 항상 2등을 할 수밖에 없었다. 달리기 국가대표 선수가 꿈인 철수는 영이를 제치고 꼭 반에서 1등을 하고 싶은 욕망으로 불타올랐다. 철수는 몸을 단련하기 위해 아침부터 저녁까지 매일 높은 강도의 훈련을 했고 결국은 영이를 이기고 반에서 1등을 할 수 있었다. 이처럼 인간이 살아가는 세상에서는 노력을 하면 그 보상이 뒤따르는 법이다. 그러나 자연의 법칙은 어떠한 노력을 하더라도 세상 그 어떤 것도 빛의 속도를 넘어설 수 없다고 이야기하고 있다. 자연의 법칙은 어떠한 경우라도 빛의 속도 이상을 허용하지 않고 있는 것이다.

그렇다면 자연이 운영되는 그 근원부터 이러한 차별과 한계가 이미 존재하고 있었다는 것인가? 과연 빛의 속도는 자연이 부여한 한계일까? 왜 자연은 빛에게만 이렇게 특별한 권위를 부여한 것일까? 여기에는 분명 그 이유가 있을 것이다. 이것을 알아가는 여정이 바로 상대성 원리가 설명하는 세계관을 이해하는 첫 번째 단계이다. 그러므로 천천히 단계를 밟아가면서 베일에 가려진 비밀의 문을 열어보도록 하자.

에너지는 곧 질량이다

왜 만물은 결코 빛과 같은 속도로 달릴 수 없을까? 야구 경기에 있어서 투수가 던지는 공의 속도는 종종 화젯거리가 되곤 한다. 강한 어깨를 가진 투수일수록 빠른 공을 던진다. 그러면 공의 속도는 어떻게 결정되는 것일까? 투수의 손끝에서 벗어난 공에 보다 많은 에너지가 전달되면 공은 더 빠르게 날아갈 것이다. 우주선도 마찬가지다. 우주선에 더 많은 에너지를 추진력으로 주면 줄수록 우주선의 속도는 점점 빨라지기 마련이다. 그렇다면 이런 방식으로 우주선의 속력을 조금씩 계속 증가시킨다면 힘들긴 해도 결국은 빛의 속도를 넘어서는 시점이 오지 않을까? 이것이 우리 경험에서 오는 자연스러운 생각이다. 그렇다면 아인슈타인의 설명이 틀렸다는 것인가? 분명 무언가 이상하다. 이렇게 우리의 경험과 상식으로는 이해가 가지 않고 이상하게 여겨지는 빛의 속도에 대한 제약을 설명하기 위해서는 인류 역사상 가장 유명한 수식을 등장시켜야 한다.

'$E=mc^2$'

E(에너지)는 질량(m)에 빛의 속도(c)의 제곱을 곱한 값과 같다. 지금까지 살펴보았듯이 빛의 속도는 언제 어디에서나 변하지 않는, 항상 일정한 상수 값이다. 따라서 빛이라는 정해진 상수를 제외한다면, 이 공식은 에너지는 바로 질량과 서로 같은 것이라는 것을 알려주고 있다. 누구나 한 번쯤은 들어봤을 이 수식은, 우리가 가지고 있던 물질에 대한 고정관념 또한 혁명적으로 바꿔준 엄청난 발견이었다. 이에 대한 이야기는 뒷장에서 보다 자세히 다룰 기회

가 있을 것이다. 일단 여기에서 우리는 이 수식을 활용하여 왜 만물은 빛의 속도로 결코 달릴 수 없는지를 간단하게 설명하게 될 것이다. 여기에서는 우선 에너지와 질량이 서로 같은 것이라는 정도만 기억해두도록 하자.

우리는 어떤 물질을 빨리 움직이게 하기 위해서는 에너지를 주입해주어야 한다는 것을 잘 알고 있다. 공을 더 멀리 던지기 위해서는 더 센 힘을 공에 전달해야만 하며, 자동차를 더 빨리 달리게 하기 위해서는 가속 페달을 더 밟아서 바퀴를 회전시키는 엔진에 더 많은 연료를 공급해줘야 한다. 이것이 우리가 아는 상식이다. 하지만 이러한 방식으로는 설명을 더 이어나가기가 곤란하다. 우리 지구상에서는 공기의 저항과 지면과의 마찰력이라는 변수가 있기 때문이다. 따라서 투입된 에너지는 운동 대상의 속도를 올리는 것뿐만 아니라 마찰력으로도 소모가 된다. 그러므로 투입된 에너지 모두를 순수하게 운동 대상의 속도를 증가시키는 데 활용하기에는 제약이 생길 수밖에 없다. 따라서 미안하지만 우리는 또 철수를 우주 공간으로 내보내야 할 것 같다.

에너지가 질량으로 전환되다

철수에게 이번에 새롭게 개발된 우주선을 내주었다. 이 우주선에는 신기술로 개발된 핵융합 발전기가 있다. 최신 기술의 핵융합 발전기가 장착되어 있는 우주선은 거의 무한대로 에너지를 공급할 수 있다고 가정해보자(실제로 무한대의 에너지라는 것은 없다. 우리의 태양도 언젠가는 꺼진다. 하지만 이 세상에서 가장 효율이 높은 발전 기술은 태양과 동일한 원리로 에너지를 만드는 핵융합 발전이다. 현실에서는 아직 상용화된 핵융합 발전기는 만들어지지 못하였다. 단지 작은 규모로 그 가능성에 대한 실험만 이루어지는 수준이다. 인류가 현재 가지고 있는 것은 핵융합이 아닌 핵분열 발전기이다. 하지만 나는 우리 인류가 끝내는 상용화할 수 있는 핵융합 발전기를 개발할 수 있을 것이라고 확신한다). 우주선을 타고 지구를 출발한 철수에게 영이는 아인슈타인이 말했던 것처럼 정말 모든 물체는 빛의 속도 이상으로 이동할 수 없는지 직접 실험을 해보자고 제안했다. 영이는 철수에게 핵융합 발전기를 지속 가동시켜 계속 우주선의 속도를 높이라고 요청했다. 철수는 출력을 최대한으로 높여서 지속적으로 우주선의 속도를 높이기 시작했다. 처음에는 과연 에너지를 우주선에 더 공급해주는 만큼 우주선의 속도가 급속히 증가하였다. 이 최신 핵융합 발전기를 이용하면 곧 빛의 속도까지도 넘어버릴 것 같은 기분이 들었다.

하지만 이내 이상한 현상이 조금씩 관찰되기 시작하였다. 처음에는 아주 잘 올라가던 우주선의 속도가 빛의 속도에 가까워질수록 아무리 에너지를 공급해줘도 속도가 처음만큼 잘 늘어나지 않았다. 급기야 우주선이 빛의 속도의 90%를 넘어서면서부터는 아무리 출력을 가해도 우주선의 속도가 별로 늘어나지 않는 것처럼 느껴진다. 이것은 분명 수수께끼 같은 현상이다. 에너지 보존의 법칙에 따르면 투입된 에너지는 분명 우주선의 속도를 증가시키는데 사용되어야 하기 때문이다. 특히나 우주 공간에서는 마찰이 없으므로 투입된 에너지는 한 톨도 낭비되는 것 없이 모두 우주선의 속도 증가로 연결이 되어야 할 것이다. 우주선에서는 지금도 핵융합 발전기로부터 생산된, 엄청난 양의 에너지가 우주선의 엔진으로 공급이 되고 있다. 그러면 분명 에너지 보존 법칙에 따라 이렇게 공급된 에너지는 분명 우주선의 속도 증가로 전환이 되어야 한다. 그런데 왜 우주선의 속도는 좀처럼 증가할 기미를 보이지 않는가? 그렇다면 에너지 보존 법칙이 틀리기라도 했다는 것인가?

이런 생각을 하면서 고민에 빠진 철수는 이내 우주선에서 이상한 일이 벌어지고 있다는 것을 깨달았다. 우주선에 에너지를 더 공급하면 공급할수록 우주선의 질량이 조금씩 계속 커지고 있었던 것이다. 좀 더 정확한 정보를 확인하기 위하여 철수는 계기판을 통하여 우주선의 질량을 확인해보았다. 그런데 이게 웬일인가? 우주선의 질량이 처음 출발했을 때보다 자그마치 10배나 무거워져 있는 것이 아닌가! 혹시나 우주선에 어떤 무거운 물질이 달라붙어 있나 확인을 해봤지만 분명 우주선에는 아무런 이상이 없다. 눈치 빠른 일부 독자들은 이미 눈치챘을 것이다. 그렇다! 철수가 우주선에 공급하는 에너지는 우주선의 속도를 증가시키는 데 사용되는 것이 아니라 우주선 자체의 질량을 증가시키는 데 사용되고 있었던 것이다.

질량을 가진 물질이 빛의 속도에 근접할수록 그 이동하는 물질에 투입되었던 에너지는 속도를 빠르게 하는 데 사용되는 것이 아니라 질량으로 전환되면서 질량이 증가하게 된다. 그리고 이렇게 질량이 증가된 물질을 더 빠르게 이동시키기 위해서는 그만큼의 에너지가 추가로 더 필요하게 된다. 그래서 속도를 조금이라도 더 올리기 위하여 더 추가된 에너지는 속도가 아니라 다시 물질의 질량을 오히려 더욱 증가시키게 된다. 그러므로 결국은 아무리 무한대의 에너지를 우주선에 공급한다고 해도 우주선은 결코 빛의 속도에 도달할 수가 없는 것이다. 이러한 현상이 발생하는 이유는 앞서 아인슈타인이 $E=mc^2$이라는 수식을 통해서 밝혀내었던 것처럼 에너지와 질량이 서로 다른 것이 아니라 사실은 하나의 서로 다른 모습이기 때문이다. 전기와 자기가 사실은 동전의 양면처럼 하나의 다른 모습이었던 것처럼 에너지와 질량도 이와 같은 성질의 것이었다. 앞서 시간의 빠르기에서도 언급했지만 이러한 현상 또한 빛의 속도에 근접하는 수준으로 빠르게 움직이고 있는 우주선에만 적용되는 사실은 아니다. 우리 주변에서 흔히 보이는 자동차도 정지해 있을 때보다 움직이고 있을 때 더 큰 질량을 가지게 된다. 하지만 우리가 오랜 시간 동안 이를 깨닫지 못하고 있었던 것은 너무나도 느리게 움직이는 속도로 인하여 변화무쌍하게 변하고 있는 시간의 빠르기를 우리가 알아차리지 못했던 것과 같다. 이렇게 빠르게 달리고 있는 우주선에서는 에너지와 질량은 서로가 구분이 잘 되지 않을 정도로 자신의 모습을 쉽게 바꿀 수 있게 된다. 이것이 바로 에너지와 질량이 태초부터 가지고 있는 속성이며 이러한 환경에서 에너지는 바로 질량이자 질량이 곧 에너지였던 태초의 환경으로 돌아가게 되는 것이다.

정리하면, 우주선에 투입되는 에너지가 아무리 많이 증가한다고 해도 이것이 속도를 높이는 데 사용되는 것이 아니라 질량을 증가시키는 데 사용된다. 따라서 거의 무한대의 에너지를 공급한다고 하더라도 우리는 상상할 수 없이 무거워지고 있는 우주선만을 확인할 수 있을 뿐, 결코 빛의 속도에 도달하는 우주선을 볼 수는 없는 것이다. 혹시나 그래도 미련의 끈을 놓지 못하고 우주선에 지속적으로 추가적인 에너지를 계속 공급하면 어떻게 될까? 아마 우주선이 빛의 속도에 도달하는 것을 보기 훨씬 전에 감당할 수 없게 늘어난 우주선의 질량에 의하여 우주선 내의 중력이 점차 증가하면서 철수는 움직이지도 못하다가 마침내는 커져가는 중력을 감당하지 못하고 점으로 수축되어버리는 불상사가 일어날 수도 있을 것이다. 따라서 "나는 정말 빛보다 빠른 우주선을 만들 수 있어! 조금만 더 노력하면 될 것 같아!"라는 괜한 객기는 부리지 않는 것이 좋을 것이다.

우리가 지금까지 살펴본 것처럼 특수 상대성 이론은 빛의 속도 이상으로 달리는 현상을 허용하지 않는다. 이 우주는 태초에 시공간이 처음 만들어진 그 순간부터 만물은 빛의 속도 미만에서만 허용이 가능한 질서를 부여받았다. 하지만 그것은 우주가 탄생하면서부터 만들어진 물질에 한정되는 이야기이다. 혹시 우주 탄생 이전부터 있던 그 무엇이거나 또 다른 물리 법칙이 적용되는 다른 우주 등에서는 빛보다 빠른 무엇이 있을지도 모른다. 이렇게 빛보다 빠른 입자가 존재할 수도 있다는 가정에서 일부 학자들은 이를 '타키온'이라고 부르며 연구하기도 한다. 혹시 알겠는가? 훗날 이 타키온이 발견되고 현대의 우리에게 그토록 뿌리 깊게 박혀 있는 아인슈타인의 상대성 이론을 부정할 새로운 이론이 나올지도 모르는 일이다. 아인슈타인이 뉴턴의 고전 역학을 깨고 나온 똑같은 방식으로 말이다. 과학은 늘 기존 고정관념을 깨뜨리는 것에서부터 혁신적인 발전을 거듭해가는 것이다.

빛의 속도로 달리면서 거울을 본다면

우리는 이 세상의 어떤 물질도 빛의 속도 이상으로는 달릴 수 없다는 것을 알았다. 우리 우주 만물은 절대 빛의 속도에 도달할 수 없다. 자연의 법칙이 그것을 허용하지 않는다. 그럼에도 불구하고 어린 시절의 아인슈타인이 그랬던 것처럼 내가 빛의 속도로 달리면 어떻게 될까를 상상해보는 것은 재미있는 일이다. 아인슈타인은 소년 시절부터 자신이 빛의 속도로 날아가면 어떤 일이 벌어질까 하는 상상을 자주 했다고 한다. 물론 그럴 수는 없겠지만 내가 빛의 속도로 달리고 있다고 사고 실험을 한번 해보도록 하자. 나의 오른손에는 거울이 들려 있다. 그리고 나는 지금 빛의 속도로 달리고 있다. 빛의 속도로 달리고 있는 내가 오른손에 들고 있는 거울을 바라본다면 내 얼굴이 어떻게 보일까? 나는 호기심이 잔뜩 어린 표정으로 두근거리는 가슴을 진정시키며 손을 뻗어 거울을 내 얼굴 앞으로 가져간다. 아인슈타인이 등장하기 이전의 고전 역학에 따르면 분명 나는 내 얼굴 앞으로 거울을 가지고 갔지만 내 얼굴은 거울에 비치지 않는다. 내 얼굴이 거울에 보이기 위해서는 내 얼굴에서 반사된 빛이 거울까지 도달해야 하기 때문이다. 하지만 지금 나는 이미 빛의 속도로 움직이고 있다. 그리고 이는 지금 내 얼굴에서 반사되어 나온 빛의 속도와 같다. 따라서 나의 이동속도와 내 얼굴에서 반사된 빛의 이동속도가 동일하다. 그러므로 내 얼굴에서 반사된 빛은 빛의 속도로 달리고 있는 내 얼굴을 결코 앞지르지 못한다. 따라서 내가 오른손에 들고 있는 거울에 내 얼굴이 비치는 일은 결코 일어나지 않게 되는 것이다. 분명 무엇인가 이상하다. 나는 분명히 거울을 보고 있는데 거울에 내 얼굴이 비치지 않는다니…. 그동안 우리가 일상생활에서 일반적으로 경험하고 있는, 익숙한 속도의 상대성의 원리를 그대로 반영해서 빛의 속도로 달리는 상황을 상상해보면 이렇게 분명 나의 얼굴은 거울에 절대 비칠 수 없다는, 오히려 이해할 수 없는 이상한 결론에 이르게 된다. 그렇다면 빛의 속도로 달리고 있는 나는 이미 이 세상 사람이 아닌 영혼의 모습이 되기라도 했다는 것인가?

걱정할 필요는 없다. 공포영화에나 등장할 법한, 이런 오싹한 상황은 발생하지 않는다. 아인슈타인은 우리가 빛의 속도로 달린다고 하더라도 이런 황당한 일은 결코 발생하지 않는다고 생각했다. 상대성 이론에 따르면 빛의 속도는 관측자의 이동속도와 상관없이 항상 일정하다. 빛의 속도는 관측자의 이동 상태와 상관없이 항상 일정하기 때문에 내가 빛의 속도로 달리고 있더라도 내가 바라보는 빛은 여전히 나로부터 초속 30만㎞로 움직인다. 따라서 나의 이동속도가 무엇이든지 상관없이 빛은 자신의 속도를 여전히 빠르게 유지한 채 거울에 반사되어 나에게 돌아온다. 그러므로 아무리 내가 빛의 속도로 달리면서 거울을 본다고 하더라도 거울에 내 얼굴이 비치지 않는 기이한 현상은 발생하지 않는다.

이렇게 우리가 빛의 속도로 움직이고 있다는 가정을 하고 사고실험을 해보면 평상시에 자연스럽게 생각하고 있던 속도의 상대성 원리가 오히려 괴이한 상황을 만들게 되는 것이다. 따라서 빛의 속도만큼 빠르게 움직이고 있는 세상에서는 오히려 내가 어떤 속도로 움직이더라도 빛의 속도가 항상 일정하다는 전제를 받아들여야만 이 세상에서 벌어지는 일이 자연스럽게 설명되는 것이다. 이러한 방식으로 사고 실험을 계속 하다 보면 빛이 가진 오묘한 성질이 그렇게까지 괴이하게 느껴지지 않는 경험을 하게 된다. 이것은 바로 사고 실험 속에서 겪게 되는, 반복되는 간접적인 경험 때문이다.

빛의 속도로 달리면 시간은 완전히 정지한다

여기에서 한번만 더 상상을 확장해나가보자. 빛의 속도로 달리고 있던 나는 거울에 내 얼굴이 얌전히 잘 비치는 것을 확인하고 역시 아인슈타인이 옳았다는 생각을 했다. 그리고는 내친김에 빛의 속도로 우주를 여행하고 싶다는 마음이 들었다. 그래서 우리에게 가장 친숙한 우리 이웃 은하인 안드로메다 은하까지 가보기로 했다. 빛의 속도로 달리고 있는 내가 안드로메다 은하까지 가는데 시간은 얼마나 걸릴까? 정말 놀랍게도 나는 출발 즉시 안드로메다에 도착해 있을 것이다. 빛과 같은 속도로 달리면 시간조차 정지하고 흘러가지 않기 때문이다. 흘러가는 시간이 없기에 지구에서 출발 즉시 안드로메다 은하에 도착해 있는 자신을 발견하게 된다(물론 우주선이 빛의 속도까지 가속하거나, 날아가다가 정지하기 위해서는 감속하는 시간이 필요할 것이고 이를 위한 에너지도 엄청나게 필요하다. 일단 여기에서 이런 것은 무시하도록 하자).

이런 이야기를 들으면 누군가는 이런 질문을 하는 것이 자연스러울 것이다. 아니, 뭐라고? 그 머나먼 곳에 출발 즉시 도착 한다고? 안드로메다까지의 거리는 분명 약 230만 광년이 넘는, 엄청나게 먼 거리이다. 그것은 빛의 속도로 가도 230만 년이라는 시간이 걸린다는 것을 의미하는 것이 아닌가? 그런데 출발 즉시 안드로메다 은하에 도착할 수 있다고? 빛도 분명히 안드로메다까지 가는데 시간이 걸리지 않는가? 당신이 만약 이런 의문이 들었다면 당신이 이상한 것이 아니다. 결론부터 이야기하자면 이 말도 맞다. 단, 이 말은 지구에 남아 있는 사람들의 기준(관찰자)으로 흘러가는 시간이다. 빛의 속도로 움직이고 있는 우주선을 타고 있는 당사자인 나에게는 시간이 천천히 가다 못해 완전히 정지 상태에 있다. 따라서 빛의 속도로 달리고 있는 우주선에 탑승해 있는 내가 느끼고 경험하는 시간으로는 출발 즉시 안드로메다 은하에 도착해 있는 자신을 발견하게 되는 것이다.

이것은 허무맹랑한 소설 같은 이야기가 아니다. 빛의 속도로 달리는 우주선을 만들기가 어려운 것이지, 만약 실제 그러한 우주선이 존재한다고 한다면 우주선에 탑승해 있는 승객이 출발 즉시 안드로메다 은하에 도착할 수 있다는 것은 전혀 과장되거나 허황된 이야기가 아니다. 하지만 지구에 있는 관찰자가 볼 때에는 나의 우주선이 230만 년이 넘는 여행을 통하여 드디어 안드로메다 은하에 도착하는 것으로 관측이 될 것이다(필자는 의도적으로 시간 빠르기의 상대성에 대해 반복적으로 설명을 하고 있다. 선입견을 깨는 것에는 반복되는 설명과 생각이 최고의 해결책이다). 이것이 우리가 거주하며 살아가고 있는 이 우주가 우리에게 보여주는 마법과 같은 현실이다. 내가 빛의 속도로 달리고 있다면 또 다른 은하뿐만 아니라 심지어 우주 끝까지 가는 것에도 시간이 전혀 소요되지 않는다. 빛의 속도로 달리는 우주선은 출발과 동시에 우주의 끝에 도착하게 된다. 사실 빛의 속도로 움직이는 대상에는 흘러가는 시간이라는 것이 존재하지 않기 때문에 우주 끝까지 가는 데 걸리는 시간이 얼마냐는 질문 자체도 성립이 되지 않는다. 시간이라는 개념 자체가 없는데 시간이 얼마나 걸리는지를 묻고 있기 때문이다.

은하계 너머로의 우주여행은 가능하다

그러므로 먼 미래에 과학이 발전해서 빛의 속도에 근접하는, 충분히 빠른 우주선이 발명된다면 우리는 저 수많은 별들과 별들 사이뿐만 아니라 저 머나먼 은하와 은하 사이까지도 여행할 수 있다. 빠르게 이동하는 우주선에서는 시간이 천천히 흘러가게 되므로 수백만 광년 혹은 수천만 광년 떨어져 있는 또 다른 은하계라고 할지라도 짧은 시간에 충분히 여행이 가능하다. 다만, 빛의 속도에 가까운 우주선을 타고 이런 먼 거리로의 우주여행을 빠르게 마치고 다시 지구로 돌아오면 적게는 수백만 년에서 많게는 수억 년이 지난 후가 될 것이다. 그때쯤이면 태양은 이미 그 수명을 다해 거대한 적색거성으로 바뀌게 되어 지구의 생명체는 이미 멸종된 상태일 수도 있다. 상대성 이론에 따르면 별과 별 사이의 여행뿐만 아니라 분명 은하계 너머로의 우주여행조차도 가능하다. 하지만 나는 우주의 은하와 은하 사이로의 멋진 여행을 즐길 수는 있어도 그러한 여행을 결심하는 순간 지금 내 주위의 모든 것들과는 영원한 이별을 준비해야 하는 것이다. 세상에 정말로 공짜는 없는 법이다.

시간의 흐름이 있기에 우리의 인생도 있다

이제 우리는 빛의 속도를 달리는 우주선을 타고 다닌다면 아무런 시간의 제약 없이 우주의 구석구석을 여행할 수 있다는 것을 알게 되었다. 과연 상상만 해도 흥미로운 일이 아닐 수 없다. 하지만 빛의 속도로 달리는 우주선은 아무리 먼 미래에도 현실적으로는 존재할 수 없음을 우리 모두는 이미 잘 알고 있다. 질량을 가진 물질은 절대 빛 이상의 속도에 도달할 수가 없기 때문이다. 하지만 우리의 상상 속에서는 아무런 제약이 없다. 상상 속에서 빛의 속도로 움직이는 우주선이 있다고 해보자. 지구에 있는 내가 바라볼 때 빛의 속도로 움직이는 우주선 내에서 시간은 흐르지 않는다. 그러므로 우리가 만약 우주선 안을 자세하게 들여다볼 수 있다면, 마치 영화의 정지화면처럼 모든 것이 멈춰 있는 것처럼 보일 것이다. 이와 마찬가지로 엄청난 속도로 움직이고 있는 빛은 시간의 흐름이 없다. 이처럼 빛 은 나이를 먹지 않는 불로불사의 존재이긴 하지만 불로불사가 될 수 있는 것과 같은 이유로 인하여 마치 영화의 정지화면처럼 생각도 할 수 없고 움직일 수도 없이 영혼 없는 삶을 영구히 살아가야 하는 운명도 가지고 있는 것이다. 그러니까 절대 나이를 먹지 않는 빛을 보고 너무 부러워할 필요는 없을 것 같다. 시간의 흐름이 있기에 느끼고 생각할 수 있는 기회가 있으며, 활기차게 살아가고 있는 오늘 우리의 인생도 있는 것이 아니겠는가!

질량이 부여되는 순간, 시간이라는 굴레도 씌워진다

혹시 아직도 혼동이 된다면, 시공간이라는 것은 절대 떼려야 뗄 수 없는 것임을 다시 한번 상기해보자. 시간의 개념이 없다는 이야기는 공간의 개념도 없다는 것이다. 즉, 빛의 속도로 달리는 나에게 공간이라는 것은 아무런 의미가 없다. 공간이 존재하지 않는데 시작과 끝이 어디에 있겠는가? 앞서 우리는 빛의 속도로 이동하는 우주선은 우주의 끝조차도 출발과 동시에 도착할 수 있다는 것을 알았다. 이것은 빛으로 달리는 우주선에서의 시간이 흐르지 않기 때문에 가능하다는 방식으로 설명을 했지만 바꿔 이야기하면 공간이 존재하지 않기 때문에 우리가 출발하는 장소 자체가 바로 우주의 끝과 마찬가지라는 이야기도 된다. 즉, 시간이 존재하지 않으면 공간이라는 것도 존재하지 않는다는 이야기다. 빛의 기준으로는 우주의 출발점이 곧 우주의 끝이며, 시간의 시작과 끝도 모두 한곳에 존재한다.

이렇게 시간과 공간은 전혀 다른 것 같으면서도 결코 떨어질 수 없는, 유기적 존재인 시공간이라는 사슬로 연결이 되어 있다. 광속으로 달리는 우주선만 있다면 저 끝없이 광활한 우주의 끝까지도 아무런 시간의 제약 없이 여행할 수 있다는 생각이 매우 매력적인 것임에는 틀림이 없다. 하지만 아쉽게도 앞으로 먼 미래에 아무리 과학이 발달한다고 하더라도 광속으로 달리는 우주선이 만들어지는 일 따위는 벌어지지 않는다. 이 세상은 빛 자신 외에는 결코 빛과 같은 속도를 내는 것을 허용하지 않기 때문이다. 물론 빛의 속도보다 아주 조금 늦게 달리는 우주선을 개발하는 것은 이론적으로는 가능하다. 하지만 그러한 우주선으로도 결코 우주 끝까지의 여행을 하는 것은 불가능하다. 빛의 속도보다 조금이라도 느려지는 순간 즉각 시간의 흐름이 만들어지며 공간의 개념도 동시에 만들어지게 된다. 따라서 거의 무한하다고 생각되는 우주의 끝으로 가기 위해서는 아무리 시간이 천천히 흐르더라도 역시 거의 무한한 시간만큼의 여행이 필요해지게 되는 것이다.

그렇다면 왜 유독 빛만 이런 특별한 권능을 부여받았을까? 앞서 잠시 언급했던 의문에 대한 답을 지금부터 알아가게 될 것이다. 빛이 자연계에서 주어진 최대의 속도로 움직일 수 있는 것은 바로 빛의 질량이 0이기 때문이다. 질량이 0이라는 것은 질량이 없다는 것이다. 질량이 없다는 것은 어떤 의미일까? 그것은 바로 공간을 점유하지 않는다는 의미이다. 우리는 시간과 공간이 서로 얽혀 있는 시공간이라는 개념을 알고 있다. 그런데 질량이 전혀 없다는 것은 공간을 점유하지 않는다는 이야기고 이것은 바로 공간 또한 0이라는 것을 나타낸다. 시간이 존재하지 않으면 공간이 존재하지 않듯이, 공간이 존재하지 않으면 시간 또한 존재할 수 없다. 따라서 빛은 공간도 시간도 존재하지 않는 괴이한 형태로 이 세상을 그렇게 여행하고 있는 것이다. 이것이 바로 오직 빛만이 특별한 권능을 가지게 된 비밀이다. 하지만 나와 우리를 비롯한 모든 만물은 물질이다. 물질이라는 것은 곧 질량을 가지고 있다는 것을 의미한다. 그런데 질량은 공간을 점유한다. 공간을 점유하기 때문에, 따라서 시간의 개념도 필히 발생할 수밖에 없는 것이다. 질량이 부여되는 순간 그 대상에는 시간이라는 굴레도 같이 씌워진다는 것을 기억하도록 하자.

만물이 빛의 속도를 넘어설 수 없는 이유

이제 우리는 드디어 오랫동안 궁금해했던, '왜 이 세상의 만물은 빛의 속도보다 빨리 움직일 수 없을까?'라는 질문에 대한 결론에 도달하였다. 빛은 질량이 없다. 하지만 빛과 달리 세상에 존재하는 모든 물질은 질량을 가지고 있다. 혹시라도 질량을 가진 물질이 빛의 속도에 이르려고 지속적으로 속도를 높이려는 어떠한 방법을 쓰는 순간, 그것은 속도가 아니라 오히려 질량으로 변환이 된다. 빛이 그토록 대단해 보이는 권능을 부여받은 것은, 바로 질량이 없는 빛의 특성에서 나오는 것이었다. 이제 그렇게 특별해 보이던, 빛이 가진 특별한 능력의 실체가 조금씩 이해가 되고 있는가? 그렇다면 여러분은 베일에 가려진 빛의 실체를 거의 다 알아가고 있는 것이다.

그렇다면 세상에서는 오직 빛만이 정말 이렇게 특별한 존재일까? 왜 신은 빛에게만 이런 특별한 권능을 부여했다는 말인가? 왜 빛만이 물질이 아무리 노력해도 넘을 수 없는 권능을 가지고 있단 말인가? 놀랍게도 아인슈타인은, 신은 결코 빛에게만 특별한 권능을 부여하지 않았다고 이야기하고 있다. 그에 따르면 나와 당신을 비롯한 이 세상 모든 물질은 '시공간' 속에서 빛과 동일한 속도로 이동하고 있다. 뭐라고? 무슨 말도 안 되는 소리를 하고 있느냐고? 하지만 사실이다. 신은 절대 빛만을 특별 대우하지 않았다. 빛이 가진 능력은 우리 모두가 '시공간' 속에서 이미 가지고 있는 능력이다. 많이 궁금하겠지만 뒤에서 설명이 될 것이다. 이를 위해서 우리가 해야 할 것은, 이러한 현상을 이해하기 위한 단계를 필자와 함께 차근차근 거쳐가는 것이다.

영화 '닥터 스트레인지' 중

공간을 마음대로 조정할 수 있는 영화 속 주인공이 자신의 능력을 사용하여 뉴욕의 번화가를 90도로 접어놓았다. 우리가 이 장면에서 주목해야 할 것은, 영화 속에서는 위 그림처럼 접힌 세상에서 걸어 다니거나 자동차를 운전하며 도로를 주행하고 있는 어떤 이들도 이상함을 느끼지 않고 아무 일 없는 것처럼 움직이며 생활하고 있다는 것이다.

필자는 영화 속의 이 장면이 매우 빠른 속도로 움직이게 되면 관찰자의 눈에 비춰지는 공간 수축 현상을 매우 잘 설명해준다고 생각한다. 광속에 가까운 속도로 움직이는 우주선 내의 공간은 관측자가 바라볼 때는 기이할 정도로 공간이 수축되어 있지만 정작 우주선 안에서 생활하는 사람들은 아무것도 느끼지 못한다. 관찰자가 바라보기에는 우주선 안에 있는 모든 사람들의 몸이 얇아진 것처럼 보이더라도 우주선 안에서 다이어트가 필요했던 모든 사람들은 여전히 운동이 필요한 풍만한 몸매를 변함없이 그대로 유지하고 있을 것이다.

❻ 물질의 에너지는 오직 질량에 의해서 결정된다

'$E=mc^2$'

이 세상에서 가장 유명한 공식을 꼽으라고 하면 누구나 주저 없이 이 공식을 떠올릴 것이다. 그도 그럴 것이, 물리학에 대한 지식이 전혀 없는 사람조차도 한 번씩은 보거나 들어보았을 만큼 이 공식은 우리에게 매우 익숙하면서 간단하기까지 하다. 하지만 이 간단하고 익숙한 수식이 가지고 있는 의미는 매우 심오하고 광대하다. 앞으로 나오게 될, 상대성 이론에 대한 본격적인 이야기 전에 우리는 질량과 에너지의 관계를 알려주는 이 공 식이 의미하는 것이 무엇인지를 다시 한번 꼼꼼하게 살펴보도록 하자.

필자가 이 수식을 보면서 처음 가졌던 가장 큰 의문은, 왜 이 세상 모든 만물이 가진 에너지는 그 종류와는 상관없이 단지 그 자신의 질량과 빛의 속도에만 영향을 받는 것일까 하는 것이었다. 내 주위를 한번 찬찬히 둘러보자. 이 세상은 헤아릴 수 없는 다양한 종류의 물질들로 가득 차 있다. 저 높은 하늘을 날아다니며 세상을 굽어보고 있는 새들과, 퇴근하면 나를 가장 먼저 반겨주는 우리 집 강아지, 그리고 동물원에서만 구경을 해야 하는 사자나 호랑이들과 같이 생명을 가지고 있는 것들이 있는 반면에 내가 지금 앉아 있는 의자나 책상, 그리고 당신이 지금 읽고 있는 이 책, 혹은 길가에 굴러다니는 돌멩이들과 같이 전혀 성질이 다른 것들도 있다. 그런데 이 수식은, 그들이 가지는 에너지는 그들 자신이 어떤 종류의 물질인지는 전혀 상관없다고 이야기한다. 에너지는 단지 그들이 가진 질량에 의해서만(빛의 속도는 전 우주에서 변하지 않는 절대 상수임을 상기하자) 결정이 된다니….

그리고 특히 더욱 나의 시선을 끌었던 것은, 물질이 가지고 있는 에너지의 크기가 물질의 양이 얼마나 되는지를 나타내는 질량보다도 오히려 물질과는 아무런 상관관계도 없을 것 같은 빛의 속도에 의해서 대부분 결정된다는 것이었다. 물질이 가지고 있는 질량에 비하여 빛의 속도가 얼마나 큰지 생각해보라. 단 1g의 물질도 여기에 빛의 속도를 곱하면 어마어마한 에너지를 가지고 있다는 것을 직관적으로도 알 수 있다. 이 수식은 매우 작은 물질도 사실은 엄청나게 큰 에너지를 가지고 있으며 그 값의 크기의 대부분은 빛의 속도에 의해 결정된다고 이야기해주고 있다. 왜 세상에 존재하는 모든 다양한 물질이 가지고 있는 에너지는 모두 공통적으로 아무 상관도 없을 것만 같은 빛의 속도와 대부분 연관이 있는 것일까? 그렇다면 전혀 다른 것같이 보이는 이 세상 모든 만물은 빛이라는 어떤 성질을 통하여 서로 보이지 않는 상관관계로 매우 밀접하게 연결이 되어 있기라도 하단 말인가?

이 세상 모든 물질의 가족관계증명서

결론부터 이야기하면 그렇다. 이 세상에 존재하는 모든 만물은 모두 하나로 연결이 되어 있다. 사실 연결이 되어 있다라기보다는 빛을 포함하는 이 세상 모든 만물은 하나에서 출발하여 여기까지 왔다고 표현하는 것이 더 좋을 것이다. 그렇기 때문에 만물은 전혀 상관없을 것처럼 보이는 빛의 속도와 모두 연결이 되어 있는 것이다. 물질조차 존재하지 않던 태초의 시절 이 세상은 에너지로 충만한, 점보다 작은 특이점에서 빅뱅과 함께 탄생을 하였다(사실 에너지만 있던 시절에는 시공간 자체도 존재하지 않았다. 이러한 상태를 언어로 표현하는 것은 불가능하니 각자 나름대로의 모습을 상상해보자). 태초에 만물이 탄생하면서 각인이 된 이 만물의 속성은 에너지가 물질로 전환되면서 비록 형태는 변화하였지만 에너지의 본성은 그대로 이어받고 있는 것이다. 그렇게 만들어진 물질은 세대와 세대를 거치면서 지금의 다양한 모습으로 변화가 되었다. 하지만 모든 만물은 여전히 태초에 에너지로부터 부여받은 고유의 성질을 고스란히 자신의 몸속 깊숙하게 간직하고 있는 것이다. 따라서 $E=mc^2$, 이 수식은 내 몸을 이루고 있는 세포를 포함하여 길가의 돌멩이에 이르기까지 이 세상 모든 물질이 모두 하나에서 출발한 형제임을 이야기해주는, 모든 물질의 '가족관계증명서'인 셈이다. 이것은 물질의 종류와 상관없이 모든 근원은 하나임을 알려줌과 동시에 우리가 그동안 전혀 다른 형태라고 생각했던 에너지조차도 물질의 서로 다른 모습이었다는 것을 우리 앞에서 분명하게 이야기해주고 있는 것이다.

우주에 대한 호기심으로 탐험하는 과정에서 이러한 사실을 알게 된 나는 때로는 이 3개의 알파벳으로 구성된 수식을 한동안 물끄러미 바라보곤 한다. 먼 옛날 한 점에서 시작된 우주는 오랜 시간을 거치면서 지금의 다양한 세상의 모습으로 달라지긴 하였지만 결국 우리는 모두 하나의 형제였다. 나를 이루고 있는 내 몸과 저 길 위에서 굴러다니는 돌덩어리도 그 출발은 모두 같았다. 심지어 물질과는 전혀 아무런 상관관계가 없는 것처럼 생각되는 빛조차도 태초에는 물질과 구분이 되어 있지 않았다. 여러분은 지금 눈앞에서 그 증거를 보고 있는 것이다. 필자는 이런 생각을 할 때마다 마치 이 세상 모두가 사실은 하나의 형제였다는 DNA 검사 증명서를 지금 막 확인한 듯, 몰랐던 새로운 형제를 찾은 것처럼 가슴 한구석에 어떤 벅차오르는 감정을 느끼게 된다. 이 간단해 보이는 수식 속에 우주 만물이 어디에서 왔고 그 뿌리는 무엇인지뿐만 아니라 물질과 에너지에 대한 속성도 담겨 있는 것이다. 뿐만 아니라 이 간단한 수식은 온 세상 물질이 사실은 모두 한 가족이었다는 놀라운 사실 외에도 우리에게 또 다른 많은 심오한 의미를 전달한다. 그러므로 이 수식이 내재하고 있는 의미를 하나씩 살펴보는 것은 앞으로의 우리 여정에도 매우 중요하다. 또한 우리는 이 의미를 하나씩 해석하는 과정에서 왜 모든 만물이 빛의 속도 이상으로 움직일 수 없는지도 자연스럽게 알게 될 것이다. 따라서 이 수식을 이해하기 위한 여정은 바로 우리의 뿌리를 이해하기 위한 여정이 되기도 하는 것이다.

만물 속에 깊이 새겨져 있는 DNA

이렇게 한번 생각해보자. 만약 이 우주를 구성하는 만물이 모두 같은 날, 같은 곳에서 태어났다면 어떻게 되었을까? 그렇게 된다면 태어나는 순간에 모든 물질에 어떤 공통된 속성이 부여될 수 있지 않았을까? 어느새 어른이 되어버린 우리 형과 나는 생김새도 완전히 다르고 성격 또한 다르지만 같은 부모님으로부터 태어났기 때문에 혈액형과 DNA 등 근원적인 공통점을 가지고 있다. 이 세상 모든 만물이 한날한시에 같은 곳에서 태어났다면 모든 물질의 속성도 DNA와 같은 무엇인가를 가지고 있는 것이 자연스러울 것이다. 이것은 뒷장에서 이야기할 내용이지만 우리가 익히 알고 있는 '빅뱅 이론'과도 자연스럽게 연결될 수 있는 것이다. 그렇다. 필자는 바로 빛의 속도가 우리 몸 깊이 새겨져 있는 DNA와 같은 것이라고 생각한다. 길가에 굴러다니는 보잘것없는 돌덩어리와 정원에 아름답게 심어져 있는 장미, 우리 집에서 키우는 강아지와 지금의 나를 이루고 있는 구성 성분은 모두 같은 뿌리에서 나왔으며 같은 물질의 근원을 가지고 있다는 것을 보여주는 증거인 것이다. 진화론을 만들어낸 다윈은 이 세상에서 다양하게 분포되어 있는 동식물들이 사실은 모두 같은 뿌리에서 나왔으며, 오랜 세월을 거쳐 다양하게 진화되었음을 밝혀내어 세상을 놀라게 했다. 이러한 논리로 우리의 아버지, 그리고 아버지의 아버지를 따라가보며 한번 상상해보도록 하자. 세대를 거쳐 아버지의 모습을 상상하며 계속 올라가다 보면 놀랍게도 우리의 아버지는 바닷속을 유유히 헤엄치는 물고기였다는 사실과 마주하게 된다. 그리고 이런 방식으로 더 거슬러 올라가다 보면 비로소 생물 창조의 출발점이었던 세포 수준까지 올라가면서 모든 생물의 기원이 하나로부터 출발하게 되었다는 것을 확실히 이해할 수 있게 된다. 최초에 탄생한 단세포 생물로부터 세대와 세대를 거쳐 지금의 내가 만들어졌다. 온 세상의 다양한 생물들이 태초에는 모두 같은 아버지와 어머니에게서 분화된 것이다. 아마 다윈은 이 사실을 이해한 이후 계속해서 밝혀지는 그 증거들을 마주할 때마다 오직 신만이 알고 있는 생명의 비밀을 훔쳐본 것과 같은 설레는 기분을 느꼈을 것이다. 지금 여러분들도 $E=mc^2$이라는 이 공식을 바라보며 그러한 기분을 느끼기에 충분하다. 만물의 기원은 같은 날 같은 장소에서 오직 하나로부터 유래되었으며 우리는 지금 그 증거를 이렇게 아주 간단한 하나의 수학 방정식으로 마주하고 있다. 위 수식은 빛을 포함하여 모든 물질이 태초에 같은 곳에서 태어났으며 그렇기 때문에 이러한 빛이 가진 성질이 물질이 가진 DNA로서 모든 만물의 깊은 곳에 그렇게 숨겨져 있는 것이다.

그러면 지금부터 $E=mc^2$이 내포하고 있는 의미들을 찬찬히 살펴보기 위하여 질량과 물질, 그리고 에너지는 무엇인지부터 다시 한번 돌이켜보도록 하자.

질량(물질) 보존의 법칙과 에너지 보존의 법칙

에너지는 무엇이고 질량은 무엇일까? 이에 대해 본격적으로 이야기하기 전에 질량과 에너지, 이 두 개의 의미부터 각각 간단하게 짚고 넘어가는 것이 좋을 것 같다. 먼저 질량이란 무엇일까? 질량은 '어떤 물체에 포함되어 있는 물질의 양'이다. 즉, 어떤 물체에 물질이 얼마나 많고 적은지에 따라 그 값이 결정된다. 질량은 중력의 영향에 따라 그 값이 변하는 '무게'와는 다른 개념이다. 무게는 중력이 잡아당기는 힘에 의하여 만들어진다. 따라서 중력이 커지면 증가하고 작아지면 감소한다. 가령 지구와 달에서는 서로 중력이 다르기 때문에 무게도 달라진다는 이야기이다. 하지만 중력이 변한다고 해서 그 물질이 가지고 있는 양인 질량이 변하는 것은 아니다. 따라서 질량은 지구나 달과 같이 장소가 달라진다고 해서 변하는 값이 아니다.

❖ 질량이 항상 보전된다는 것을 발견하다

즉, 물질의 양이 변하지 않는 한 질량은 변하지 않는다. 이것은 서로 다른 물질들이 서로 반응하거나 결합할 때에도 적용되는데, 이를 '질량 보존의 법칙'이라고 한다. 이러한 사실을 확인한 것은 18세기 후반 프랑스의 화학자 라부아지에였다. 별다를 것이 없어 보이는 이 질량 보존의 법칙은 당대의 학자들을 크게 놀라게 하였다. 돌 하나에 같은 질량의 돌 하나를 더 얹으면 돌 두 개의 질량을 나타내는 것은 너무나 당연한 것 같다. 그런데 무엇이 당대 사람들을 그렇게 놀라게 하였을까? 앞서 이야기한, 돌과 돌을 합치는 이야기는 단순히 물리적으로 두 개의 돌을 함께 합치는 것이다. 이렇게 물리적으로 두 개의 서로 다른 물체를 합칠 때 질량의 합은 합치기 전의 질량과 같다는 것은 너무 당연한 것처럼 보인다. 라부아지에는 이런 단순한 물리적 합체가 아닌, 화학적으로 두 물질이 서로 결합할 때도 질량이 보존된다는 것을 증명한 것이다.

그는 서로 다른 두 가지 종류의 가스가 화학적으로 결합을 할 때도 물리적 결합과 마찬가지로 질량이 보존된다는 것을 확인하였다. 그는 이러한 사실을 보다 쉽게 증명하기 위해 우리 주변에서 흔하게 발견할 수 있는 화학 반응 중의 하나를 실험 대상으로 선택하였다. 그것은 바로 '철'이었다. 모두가 알듯이 철은 대기 중의 산소와 반응하여 쉽게 녹이 슨다(산화된다). 오랜 시간 동안 방치된 철은 녹이 슬다가 그 형태를 알아보기 힘들 정도로 부식되어 형체도 없이 사그라져버리기도 한다. 즉, 철은 대기나 주변 환경의 산소와 매우 쉽게 반응한다. 산소 분자는 철의 표면에 쉽게 달라붙어 철의 색깔을 붉게 변화시킨다. 이것이 철이 쉽게 녹이 스는 이유이다. 라부아지에 이전까지만 하더라도 대부분의 사람들은 철에 녹이 슬면 그 무게는 감소할 것이라고 생각했다. 우리의 경험에 의하면 방치된 철은 녹이 슬다가 시간이 오래 지나면서 조금씩 사라져버리는 것처럼 보였기 때문이다. 하지만 라부아지에는 철이 산소와 만나 녹이 스는 산화 과정 또한 서로 다른 돌덩이 두 개를 얹어놓는 물리적인 결합과 다르지 않다고 생각했다. 따라서 철이 대기 중의 산소와 만나게 되면 철의 무게는 줄어드는 것이 아니라 철에 산소의 무게가 더해져서 오히려 무게는 증가하게 될 것이라고 생각했다. 라부아지에는 산화되기 전과 후의 철의 무게를 정밀하게 측정할 수 있는 장비를 만들어 녹이 슨 철의 무게가 감소하지 않고 오히려 증가한다는 것을 결국 증명해내었다.

이로써 라부아지에는 서로 다른 물질이 합쳐질 때 그 방법이 물리적 결합이냐 화학적 결합이냐와는 상관없이 언제, 어디서, 어떤 방법으로 결합을 한다고 하더라도 그 질량의 총합은 보존된다는 질량 보존의 법칙을 증명해낸 것이었다. 근대 화학의 아버지라고도 불리는 라부아지에는 질량 보존의 법칙뿐만 아니라 화학과 관련된 많은 연구로 후대에 많은 영향을 끼쳤다. 부유한 집안에서 태어난 어린 시절부터 엘리트 코스를 밟았으며 학문적으로도 그 능력을 인정받는, 성공한 학자였다. 하지만 그는 프랑스 루이 16세 시절 시민들로부터 혹독하게 세금을 걷는 데 일조를 했다는 혐의로 프랑스 시민혁명 때 안타깝게도 단두대의 이슬로 사라진다.

❖ 에너지도 항상 보존된다는 것을 발견하다

그러면 이제 다음으로는 에너지에 대하여 생각을 해보도록 하자. 에너지의 사전적 의미는 '일을 수행하는 능력'이다. 우리 주변에서 에너지와 관련된 현상은 아주 쉽고 다양하게 만날 수 있다. 내가 던져올린 공과 도로에서 빠른 속도로 달리고 있는 자동차, 겨울이면 따뜻한 남쪽을 향해 힘찬 날갯짓을 하며 날아가는 저 새들도 그들이 가진 에너지를 활용하여 움직이고 있는 것이다. 아무런 상관관계가 없어 보이는 이러한 모든 현상들에 공통적으로 적용되는 것은 어떠한 순간에도 에너지의 총량은 보존된다는 것으로, 이것이 바로 '에너지 보존의 법칙'이다. 에너지 보존의 법칙은 19세기 중반에 이르러서 비슷한 시기에 여러 학자들에 의하여 거의 동시다발적으로 발표가 되었다. 그러다가 영국의 제임스 줄(그렇다. 에너지의 단위인 J에 명명된 그 학자가 맞다)에 이르러서 기존의 역학적 에너지에만 적용되던 법칙을 화학 등 다른 여러 에너지에도 확장을 시도하며, 생각할 수 있는 모든 에너지를 포함하는 진정한 에너지 보존의 법칙으로 완성되게 된다.

한 가지 간단한 예를 들면, 우리가 느끼기에 여름에는 태양으로부터 많은 에너지를 받아 매우 더우며 반대로 겨울에는 적은 에너지를 공급받아 매우 춥게 느껴진다. 단순히 우리 기준으로 보면 계절에 따라 전달되는 에너지는 분명 차이가 난다. 하지만 태양은 우리가 살고 있는 북반구에만 햇빛을 제공하는 것은 아니다. 남반구에도 동일하게 제공하고 있다. 북반구에 있는 우리가 여름이면 반대로 남반구는 겨울이다. 반대로 북반구가 겨울이면 남반구는 여름이 된다. 즉, 지구 전체로 보면 태양은 계절과 상관없이 항상 일정한 양의 에너지를 지구에 전달하고 있다. 여름에는 충분한 에너지를 전달하고 겨울에는 적은 에너지를 전달하는 것이 아닌 것이다. 나의 기준으로는 불평등하게 느껴질지 몰라도 이렇게 에너지 보존의 법칙은 전 우주를 거쳐 동일하게 적용되고 있다.

❖ 태초에 만들어진 질량과 에너지도 지금까지 보전되었을 것이다

지금까지 우리는 질량과 에너지가 보존된다는, 어찌 보면 당연해 보이는 이야기를 각각 길게 이야기하였다. 너무나도 당연하게 보이는 이야기를 해나가다 보니 조금은 지루함을 느끼시는 분들도 계시겠지만 이는 자연의 숨겨진 속성을 알아가기 위하여 기초부터 차근차근 밟아가는 단계이므로 이미 알고 계신 분들께서도 가볍게 산책하는 기분으로 같이 여정을 나아가보도록 하자. 우리는 지금까지 질량과 에너지는 항상 보존된다는 것을 이야기해왔다. 이처럼 질량과 에너지가 항상 보존이 된다고 한다면 이 세상이 처음 창조되면서 만들어진 물질의 총량은 지금까지도 항상 일정해야 할

뿐만 아니라 그때 생성된 에너지의 총량 또한 변함없이 일정해야 할 것이다. 즉, 이 우주는 최초에 세상이 만들어지면서 창조된 시점의 물질과 에너지를 지금까지도 변함없이 그대로 가지고 있으며 앞으로도 그러할 것이라는 것이다. 이것이 질량과 에너지 보전 법칙으로부터 우리가 쉽게 유추해낼 수 있는 사실이다. 우리 눈앞에서 사라지고 없어지며 생성되기도 하는 모든 것들은 단지 작은 영역에서 물질 혹은 에너지로 형태만 다르게 변하는, 일종의 착시 현상이다. 오늘 아침 농부가 먹은 빵은 그의 몸속에서 에너지로 전환되어 일터로 나아가 농사를 짓게 만드는 힘을 공급해주고 이로 인하여 수확된 농산물을 먹고 우리는 다시 에너지를 섭취하게 된다. 여기에서 사라지거나 없어지는 물질과 에너지는 없다. 질량과 에너지 보존 법칙에 따라 모든 물질과 에너지는 돌고 도는 순환의 고리를 따라 자연스럽게 흘러가고 있을 뿐이다. 이 우주가 처음으로 만들어지면서 뿌려진 물질의 씨앗은 형태만 달리하여 결국은 우리에게로 다시 돌아온다. 여기에 결코 예외는 없다. 태초에 만들어진 질량과 에너지는 그렇게 이 우주가 수명을 다하는 순간까지도 영겁의 순환 고리를 돌고 돌게 될 것이다.

에너지와 질량의 상관관계

❖ 물질의 존재 자체가 바로 에너지다

우리는 무거운 물체가 에너지를 더 많이 가지고 있을 것이라는 것을 막연히 직관적으로도 알 수 있다. 실제로 뉴턴이 이론적으로 체계를 구축한 고전 역학에서도 질량이 큰 물체가 이동할 때 가지는 에너지가 더 크다는 것을 잘 표현하고 있다. 동일 속도로 달릴 때 큰 트럭이 작은 소형차보다는 더 큰 에너지를 가지고 있으며 골프공과 탁구공을 같은 높이로 던졌을 때 탁구공보다는 골프공에 맞는 것이 당연히 더 아플 것이다(골프공의 에너지가 더 크다). 이것은 새로운 것이 아니다. 우리의 직관으로도 충분히 알 수 있다. 앞서 등장했던 아인슈타인의 $E=mc^2$, 이 공식에서 눈여겨보아야 할 것은 수식의 어디에도 뉴턴의 고전 역학에서 매우 중요시했던, 속도나 높이에 관련된 변수가 없다는 것이다(빛의 속도는 상수인 고정된 값이다).

우리는 그동안 에너지라고 하면 물체의 운동을 떠올렸다. 여기에서 저기로 이동할 때 필요한 에너지, 무엇을 움직이기 위해 필요한 에너지 말이다. 즉, 에너지란 일을 하기 위해 필요한 힘인데 이런 종류의 힘은 무엇인가가 운동을 할 때 발생하기 때문이다. 허공에 떠 있는 물질이 위치 에너지를 가지고 있는 것은 현재 움직이고 있지 않지만 언젠가 떨어졌을 때를 기준으로 에너지를 가지고 있는 것이다. 즉, 고전 역학에서 이야기하는 에너지는 주로 물체가 운동할 때의 에너지를 이야기하고 있다. 하지만 아인슈타인이 발견해낸 이 수식이 의미하는 것은, 운동 여부와 상관없이 물질의 존재 그 자체가 바로 에너지라는 것이다. 물론 물질의 움직임이 얼마나 빠른지, 아니면 얼마나 높은 높이에 있는지에 따라서도 에너지는 변동된다. 하지만 이런 움직임이나 높이와는 전혀 상관없이 어느 공간에 자리를 잡고 있는, 질량을 가진 모든 물질은 존재하는 것 그 자체가 모두 이미 에너지라는 것이다.

❖ 에너지의 매듭이 곧 물질이다

모든 물질은 존재 그 자체가 에너지라니…. 그렇다면 반대로 에너지는 또한 물질이라고 할 수 있다는 것이 아닌가! 그렇다. 에너지와 질량은 서로 다른 것이 아니라 마치 동전의 양면과 같이, 같은 존재의 서로 다른 모습이라는 것을 이 간단한 수식은 우리에게 알려주고 있는 것이다. 반으로 분리되어 있는 방 안의 가운데에 작은 구멍을 뚫어서 500원짜리 동전을 끼워넣고 각각의 방에 들어가 있는 사람들에게 자신이 보고 있는 것을 설명해보라고 하자. 한 명은 500원짜리의 숫자면만을 보고, 또 다른 한 명은 동전의 그림만을 보고 각자 자신이 본 것을 설명하게 될 것이다. 만약 방의 외부에 있는 사람들에게 이 두 사람이 설명하는 것을 듣고 그것이 무엇인지 맞추어보라고 한다면 이들이 서로 다른 것을 보고 설명하고 있다고 생각할 것이다. 하지만 진실은 어떠한가? 그들은 단지 동전의 서로 다른 면을 보고서 이 두 가지가 서로 다른 것이라고 착각하고 있을 뿐이다. 그들이 보고 있는 실체는 서로 다른 두 가지가 아니라 500원짜리 동전 단 하나이다. 에너지와 질량 또한 500원짜리 동전의 앞면과 뒷면의 모습과도 같은 것이다.

우리 눈에 보이는 물질은 에너지가 응축되며 만들어진 매듭 같은 것들이 다양한 모습으로 구현되어 나타나고 있는 것이다. 따라서 이 응축된 덩어리의 매듭을 풀어내는 순간 물질은 사라지며, 풀린 매듭에 숨겨져 있던 엄청난 양의 에너지가 뿜어져 나오게 되는 것이다. 우리는 앞서 이와 유사한 이야기를 들어본 적이 있다. 그렇다. 바로 패러데이가 이야기한, '물질은 실존하는 것이 아니며 실재하는 것은 장(field)이다'라는 것과 유사하지 않은가! 이 세상은 엄청난 에너지 덩어리에서 출발하여 물질이 창조되었고, 우리는 오랜 세월을 거쳐 다양한 모습으로 분화된 물질들을 주변에서 만지고 느끼고 보고 있는 것이다.

물질 속에 숨겨진 에너지를 꺼내어놓다

이렇게 전혀 다른 것이라고 여겨졌던 에너지는 물질 그 자체에 숨겨져 다른 모습으로 오랜 시간을 그렇게 존재해왔다. 세상이 창조된 이후 생각이라는 것을 할 수 있게 된 인류가 탄생한 이래 비로소 우리는 아인슈타인이 제시한 이 수식을 통하여 물질과 에너지가 서로 다른 것이 아니라 동일한 것임을 알게 되었다. 우리에게 빛의 속도는 이미 친숙하다. 모두가 알고 있듯이 빛의 속도는 3×10^{8}㎧로, 상당히 큰 값을 가지고 있다. 따라서 물질의 질량에 빛의 속도의 제곱을 곱한 값이 에너지로 전환될 수 있다는 사실은 아주 적은 양의 물질도 실로 엄청난 양의 에너지를 가지고 있다는 것을 알려준다. 즉, 단 1g의 질량을 가진 물질조차도 실제로 그 내부는 엄청난 양의 에너지로 구성되어 있다는 것을 보여주는 것이다. 만약 당신의 주머니에 있는 500원짜리 동전 1개를 모두 순수한 에너지로 전환할 수 있다면 우리나라의 모든 국민이 약 1년 동안 사용할 수 있는 전기 에너지를 공급할 수 있다. 물론 아직까지 우리는 물질에 숨겨져 있는 순수한 에너지를 모두 있는 그대로 전환할 수 있는 기술을 찾아내지는 못하였다. 하지만 모든 물질의 본성에 숨겨져 있는 이 엄청난 양의 에너지의 발견은 앞으로 우리 인류에게 일대 혁신을 가져올 것임을 어렵지 않게 예측할 수 있다. 이는 바로 인류가 에너지 문제로부터 해방되는 것이다. 하지만 인류가 이 공식을 우리 현실에 가장 먼저 적용하게 된 것은 이러한 공익적 목적이 아니었다. 아쉽게도 이 발견은 인류의 생명을 앗아가고 오히려 자연을 파괴하는 데 처음 사용되었다.

1945년 8월 6일 일본의 히로시마에 떨어진 원자폭탄 단 한 방으로 인하여 약 7만 명이 넘는 사람이 그 즉시 목숨을 잃었으며, 후에 방사능 피폭으로 사망한 사람 또한 약 7만 명에 달했던 것으로 알려진다. 이 폭발로 인해 발생한 구름은 지상으로부터 18㎞ 상공까지 치솟았으며 폭발 지점을 중심으로 1.6㎢가 완전히 파괴되었고 11㎢ 지역의 90% 정도가 초토화되었다. 우라늄의 핵분열 과정에서 감소하는 질량을 이용하여 만들어진 이 폭탄은 불과 약 0.5㎏의 물질로 기존 TNT 약 2만 톤에 달하는 화력을 냈던 것으로 전해진다. 물질에 숨겨져 있던 에너지를 처음으로 꺼내어서 활용을 한 결과는 이처럼 엄청난 결과를 가져왔다. 사실 이 원자폭탄도 0.5㎏의 물질 중 아주 일부만을 에너지로 전환시켰을 뿐이다. 지금의 기술력은 과거와 비교할 수도 없이 더욱 고도로 발전되어 핵분열이 아닌 핵융합을 통해 더 적은 양의 물질로 더욱 높은 에너지를 방출하는 기술을 가지게 되었다. 따라서 만약 현대사회에 이런 핵폭탄이 실제 사용된다면 단 몇 발만으로도 인류뿐만 아니라 지구 생명체 전체의 생존에 치명적인 영향을 초래할 수 있다. 이는 진실로의 여정을 떠나고 있는 우리에게도 많은 시사점을 안겨준다. 따라서 우리는 이렇듯 불행했던 역사적 사건을 교훈 삼아

다시는 이런 일이 발생하지 않도록 노력하고 후대에도 이러한 교훈이 계승되도록 최선을 다해야 할 것이다. 그렇지 않으면 인류는 자신들이 발견한 진실 앞에서 그 진실의 무거움을 감당하지 못하고 결국 파국을 맞이하게 될지도 모르기 때문이다.

독일보다 더 먼저 원자폭탄을 개발해야 한다!

아인슈타인은 이처럼 본인이 찾아낸 이 방정식이 인류 및 지구 생명체의 멸종을 가져올 수도 있는, 강력한 무기를 만드는 씨앗이 될 것이라고는 미처 생각하지 못했다. 1939년 8월, 2차 세계대전 발생 한 달 전 당시 미국에 거주하고 있던 아인슈타인을 급하게 찾아온 방문객이 있었다. 바로 헝가리 출신의 물리학자 레오 스질라드였다. 당시 아인슈타인은 독일에서 일어나고 있는 나치의 만행을 비판하다 박해를 받자 독일을 탈출해서 미국으로 이주하여 뉴저지 주에 위치해 있는 프린스턴 대학에서 교수로 일을 하고 있었다. 레오 스질라드 또한 아인슈타인과 같은 이유로 미국으로 망명한 과학자였다. 레오 스질라드는 유럽에 남아 있던 그의 친구들로부터 얻은 중요한 정보를 아인슈타인에게 알려주었다. 그것은 독일의 나치가 핵분열을 이용한 고성능의 폭탄 개발에 집중하고 있으며 그 결과물이 거의 마무리 단계에 있다는 정보였다.

실제로 우라늄이 분열되는 과정에서 질량이 감소한 만큼 엄청난 에너지가 발생하는 현상을 최초로 확인한 것은 1938년 오토 한과 마이트너 같은 독일 과학자들이었다(마이트너는 유태인이었으며 훗날 나치의 박해를 피해 스웨덴으로 망명하게 된다). 이는 아인슈타인이 이론적으로 주장한, 모든 물질은 에너지 그 자체라는 $E=mc^2$이 실제 실험으로 확인된 최초의 사례였다. 과학자들은 이러한 실험 결과가 가지고 있는 잠재적인 폭발력을 잘 알고 있었다. 따라서 독일도 이를 활용하여 폭탄을 제조하기 위해 상당히 노력을 기울였다고 알려진다. 우리에게는 불확정성의 원리로 유명한 독일의 과학자 하이젠베르크도 이러한 원리를 이용하여 가공할 위력의 폭탄을 만드는 프로젝트의 중요 구성원이었던 것으로 알려진다. 따라서 그는 이 일로 인하여 훗날 독일의 패망을 앞두고 연합군에 체포되어 오랜 시간 동안 조사를 받게 된다.

미국에 있었던 아인슈타인은 동료로부터 이러한 상황을 전달받자마자 이 가공할 만한 무기가 독일에 의해 먼저 개발된다면 인류에게 대재앙이 될 것이라고 생각하였다. 그래서 그는 즉시 당시 미국 대통령인 루즈벨트에게 편지를 보내 이 상황을 설명하고 독일보다 먼저 원자폭탄을 개발해야 한다고 촉구하였다. 이에 크게 놀란 루즈벨트 대통령은 즉각 인력과 예산을 편성하여 핵폭탄 개발을 위한 '맨해튼 프로젝트'를 시작하게 된다(사실 아인슈타인의 첫 번째 편지는 거의 무시되었다고 알려진다. 루즈벨트로부터 아무런 반응이 없자 아인슈타인은 두 번째 편지를 썼는데 이것이 맨해튼 프로젝트가 만들어지는 데 영향을 주었다고 알려진다). 맨해튼 프로젝트는 뉴멕시코주 로스 알라모스 연구소를 중심으로 진행이 되었는데, 그 규모는 한때 13만 명이 이에 종사하였고 당시 화폐로 약 20억 달러(최근 가치 약 300억 달러)의 예산이 쓰였다고 하니 미국이 얼마나 이 프로젝트를 중요하게 생각했는지를 짐작하게 한다. 만약 미국보다 독일이 먼저 핵폭탄을 개발하여 2차 대전 중에 그 결과물을 사용하였다면 우리의 역사는 완전히 다른 방식으로 흘러갔을 수도 있을 것이다. 당시의 이러한 시대적 상황으로 인하여 이제 인류는 핵폭탄의 등장을 어떤 방식으로든 받아들일 수밖에 없는 상황에 직면하게 되었다. 결국 1945년 미국에 의해 먼저 개발된 2발의 핵폭탄이 일본에 떨어짐으로써 인류는 자신이 개발한 가공할 무기의 엄청난 성능에 스스로 큰 충격을 받게 되었다.

평화주의자로 알려졌고 독일 나치를 전쟁광으로 비난하던 아인슈타인이, 그가 최초로 발견한 방정식으로 인하여 온 지구상의 생명체가 파괴될 수도 있는 상황에 직면한 것은 정말 아이러니한 일이었다. 당시 아인슈타인은 루즈벨트 대통령에게 독일보다 빨리 핵폭탄 개발이 필요하다는 편지를 재차 보내서 독촉하기는 하였지만 핵폭탄 개발에 직접 참여해달라는 루즈벨트 대통령의 요청은 거부하였다고 한다. 그는 피치 못할 선택으로 핵폭탄을 개발해야 된다는 요청을 미국 대통령에게 하였지만 그 스스로가 나서서 인류의 재앙이 될 수 있는 무기 개발을 할 수는 없다고 생각했기 때문은 아닐까? 어쩌면 그는 히로시마에 핵폭탄이 떨어지는 순간 본인이 발견한 이 위대한 업적에 대해 후회를 했을지도 모른다. 이후 핵폭탄의 위력은 비할 수 없이 더욱 강력해졌으며, 따라서 핵폭탄은 인류의 절멸을 가져올 수 있는 숨겨진 화약으로서 여전히 인류의 운명을 바꿀 수 있는 존재로 유지가 되고 있다.

핵융합 발전 기술에 대한 도전은 계속되어야 한다

다만 이제는 이러한 기술들이 무기로서뿐만이 아니라 원자력 발전을 통하여 물질을 에너지로 변환시킴으로써 인류의 에너지를 해결해주는 희망적인 역할도 함께 이루어지고 있다. 현재는 원자력 발전의 안정성 문제가 대두되어 원자력 발전의 미래에 의문이 들기도 하지만 이러한 문제는 기술의 발전으로 충분히 해결이 될 수 있다고 믿는다. 하늘을 날고 있는 비행기가 추락할 위험이 있다고 해서 비행기를 아예 만들지 않는다면 과연 우리의 미래는 존재할 수 있을까? 생명의 위험을 안고 지구를 떠나 달에 첫발을 내디딘 닐 암스트롱처럼 앞으로의 전진을 위해서는 우리가 짊어져야 할 위험도 때로는 감내해야 한다. 우리가 개발하는 기술의 안정성에 의문이 제기된다면 그 기술의 안정성을 확보하기 위한 기술에 더욱 투자하여 안정성을 확보하는 것이 인류가 나아가야 할 방향이 아닌가 한다.

다만 현재 세계적으로 원전 사고가 아직 발생하고 있는 것을 보면 우리는 아직 원자력 발전을 안정적으로 운영할 수 있는 역량이 충분치 않은 것 같다. 그렇다고 해서 원자력 발전에 대한 기술 개발을 포기하기보다는, 오히려 원자력 발전소를 안전하게 운영할 수 있는 방법 연구에 더욱 투자를 하면서 매진한다면 결국은 인류의 미래에 큰 자산이 될 수 있을 것이다. 원자력 발전이 위험성을 가지고 있다고 하여 그에 대한 연구 자체를 포기하는 것은 이 우주상에서 인류가 자연과 함께 지속적으로 생존해나갈 수 있는 방법 자체를 포기하는 것과도 같을 수 있다. 인류가 지금까지 발명해낸 수단 중 원자력만큼 자연에 손상을 적게 주면서 효율적으로 에너지를 만들어낼 수 있는 방법은 없다. 이것은 물질 자체가 가지고 있는 에너지 그 자체를 활용하는 방법이기 때문이다. 따라서 이 문제는 우리 인류의 미래를 준비하는 순수한 마음으로 진행되었으면 하는 바람이 있다. 안정적인 원자력 발전에 대한 기술 개발이 변함없이 지속된다면 원자력 발전은 분명히 지금의 핵분열에서 핵융합을 거쳐 인류의 미래를 밝혀주는 커다란 등불이 될 것임을 믿어 의심치 않는다.

물질이 에너지로 전환될 수 있다면 에너지도 물질로 전환될 수 있다

에너지가 물질의 다른 모습이면서 물질이 또한 에너지의 다른 모습이라고 한다면, 우리 주변에 있는 수많은 물질들은 모두 다 에너지 덩어리라는 것을 의미한다. 이러한 물질의 숨겨진 속성을 찾아내었다는 것은 무엇을 의미할까? 우리가 방법만 찾을 수 있다면 미래의 어느 순간에는 더 이상 에너지 걱정을 할 필요가 없다는 것을 의미한다. 한번 생각해보자. 물질은 우리 주변 어느 곳에나 널려 있다. 따라서 기름 값이 떨어지면 휴지통에 버려진 휴지 한 장을 발전기에 넣고 돌려 자동차를 움직일 만큼의 에너지를 얻을 수 있는 세상이 올 수도 있다는 것이다.

또한 이처럼 물질이 생성되고 다시 에너지로 변환되는 과정을 진정 이해하고 그 방법까지 자유롭게 할 수 있는 방법을 알아내게 된다면, 우리는 반대로 에너지만 존재하는 無의 공간에서 우리가 원하는 물질을 만들어낼 수 있을지도 모른다. 만약 그렇게 된다면 인류는 세상마저도 창조할 수 있는 능력을 가지게 되는 것이 아닐까? 지금까지 존재하지 않던 새로운 물질과 세상을 만들어내는 것은 오직 신(자연)만이 가능한 영역이었다. 하지만 놀랍게도 단순해 보이는 이 방정식은 에너지도 물질로 만들어질 수 있으며, 방법을 찾을 수만 있다면 우리가 원하는 물질도 스스로 만들어낼 수 있다는 것을 우리에게 알려주고 있다.

실제로 지금도 실험실에서는 여러 가지 입자들을 충돌시키며 기존에 존재하지 않던 새로운 입자(물질)들을 만들어내고 있으며 이런 원소들이 주기율표에 새롭게 등재되고 있다. 이것이 진리로의 여정을 통해서 우리가 얻을 수 있는 놀라운 능력인 것이다. 45억 년 지구의 역사를 모두 비추어보았을 때 인류의 조상으로 알려져 있는 오스트랄로피테쿠스가 등장한 것이 불과 약 250만 년 전의 일이다. 250만 년이라는 숫자는 굉장히 크게 다가온다. 하지만 인간의 기준이 아닌 지구의 나이를 기준으로 보았을 때에는 그야말로 '찰나'의 시간이다. 지구가 태어난 이후 지금까지 지나온 시간을 하루라고 가정하면 인류의 조상이 탄생한 시점은 지금으로부터 1분도 채 되지 않는다. 사실 현생 인류의 직접 기원이라고 할 수 있는 호모사피엔스는 약 20만 년 전 출현했으므로 그 기준으로 본다면 기껏해야 5초 정도로 봐야 할 것이다. 이렇듯이 지구의 기준으로 보았을 때 '찰나'의 기간에, 탄생한 지 얼마 되지 않은 인류가 물질의 기원에 대해 이해하고 그것을 활용까지 할 수 있는 거대한 족적을 내딛게 된 것은 정말 큰 의미를 지닌다고 볼 수 있을 것이다. 그러면 이제 우리가 서로의 상관관계를 이해를 할 수 있게 된, 물질과 에너지는 각각 무엇인지에 대하여 조금 더 알아보도록 하자.

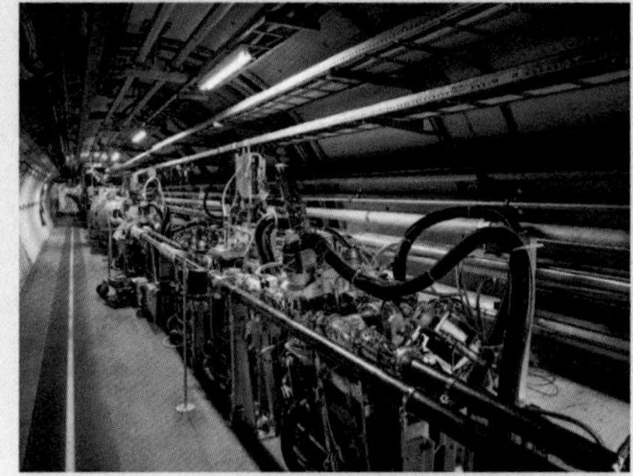

출처: CERN 홈페이지

스위스의 제네바와 프랑스 국경 사이에 있는, 강입자 가속기가 건설되어 있는 지역. 직경이 27㎞에 이를 정도로 거대하다. 거의 빛의 속도 근처까지 가속시킨 입자들을 충돌시킨 후, 이 과정에서 만들어지는 현상을 연구하고 있다. 이 과정에서 이 세상에 존재하지 않던 새로운 입자들도 만들어지곤 한다. 이는 물질과 에너지의 기원에 관해 우리에게 많은 의미 있는 정보들을 알려주고 있다. 일부 학자들은 강입자 가속기 실험 과정에서 블랙홀이 만들어져 이 세상이 블랙홀 속으로 흡수되는 재앙이 일어날 가능성을 제기하며 프로젝트의 중단을 요구하기도 했다. 연구에 따르면 이론적으로는 블랙홀이 만들어질 수도 있으나 그 크기는 원자 스케일 정도로 매우 작고, 유지될 수 있는 시간도 매우 짧아서 세상에 영향을 미치는 수준은 되지 못할 것이라고 한다. 강입자 가속기는 미시 세계를 연구하는 데 필수적인 것으로 알려져 있으며, 따라서 우리나라도 경주에 소규모의 강입자 가속기를 만들 예정이지만 예산 문제로 지연되고 있다. 강입자 가속기는 미시 세계에 대한 연구의 수준을 획기적으로 높일 수 있는 장치이기 때문에 가까운 미래에 결국은 이 문제가 해결되기를 희망해본다.

❼ 물질과 에너지

물질이란 무엇인가

❖ 모든 물질은 단 92개 원소들의 조합이다

만약 당신이 누군가로부터 갑자기 "물질이라는 것은 무엇일까?"라는 질문을 받는다면 그런 질문을 던진 사람과는 별로 대화를 나누고 싶어지지 않을지도 모르겠다. 하지만 이 문제에 대해 조금만 깊이 있게 들어간다면 우리의 어린 자녀들에게도 재미있게 들려줄 만한, 매우 흥미로운 사실을 알아낼 수가 있다. 그러므로 이러한 질문을 던지면서 이야기를 끌어가고 있는 필자를 이상한 눈으로 쳐다보지 말고 조금만 이야기를 들어주면 좋겠다.

그렇다면 물질이란 무엇일까? 일단 물질은 우리가 보고 만지고 느낄 수 있는 것이다. 즉, 물질은 어떤 공간을 점유하면서 질량을 가지고 있다. 이 세상에는 상상할 수 없을 정도로 많은 종류의 물질이 있다. 가깝게는 내 몸도 다양한 생체 조직들로 구성되어 있다. 인간뿐만 아니라 지구상에 존재하는 동물, 식물, 그리고 미세한 박테리아와 세균에 이르기까지도 모두 물질로 구성되어 있다. 이렇게 살아 있는 생명체뿐만이 아니다. 생명체 이외에도 우리 주변에는 물과 불, 그리고 흙과 같은 자연을 구성하고 있는 물질도 있으며 자연의 구성 물질에서 추출하여 만들어진 자동차, TV, 플라스틱 등과 같이 셀 수 없을 만큼 다양한 문명의 물질들로 이 세상은 가득 차 있다. 그러면 이 세상에 존재하는 물질의 종류는 모두 몇 개일까? 우리 주변을 가득 채우고 있으며, 심지어 나조차도 셀 수 없이 많은 물질로 이루어져 있을 것 같지만 자연계에 존재하는 물질의 종류는 단 92개에 불과하다(원소의 주기율표를 보면 실제로는 92개보다 더 많은 원소들이 존재하는데 이는 자연계에서 존재하는 것이 아니라 실험실과 같은 특수한 조건에서 만들어졌거나 발견된 물질들이다). 자연계에 존재하는, 셀 수 없이 많은 물질은 단지 이 92개의 물질이 서로 얽히고설켜서 만들어낸 조합에 불과한 것이다.

이 세상에 존재하는, 이렇게나 다양한 모든 물질들이 단지 92개 원소들만의 조합으로 이루어져 있다고? 혹시 이를 납득하기 조금 힘들어하는 분이 있다면 세계에서 가장 많은 책을 보유하고 있다는 미국 의회 도서관을 방문해보도록 하자. 수천만 권의 책으로 가득 차 있는 도서관에서 같은 책은 한 권도 없다(약 3천만 권의 책이 소장되어 있다고 한다). 그리고 실제 이 세상에 존재하는 책의 종류는 이보다도 더 많을 것이며 과거에 존재했고 또 미래에 존재할 책들까지 생각해본다면 사실상 책의 종류가 몇 권이라는 것은 의미가 없을 정도로 거의 무한대에 가까울 것이다. 하지만 책들에 쓰인 알파벳의 종류는 단지 27개에 불과하다. 단 27개의 알파벳을 앞뒤로 조합하여 우리는 거의 무한대에 이르는 다양한 책들을 만들어낼 수가 있다. 우리 세상을 이루고 있는 물질도 이와 마찬가지인 것이다. 92개의 물질은 이 세상에 존재하는 모든 물질을 만드는 데 전혀 부족함이 없이 충분한 개수이다. 우리는 지금 이 순간에도 이러한 원소들을 조합하여 과거에는 존재하지 않았던 새로운 물질을 만들어내고 있으며, 마치 새로운 책들이 출판되어 나오듯이 앞으로도 인류에 의해 만들어지는 새로운 물질들은 계속 늘어나게 될 것이다.

❖ 수소의 진화가 만들어낸 결과물

이제 우리는 이 세상의 모든 물질들이 단순히 92개 원소들의 조합으로 이루어져 있다는 것을 알게 되었다. 이것만으로도 우리의 세상은 매우 단순하고 간결하게 바뀌었다. 하지만 여기서 끝이 아니다. 정말 놀라운 것은 이 세상은 이보다도 훨씬 더 단순하게 이루어져 있다는 사실이다. 놀라지 마시라. 존재하는 92개의 원소들은 단 한 개 원소의 또 다른 모습이다! 우리가 세상에 존재하는 물질을 단순화시키기 위해 분류한 92개의 원소조차도 사실은 원소 중 가장 작은 물질인 수소의 또 다른 모습이라는 것이다. 이것은 절대 과장을 하거나 무리한 단순화의 과정에서 나오는 이야기가 아니다. 아무것도 존재하지 않고 에너지로 충만한 우주 공간에 가장 작은 원소인 수소들을 충분히 던져넣고 그냥 무작정 기다려보자. 시간이 오래 걸리기는 하겠지만 아무것도 존재하지 않았던 그 빈 공간이 지금 우리가 알고 있는 모든 원소들로 가득 차게 되는 것을 목격하게 될 것이다. 그리고 이것이 바로 지금 우리의 우주가 만들어진 과정인 것이다. 어느 한 공간에 충분한 양의 수소를 집어넣고 비디오 플레이어에 이러한 과정을 녹화해서 시간을 매우 빠른 속도로 돌리면서 처음 집어넣었던 수소들이 어떻게 변화하는지를 관찰해본다면 작은 수소들이 점차 새로운 원소를 만들어내고 진화하며 지금의 복잡한 세상을 만들어내는 과정을 두 눈으로 목격하게 될 것이다. 그렇다. 이 세상은 오직 수소라는 단 하나의 원소로부터 출발하여 지금과 같은 모습으로 만들어진 것이며 지금 우리 주변에 이렇게 복잡해 보이는 다양한 물질들은 수소가 만들어낸 다양한 후손들이다. 이것은 흡사 단세포에서 출발한 생명의 시작이 지금 인류를 비롯한 다양한 고등동물로까지 진화된 것과 다를 바 없다. 지금 우리 주변에 존재하는 모든 물질도 바로 수소의 진화가 만들어낸 결과물인 것이다.

❖ 가벼운 원소를 뭉쳐 무거운 원소를 만들다

그러면 도대체 어떤 과정을 통해서 단 하나의 원소가 전혀 성질이 다를 것 같은 다른 모든 원소로 만들어질 수 있는 것일까? 그 과정을 이야기하기 위해서 이 세상에 존재하지 않는 엄청나게 거대한 거인을 잠시 모셔보도록 하자. 이 엄청난 거인은 그 덩치만큼이나 거의 무한대의 힘을 가지고 있다. 그뿐만 아니라 이 거인은 그 거대한 덩치에 어울리지 않게 작은 원소들을 만질 수 있을 정도로 매우 섬세한 손을 가지고 있다. 이런 능력을 가 진 거인이 수소 4개를 집어들더니 거대한 그의 양손으로 힘을 주어 누르고 있다. 그러면 놀랍게도 그의 손아귀에서는 헬륨이 만들어진다. 거인이 헬륨을 만들어내기 위해 사용한 것은 단지 수소 원자들뿐이었다. 이 거인은 단순히 수소 4개를 뭉쳐서 헬륨이라는 전혀 다른 성질의 원소를 만들어낸 것이다. 이 과정에서는 사실 거인이 단순히 자신의 손으로 내리누르는 압력만으로도 원소들을 합칠 수 있지만, 만약 온도가 높은 환경을 만들어준다면 더 적은 힘으로도 원소들이 서로 잘 융합되는 환경을 만들 수 있다. 따라서 원소들을 만들어내는 거인이 힘들어하는 기색이 보이면 그에게 알 수 없는 온도까지 올라갈 수 있는 뜨거운 불기둥을 선물해준다면 매우 기뻐하며 더욱 신명나게 많은 원소들을 만들어낼 것이다.

이러한 방식으로 원소와 원소를 거대한 힘으로 뭉치는 과정을 반복하면 결국 우리가 자연계에서 찾을 수 있는 모든 원소들을 만들어낼 수 있다. 만약 거의 무한한 힘을 가진 인간이 존재한다면 그는 단순히 공기 중에 떠돌아다니는 수소 원자들을 잡아서 마치 눈송이를 뭉치듯이 수소 원자들을 뭉치고 뭉쳐서 금을 만들어낼 수도 있을 것이다. 이미 눈치채셨겠지만 수소를 뭉치고 뭉쳐서 다른 원소들을 만들어내는 것이라면, 이러한 과정을 거쳐서 만들어지는 원소들은 뭉쳐지는 수소 원자들이 많아질수록 점차 무거워질 것이다. 그렇다. 원자 번호가 증가할수록 원소는 무거워지고, 그렇게 무거워지는 이유는 바로 수소를 계속 겹치고 겹치면서 원소들이 만들어지기 때문이다.

❖ 새로운 원소를 만들어내는 공장

그렇다면 우리 주위에 존재하는 이 다양한 원소들은 도대체 누가 만들어낸 것일까? 앞서 우리 이야기에 등장했던 거대한 거인이 실제 현실에 존재할 리는 만무하기 때문이다. 일단 원소라는 물질을 만들기 위해서는 물질의 씨앗이 되는 수소가 있어야 한다. 무슨 이유에서인지는 모르겠지만 에너지로 충만한 어느 지점에서 갑자기 처음으로 수소라는 물질이 만들어지게 된다. 이것이 우리가 알고 있는 빅뱅이다. 빅뱅을 통하여 모든 원소들의 씨앗이 될 수 있는 수소가 만들어진 것이다. 이렇게 만들어진 수소를 이용하여 아주 빠른 시간 내에 또 다른 물질인 헬륨도 만들어지게 된다. 이렇게 태초에 만들어진 물질은 대부분이 수소였고(75%) 헬륨 일부가(25%) 있었을 뿐이었다. 그렇다면 학창 시절 내 머리를 혼란스럽게 만들던, 주기율표에 그려져 있는 그 많은 원소들은 도대체 어디에서 나온 것이란 말인가? 언급했던 것처럼 빅뱅 초기에 이 우주는 수소와 헬륨으로만 이루어진 세상이었다. 이 두 원소는 우리가 알고 있는 원소 중 가장 가벼운 2가지 원소이다. 그렇다면 이보다 더 무거운 원소들은 누가 만들어낸 것일까? 정말 앞서 상상 속에 등장하였던 거인이 정말 존재하기라도 한다는 말인가?

놀랍게도 그렇다. 그러한 것이 존재한다. 다만 그 형태는 상상 속의 거인이 아니라 바로 밤하늘에 떠 있는 수많은 별들이다. 작은 물질들이 서로 모이고 모이면서 만들어낸 거대한 질량으로 인하여 별들의 중심에는 엄청난 압력과 온도가 가해지는 환경이 만들어진다. 이러한 거대한 힘이 마치 앞서 상상 속에서 등장하였던 거대한 거인의 손바닥처럼 원자들을 뭉치고 뭉치면서 더 무거운 원소들을 새롭게 만들어내는 것이다. 태양과 같이 스스로 빛을 내는 밤하늘의 별들은 모두 새로운 원소들을 만들어내는 공장이나 마찬가지인 셈이다. 앞서 설명했던 거대한 거인 손의 역할을 수행하고 있었던 것은 바로 저 밤하늘의 거대한 별들이었던 것이다. 우리에게 따사로움을 선사해주고 있는 저 태양 또한 지금 이 순간에도 부지런히 새로운 원소들을 만들어내고 있다. 그렇게 만들어진 원소들이 지금 나 자신과 내 주변의 만물이 만들어진 기초가 되는 것이다.

이제 우리는 92개의 다양한 원소들은 사실 수소 단 한 가지만으로도 만들 수 있다는 것을 알게 되었다. 즉, 우리가 중학교 이후 화학 시간에 배워왔던, 세상을 구성하고 있는 92개의 원소는 사실 수소라는 단 하나의 원소가 뭉쳐진 다른 모습일 뿐인 것이다. 이제 우리의 주변을 잠시 찬찬히 둘러보도록 하자. 이렇게 다양하게 보이는 모든 물질들은 사실 단 한 종류 물질의 서로 다른 모습이다. 나의 몸에서부터 내 주변의 모든 환경, 밤하늘의 저 별조차도 단지 수소라는 단 한 종류의 물질로부터 비롯된 것이다. 자, 어떠한가? 셀 수 없이 많은 종류라고 생각되었던 우리 세상은 사실 단 한 종류의 물질로 구성되어 있었다. 이 사실만으로도 이 세상은 너무나도 단순화되지 않았는가?

필자는 이러한 사실을 생각할 때마다 다양한 생명으로 가득 차 있는 지구를 떠올리곤 한다. 다윈의 진화론 또한 이렇게 다양한 생명체들도 결국은 하나의 뿌리로부터 나왔다는 것을 이야기해주고 있기 때문이다. 이 세상에 존재하는 생명에서부터 모든 물질까지 모든 것은 하나로부터 시작되어 지금처럼 분화되었다. 이런 생명과 더불어서 물질뿐만 아니라 대학에서 다양하게 가르치는 학문조차도 결국은 고대의 철학으로부터 시작되어 분리되고 분화된 결과물이다. 이러한 생각들을 조금씩 확장해보면, 지금은 이렇게 거대하고 다양한 물질로 구성되어 있는 이 우주가 결국은 티끌보다도 작은 한 점에서 시작되었다는 우주 빅뱅 이론의 논리가 결코 괴이하게 느껴지지가 않는다. 그런 점에서 우리가 찾고 있는 태초 만물의 진리는 단순하고 명료하고, 그렇기 때문에 매우 아름다울 것이다.

질량이란 무엇일까

❖ 질량은 물질의 양이다

모든 물질은 질량을 가지고 있다. 즉, 모든 물질은 어느 정도의 무게를 가지고 있다는 것이다. 앞서 잠시 언급했지만, 질량과 무게의 차이점을 한 번 더 자세히 이야기해야 할 것 같다. 평상시에는 비슷한 개념으로 혼용되어 사용되는 단어들이지만 물질의 근원을 공부해나가는 우리는 이들의 차이점을 알고 지나가야 한다. 질량은 어떤 물체가 가지고 있는 물질의 양을 나타낸다. 물질의 양은 일반적으로 시간이나 장소에 따라 변하지 않는다. 따라서 질량은 시간이나 장소에 상관없이 항상 일정하다. 지구에서 60kg의 질량을 가진 물체는 달에서도 60kg의 질량을 가진다는 의미이다. 하지만 우리가 보통 이야기하는 무게는 지구가 그 물체를 잡아당기는 힘이다. 즉, 무게라는 것은 중력이 물체를 당기는 힘인 것이다. 지구를 벗어날 일이 없던 과거 시절에는 질량과 무게를 동일하게 생각해도 상관이 없었다. 하지만 인류의 시야가 우주까지 확장된 지금 시대에서는 질량과 무게는 완전히 다른 값을 가질 수밖에 없으므로, 만약 우리가 우주여행을 하게 된다면 이 두 가지는 철저하게 구분이 되어야 한다. 그렇지 않으면 우주여행을 하는 도중 낭패를 당하는 일이 발생할 수도 있을 것이다. 지구에서 60kg의 몸무게를 가진 철수는 달에서는 단지 10kg의 무게밖에 나가지 않는다. 지구에서 60kg이었던 철수가 달에서 10kg으로 측정된다고 해서 철수가 엄청난 다이어트에 성공했다고 볼 수는 없을 것이다. 만약 달에서 다시 지구로 돌아온다면 철수는 여전히 60kg이기 때문이다.

이는 철수를 이루고 있는 물질의 양인 질량은 중력에 따라서 변화가 없다는 것을 의미한다.

❖ 질량도 그 값이 변한다

물질의 양인 질량은 지구에서나 달에서나 어느 위치에서든 변화가 없다. 그렇다면 질량은 언제 어디에서나 항상 일정한 값을 가지는 물질의 근본 속성인 것일까? 결론부터 이야기하면 그렇지 않다. 아니, 그러면 학창 시절 배웠던 물질의 질량은 항상 변하지 않는다는 이야기는 잘못된 것이란 말인가? 사실 물질의 질량이 변하지 않는다는 것은 절반만 맞는 이야기이다. 물질이 고유한 질량 값을 가지고 있다는 것은 그 대상 물질이 정지해 있을 때를 기준으로 해서 이야기하는 것이기 때문이다. 하지만 그 대상 물질이 조금이라도 움직이고 있다면 이야기가 달라진다. 철수의 질량은 지구에서나 달에서나 항상 60kg으로 동일하다. 하지만 그것은 철수가 질량을 측정하기 위하여 정지해 있을 때만 해당되는 이야기이다. 만약 철수가 움직이고 있다면 철수의 질량은 달라지게 된다. 뭐라고? 철수가 움직이게 되면 그 질량이 달라진다고? 앞서 질량은 물질의 양이라고 하였다. 그런데 철수가 움직이게 되면 철수를 구성하고 있는 물질의 양이 변하기라도 한다는 말인가? 그렇다! 이상하게 들리겠지만 이것이 우리가 사는 세상에 적용되는 물리 법칙이다.

그렇다면 왜 물질은 움직이면 질량이 변하게 될까? 혹시나 이 이유를 눈치채신 독자가 계시다면 물질의 속성을 파악하는 데 이미 상당한 수준에 올라오신 것을 의미한다. 아인슈타인에 의해 질량과 에너지는 동일하다는 것이 밝혀졌다. 따라서 정지해 있던 물질,

그 존재 자체가 에너지이다. 따라서 에너지가 늘어나거나 줄어들면 그에 따라서 질량도 늘어나거나 줄어들어야 할 것이다. 그런데 정지해 있던 물체가 이동을 한다는 것 자체가 어디에서인가 에너지가 투입된 것을 의미하기 때문이다. 물질 자체가 가지고 있는 에너지에 더해 물질을 이동시키기 위한 에너지가 추가되었다고 해보자. 그렇다면 이렇게 추가된 에너지만큼 이 물질이 가진 질량도 증가해야 하는 것이다. 예를 들어 정지해 있는 우주선이 움직이고 있다고 생각해보자. 우주선이 지금 움직이고 있다는 것은 이를 위한 에너지를 투입했다는 것을 의미한다. 그런데 에너지는 질량과 동일하다. 따라서 움직이고 있는 우주선은 서 있던 우주선에 비해서 더 큰 질량을 가지게 되는 것이다.

우리는 이미 앞서 빛의 속도를 돌파하기 위하여 계속 가속을 하던 우주선의 사례를 통해서 더 빨리 움직이면 움직일수록 자신의 질량이 점점 증가하게 되는 우주선에 관하여 이야기를 한 적이 있다. 이렇게 빛의 속도에 가까운 속도로 빠르게 움직이는 물체에서는 에너지와 질량, 그 사이의 경계가 모호해진다. 우리가 그동안 물체가 아무리 움직인다고 하더라도 질량은 변하지 않을 것이라고 생각했던 것은, 물체의 질량에 비하여 움직이는 속도가 너무나도 느렸기 때문이다. 너무나도 미미하고 느린 속도로 인하여, 증가되는 질량의 값이 너무나도 작기 때문에 우리는 오랜 시간 동안 물질의 양인 질량은 항상 동일하다고 착각을 해왔던 것이다. 이렇게 우리가 그동안 물질의 고유한 성질이라고 알고 있었던 질량도 운동 상태에 따라 그 값이 변한다. 처음에는 이상하게 들릴지 모르지만 질량과 에너지가 서로 동일한 것이라는 대전제만 기억하고 있다면 쉽게 받아들일 수 있을 것이다.

❖ 정지 질량과 운동 질량을 반드시 구분해야 하는 미시 세계

이러한 논리로 어떤 물질의 질량은 그 운동 상태에 따라서 셀 수 없이 많은 다른 값을 가지게 된다. 어떤 물질의 질량이 이렇게 수없이 많은 값을 가지게 되면 그 물질의 질량이 얼마나 되는지를 이야기하기가 매우 곤란해질 것이다. 그래서 우리가 이야기하는 어떤 물질의 질량이라는 것은 그 대상 물질이 정지해 있을 때에 국한해서 이야기하고, 이 질량 값을 정지 질량이라고 한다. 그런데 우리가 보통 물질의 질량이라고 부르는 것은 앞 단어의 '정지' 부분을 생략하고 '질량'만으로 부르는 것이 일반적이다. 그것은 나를 비롯한 보통의 거시 세계에서 우리 주변에 볼 수 있는 물질들은 그 질량이 상당히 크기 때문에 웬만큼 빠른 속도로 이동하지 않는 이상 정지 질량과 운동 질량의 차이가 매우 미미하기 때문이다. 따라서 운동 상태에 따라서 변하는 질량의 차이를 무시할 수 있는 수준인 것이다. 하지만 이것은 우리와 같은 거시 세계에서만 통용되는 이야기이다. 미시 세계인 원자 단위에서는 이야기가 완전히 달라진다.

원자 단위의 물질들은 그 질량이 매우 가볍고 운동 속도는 거시 세계와 비할 바 없이 매우 빠르다. 따라서 정지해 있을 때와 그렇지 않을 때의 질량 값이 매우 큰 차이를 나타낸다. 그러므로 거시 세계가 아닌 미시 세계를 연구하기 위해서는 반드시 정지 질량과 운동 질량을 구분해야 한다. 그렇지 않으면 커다란 오차가 발생하게 되는 것이다. 정리하면, 물질의 양인 질량은 그 실질적인 물질의 양이 변하지 않음에도 자신의 운동 상태에 따라 그 값이 변한다. 이것은 완전히 다른 존재인 것으로 생각되었던 질량과 에너지가 사실은 같은 것이었기 때문에 일어나는 현상이며, 이것이 비밀스럽게 숨겨진 자연의 속성 중 하나이다. 혹시 움직이는 물체의 질량이 증가한다는 사실을 너무나도 적극적으로 받아들여서 자신의 몸무게 감량에 도움이 되고자 움직이지 않고 침대에 가만히 누워만 있는 방식으로 다이어트를 하려는 생각은 가지지 않는 게 좋다. 앞서 설명하였지만 거시 세계 대부분의 물질은 운동 상태에 따른 질량 차이가 너무 미미하다. 따라서 혹시라도 그런 생각을 가지신 분이 있다면 지금이라도 밖에 나가서 운동으로 에너지를 소비하여 질량 자체를 줄이는 방식을 택하는 것이 좋을 것이다.

❖ 1+1+1=80

질량은 물질의 양이다. 물질의 양이 많으면 무거워지고 적으면 가벼워진다. 그렇다면 무엇이 물질을 가볍게도 만들고 무겁게도 만드는 것일까? 이 문제를 보다 단순하게 이야기하기 위해 이 세상에서 가장 작은 수소 원자로 이야기를 시작해보도록 하자. 수소 원자는 1개의 원자핵과 1개의 전자로 이루어져 있다. 이 중 원자핵은 다시 중성자와 양성자로 나뉘며 중성자와 양성자는 다시 각각 3개의 쿼크라는 소립자로 이루어져 있다(수소는 보통 중성자가 없이 양성자만 있는 것이 일반적이지만 중성자가 있는 중수소도 소량 존재한다). 이러한 소립자들의 용어가 좀 어려워서 잘 와닿지 않긴 하지만 용어는 중요한 것이 아니니 금방 잊어도 된다. 여기에서 흥미로운 것은 중성자와 양성자의 질량이 각각 3개의 쿼크 입자의 합보다도 훨씬 크다는 것이다.

일반적으로 쿼크 3개가 모이면 하나의 양성자 혹은 중성자가 만들어지게 되는데 이 양성자의 무게는 쿼크 3개가 모인 질량보다도 약 80배나 크다. 1+1+1=3이 되어야 하는 것이 자연스러운 순리일 것인데, 그 1+1+1의 합이 80이 되어버린 것이다. 어떻게 이러한 일이 일어날 수 있을까? 그 비밀은 바로 쿼크 간의 결합 에너지에 있다. 쿼크가 하나만 있을 때에는 결합 에너지가 있을 수 없지만 쿼크와 쿼크가 결합을 하기 위해서는 쿼크 간 결합 에너지가 필요하게 된다. 이것이 질량으로 전환되면서 양성자의 질량이 훨씬 커지게 되는 것이다.

질량이라고 하는 것은 물질의 양이다. 하지만 우리가 보이는 물질을 소립자 수준으로 하나하나 분해하는 순간 그 물질의 질량은 조금씩 줄어들게 된다. 이것은 그 물질을 이루고 있는 결합 에너지가 사라지기 때문이다(사실 사라진다기보다는 다른 어딘가로 방출되는 것이다). 결국 우리가 어떤 물질을 더 이상 분해할 수 없는 단위까지 분해해서 늘어놓는다면 그 분해된 물질 입자들의 총 질량은 그 물질들이 합쳐져 있을 때에 비해서 큰 폭으로 줄어들게 된다. 현재 우리가 원자력 발전에 이용하고 있는 원리가 바로 이러한 핵분열 과정에서 줄어드는 질량을 에너지로 전환하여 활용하고 있는 것이다. 수많은 소립자들로 이루어진 세상은 이렇게 질량과 에너지가 수시로 변환되면서 질량과 에너지가 동일하다는 등가 원리를 항상 확인시켜주고 있다. 혹시 미시 세계에서 살아가는 문명이 있다면 그들은 질량과 에너지가 등가의 관계로 수시로 변화하며 형태를 달리하는 것을 아무 거부감 없이 자연스럽게 받아들이고 있을 것이다.

물질과 에너지

❖ 물질이라는 매듭이 풀리는 순간 에너지로 변환된다

우리는 $E=mc^2$을 통하여 이 세상의 질량을 가진 모든 물질은 에너지로 전환될 수 있음을 알게 되었다. 물질이 모두 에너지로 바뀔 수 있다면 에너지도 물질이 될 수 있지 않을까? 그렇다. 먼 옛날 존재하는 가장 작은 물질인 수소 원자조차 존재하지 않던 시절, 물질은 없지만 에너지로 가득 차 있던 어느 한 지점에서 에너지에 의한 장의 매듭이 묶이면서 물질로 변환되며 이 우주가 창조되었다. 빅뱅 우주론으로 이야기되는 우리 우주의 역사는 이렇게 시작되었다. 우리 눈으로 볼 수 있고, 손으로 느낄 수 있는 물질은 에너지가 장(field)에 의하여 매듭지어지며 만들어낸 결과물이다(앞서 자석의 자기장에 의해 만들어지던 철가루 패턴을 상상해보자). 따라서 이러한 물질의 장의 매듭이 풀어지는 순간 물질은 다시 순수한 에너지의 모습으로 변환이 되는 것이다.

어린 시절 어머니께서 뜨개질을 하여 손수 만들어주신 털목도리는 매듭이 풀어지는 순간 태초의 모습이었던 털실 뭉치로 되돌아간다. 이 과정에서 어머니가 털실을 뜨개질하며 정성스럽게 목도리에 쏟아부었던 에너지도 함께 사라지게 되는 것과 동일하다. 털목도리와 털실 뭉치는 태초부터 같은 모습이었다. 다만 털실 뭉치는 어머니의 사랑이라는 에너지를 통하여 털목도리로 그 형태를 바꾸었으며 매듭이 풀어지는 순간 그 에너지가 공중으로 흩어지며 다시 원래의 털실 뭉치로 돌아가게 되는 것이다. 물질과 에너지는 서로 다른 것이 아니라 이와 같은 관계를 가지고 있다. 우리가 입고 있는 옷의 매듭을 모두 풀면 가는 실로 바뀌고, 이 실을 다시 이어 붙여 매듭을 만들어주면 옷이 만들어지듯이 물질이라는 것은 에너지의 매듭이 만들어낸 또 다른 모습일 뿐인 것이다. 아인슈타인은 물질의 이러한 성질을 인류 최초로 간파하고 $E=mc^2$이라는 단순하면서도 아름다운 법칙을 발견해낸 것이다.

하지만 인류가 에너지와 물질에 대한 비밀을 알아가면 알아갈수록 더 심오한 숨겨진 속성이 새롭게 드러나고 있다. 인형을 열어보면 그 안에 또 다른 인형을 가지고 있는 러시아의 마트료시카 인형처럼 우리가 숨겨진 비밀을 찾았다고 생각하는 순간 우리는 또 다른 새로운 의문의 벽과 마주하게 된다. 훗날 에너지와 물질과의 관계를 우리가 좀 더 명확하게 밝혀낼 수 있다면 아직도 심오한 비밀로 베일에 가려져 있는 암흑 에너지와 암흑 물질(후에 이야기 나누게 될 것이다)에 대한 이해도도 높아질 수 있을 것이다. 그렇게 된다면 우주에 대한 우리의 이해는 지금과 비교할 수 없을 정도로 크게 발전하게 될 것이다. 나는 확신한다. 미래의 어느 날 아인슈타인과 같은 현자가 나타나 그 비밀을 꼭 밝혀주게 될 것이라는 것을…. 제2의 아인슈타인은 이 글을 읽고 있는 당신이 될 수도 있으며 혹은 당신의 손자가 될 수도 있다. 누차 이야기했듯이 제2의 아인슈타인은 아무런 예고 없이 홀연히 등장하는 것이 아니다. 세대와 세대를 거친 수많은 연구와 토의, 성공과 실패를 거듭하면서 켜켜이 쌓인 인류의 노력이 조금씩 뭉쳐지면서 태어날 수 있는 기반이 만들어지는 것이다. 설사 당신이 제2의 아인슈타인이 될 수 없을지라도 그 아인슈타인이 출현할 수 있게 해주는 작은 밑거름이 될 수 있음을 항상 기억해야 할 것이다.

지금까지 우리는 시간과 속도, 그리고 물질과 에너지에 대하여 이야기하였다. 이것은 그동안 우리에게 보이지 않았던 자연이 가지고 있던 속성을 알아가는 여정이었다. 그리고 이 여정을 통해서 우리가 숨겨진 자연의 속성을 볼 수 있도록 큰 역할을 해준 것이 바로 아인슈타인의 상대성 이론이라는 것도 알게 되었다. 이제 우리는 그토록 유명한 아인슈타인의 상대성 이론에 대하여 본격적으로 정리해가는 과정을 통해서, 힘들기도 했던 이 진실로의 여정을 정리하게 될 것이다. 이제 여러분들은 상대성 이론을 무리 없이 흡수할 수 있는 안목을 가지게 되었다. 따라서 앞으로는 상대성 이론에 조금 더 원칙적으로 접근하여 그 이론이 설명하려고 하는 세계관이 무엇인지에 대하여 보다 자세히 다루게 될 것이다. 이제 나오게 될 내용은 이미 대부분 앞서 언급한 적이 있기 때문에, 지금까지의 여정을 정리해보는 편안한 마음으로 필자와 함께 계속 여정을 떠나보도록 하자.

인기 미국 드라마 '더 보이즈'에 등장하는, 빨리 달리는 능력을 가진 히어로

영화 'X맨'에 등장하는, 시간을 천천히 가게 만드는 능력을 가진 히어로

미국 드라마 '더 보이즈'의 히어로 중 한 명인 A트레인은 굉장히 빠르게 달리는 능력을 가지고 있다. 엄청나게 먼 거리도 순식간에 이동할 수 있는 힘을 가지고 있다. 그리고 영화 'X맨'에 등장하는 히어로 중 퀵실버는 시간을 천천히 흐르게 하는 능력을 가지고 있다. 한 명은 공간을 빠르게 달리고, 또 다른 한 명은 시간을 천천히 흐르게 만드는 능력을 가지고 있다. 얼핏 보면 서로 다른 능력인 것처럼 보이는, 이들이 보여주는 능력을 관찰하고 있으면 우리는 이 두 히어로들이 보여주는 능력에서 어떠한 차이점도 발견할 수 없다. 이처럼 빠르게 달리는 능력과 시간을 천천히 가게 하는 능력은 하나의 또 다른 모습이다. 그렇다. 시간과 공간은 이런 방식으로 연결이 되어 있다.

❽
시간과 공간을 다시 정의하다, 특수 상대성 이론

시속 300㎞로 달리는 고속 열차가 있다. 우리가 이 열차를 따라잡기 위해서 최고 성능의 자동차를 타고 쫓아간다고 생각해보자. 처음에는 시속 300㎞로 달리는 기차의 엄청난 속도에 깜짝 놀랄 것이다. 하지만 당신이 차의 속도를 점점 높여서 100㎞가 되면 열차는 200㎞로 달리는 것으로 보일 것이고 200㎞가 되면 100㎞의 속도로, 마침내 당신의 자동차가 300㎞가 되는 순간 당신은 마치 고속 열차가 당신 옆에 서 있는 것처럼 보일 것이다. 철로 및 도로가 이상적으로 아무 진동 및 흔들림이 없다면 당신은 손쉽게 자동차로부터 열차로 건너타는 것도 가능할 것이다. 이것이 우리의 상식이고 그동안 우리 세상을 지배해온 뉴턴의 역학이 이야기하고 있는 것이다. 그런데 빛의 속도는 이와는 다른 모습을 우리에게 보여준다. 우리가 엄청난 기술을 개발하여 빛의 속도와 근접한 우주선을 개발해서 빛의 속도의 99%로 달린다고 하더라도 그 엄청난 속도의 우주선에서 바라보는 빛의 속도는 여전히 초속 30만㎞로 변함이 없으며, 심지어 그 속도로 반대 방향으로 움직인다고 해도 빛의 속도는 변함이 없다. 우리는 앞서 이미 이러한 설명을 들어 알고 있지만 경험적으로 이해하기가 힘든 것은 여전하다. 이제 아인슈타인이 이를 어떤 방식으로 설명하면서 시공간의 비밀을 풀게 되는지 조금 더 자세히 살펴보도록 하자.

빛의 속도 불변성을 부정하려는 시도가 빛의 속도 불변성을 확인시켜주다

빛의 이러한 속성은 분명 우리의 경험과 상식을 배반하는 것이다. 특히 그동안 만물의 운동 역학 법칙으로 통용되고 있는 뉴턴의 역학 법칙 또한 거스르는 현상이었다. 당대의 식견이 높은 학자들도 대부분 뉴턴의 역학 법칙은 틀릴 수가 없다는 확고한 신념을 가지고 있었다. 뉴턴이 틀리지 않았다면, 관측자의 이동속도에 상관없이 빛의 속도가 항상 일정하다는 여러 실험 혹은 수학적 증명 과정의 결과는 우리의 이해가 부족한 것에서 나오는 것이거나 혹은 측정 과정에서의 오류라고 생각했다. 그래서 당대의 유명한 학자들은 실제 실험을 통하여 일상생활에서 우리가 경험하는 것처럼 빛의 속도 또한 관측자의 이동속도에 따라 변한다는 것을 증명하려고 했다. 그것이 우리의 경험과도 잘 일치되는 결과였기 때문이었다. 그중 유명한 것이 고등학교 교과서에도 수록이 되어 있는, 1887년 실행된 '마이컬슨-몰리 실험'이다.

당시에는 빛이 에테르라는 매질에 의해 전파된다고 생각했다. 지구는 태양을 중심으로 공전하고 있으므로 실험체의 구조물을 다양한 방향에서 측정하면 관찰되는 빛의 속도는 에테르라는 매질이 순방향이냐 혹은 역방향이냐에 따라 속도의 차이가 관찰 되어야 했다. 풀어서 이야기하면, 지구가 태양을 향해서 달려갈 때와 멀어질 때 태양으로부터 전달되는 빛의 속도가 달라져야 한다는 의미이다. 이는 고속도로를 달리고 있는 나의 자동차에서 바라보면 반대 방향으로 달려오는 자동차가 같은 속도로 같은 방향으로 달리고 있는 자동차보다 훨씬 빠르게 다가오는 것으로 관찰되는 상황과 동일하다. 하지만 예상과는 달리 어느 방향에서 측정하더라도 빛의 속도는 언제나 항상 일정하게 관측이 되었다. 이는 빛이 전달되는 방향과 반대 방향으로 달리거나 같은 방향으로 달리더라도 빛의 속도는 변하지 않는다는 것을 의미한다. 이것은 빛의 속도는 관측자의 속도와는 아무런 상관없이 항상 일정하게 보인다는 빛의 속도 불변성의 원리를 설명해주는 결과였다.

이렇게 빛의 속도는 변할 것이라는 것을 증명하기 위해서 시작한 실험이, 결국은 빛의 속도가 관측자의 운동 상태에 전혀 상관없이 일정하다는 것을 증명해주는 가장 유명한 실험 중의 하나가 되고 말았던 것이다. 의도와는 다르게 빛의 속도가 항상 일정하다는 결론을 도출한 이 실험에 대한 공로로 마이컬슨은 1907년 노벨상을 수상하게 된다. 빛도 뉴턴의 운동 법칙을 따른다는 것을 보여주기 위하여 시작한 실험이, 빛의 속도는 어떠한 상황에서도 동일한 속도로 관찰된다는 결과를 증빙하는 최초의 실험으로 노벨상까지 받게 된 것이다.

빠른 속도로 이동하게 되면 공간이 수축된다

그러면 빛의 속도는 관찰자의 속도에 상관없이 항상 일정하다는 것을 받아들인 아인슈타인의 논리를 다시 따라가보도록 하자. 빛의 속도가 항상 일정하다는 것을 받아들이자 그 순간 놀라운 일이 벌어졌다. 고전 역학 관점에서는 내가 바라보는 정해진 시간과 정해진 거리를 기준으로 속도가 가변되었다. 하지만 빛의 속도가 정말 항상 일정하다면 변해야 하는 것은 속도가 아니라 반대로 시간과 거리가 되는 것이다! 여기에서 시간과 거리가 변한다는 것은 시간의 빠르기와 공간의 길이 자체가 변한다는 것을 의미한다. 우리의 기존 세계관에서는 1시간이라는 시간과 50㎞라는 거리는 철수와 영이뿐만 아니라 이 우주에 존재하는 누구에게나 항상 동일한 값이었다. 하지만 빛의 속도를 항상 일정하게 유지하기 위해서는 철수에게는 1시간이라는 시간이 영이에게는 30분이 될 수도 있다는 것을 의미하는 것이다. 그래야만 빛의 속도가 항상 일정하다는 결과물에 도달할 수 있기 때문이다.

이런 이야기는 분명 우리의 경험과는 완전히 배치되는 설명이다. 내가 가진 시계와 자로 측정한 시간과 거리는 철수나 영이가 측정해도 언제나 동일한 값을 가져야 할 것이다. 이것이 우리 모두가 가지고 있던 고정관념이었다. 하지만 빛의 속도를 일정하게 유지시키기 위해서는 이것이 변한다는 것을 받아들여야만 하는 상황이 된 것이다. 실제로 아인슈타인 이전까지 모든 사람들은 물론, 희대의 천재 뉴턴마저도 시간과 공간은 절대 변하지 않는 불변의 값이라고 생각했다. 다시 한번 이야기하지만 아인슈타인의 상대성 원리는 처음 우리가 개념을 받아들이기가 어렵지, 만약 개념을 받아들이게 된다면 그 원리를 이해하는 것이 그리 어려운 것이 아니다. 그래서 시간이 걸리더라도 아인슈타인의 논리를 차근차근 따라가 보는 것이 필요하다. 우리는 이미 앞서 이러한 아인슈타인의 논리를 따라 이미 그 설명을 한 바가 있다. 그러나 그때에는 혼동을 줄이기 위하여 시간과 공간 중에서 오로지 시간이라는 측면에서만 아인슈타인의 논리를 전개하였다. 이제 지금까지 진리로의 여정을 잘 따라와주신 독자라면 여기에 공간의 개념까지 포함한, 시공간의 논리로 아인슈타인의 설명을 이해할 수 있는 충분한 경지에 올라와 있다. 따라서 지금부터는 시간뿐만 아니라 공간의 개념도 같이 놓고 아인슈타인의 논리를 따라가보도록 하자.

아인슈타인은 기존의 고정관념을 타파하고 빛이 상대방의 운동 상태와는 상관없이 항상 일정한 상수라는 것을 받아들였다. 이렇게 되면 빛이 관찰자의 운동 상태와 상관없이 항상 일정한 속도를 유지하기 위해서 그동안 불변의 것으로 여기고 있었던 시간과 거리가 변해야 한다. 빛의 속도는 초속 30만km이다. 빛의 속도를 따라잡기 위하여 철수는 초속 20만km의 우주선을 타고 빛을 따라가고 있다. 기존에 우리가 가진 관념으로는 철수의 눈에 빛의 속도는 초속 10만km로 이동하는 것으로 보여야 된다. 하지만 놀랍게도 철수의 눈에는 여전히 빛이 초속 30만km로 이동하는 것으로 보인다. 철수 본인은 눈치채지 못하고 있겠지만 빠르게 달리고 있는 철수의 우주선에서는 시간이 천천히 흘러가고 있다. 이에 반하여 빛은 여전히 항상 동일한 속도로 이동하며 멀어지고 있다. 따라서 철수가 보기에 빛은 항상 초속 30만km의 속도로 멀어져가는 것으로 보이는 것이다. 뿐만 아니라 이렇게 빠르게 달리는 우주선에서는 시간이 천천히 흐르기 때문에 공간은 수축이 되는 현상이 발생한다. 여러 번 언급했지만 시간과 공간은 독립적인 개념이 아니라 철저하게 서로 연결되어 있는 물리량이다. 느리게 흐르는 시간은 공간을 수축시킨다. 따라서 광속과 비슷한 속도로 달리는 우주선에서 철수가 저 멀리 앞에서 진행하는 빛을 바라보면 주변의 공간이 수축되는 것처럼 느껴진다. 하지만 빛은 수축된 공간과는 상관없이 항상 동일한 빛의 속도로 이동하게 된다. 빛의 속도는 공간이 늘어나거나 수축되더라도 항상 동일한 속도로만 움직이기 때문이다. 따라서 우주선이 아무리 빨리 달리게 되더라도 결코 빛의 속도를 따라잡는 일은 일어나지 않게 되는 것이다. 이것이 시간과 공간, 각각의 관점에서 빛의 속도가 항상 일정하게 관측되는 이유이다.

변하는 것은 시간과 공간이다

우리는 지금까지 주로 시간의 빠르기 관점에서 빛의 속도가 항상 일정하다는 설명을 주로 해왔다. 이는 고정된 경험을 깨기 위하여 혼동을 줄이기 위한 방법이었다. 하지만 방금 언급했던 것처럼 공간의 관점에서 바라보아도, 빛의 속도는 어떠한 상태에서도 항상 일정하게 관찰된다. 공간 또한 시간과 함께 역동적으로 변화하는 인자이기 때문이다. 그러면 앞서 빠르게 달리고 있는 철수의 경우도 공간의 관점에서 다시 한번 살펴보도록 하자. 지금 철수가 타고 있는 우주선은 빠르게 움직이고 있다. 그러므로 지구에 있는 영이가 볼 때 빠르게 달리는 우주선은 진행 방향으로 압축되어 보인다. 영이가 관찰하기에 우주선을 타고 빠르게 움직이고 있는 철수의 모습은 평상시보다 매우 홀쭉하게 보일 것이다. 물론 빠르게 움직이는 우주선에서 시간이 느려지는 현상을 정작 철수 본인은 깨닫지 못하는 것처럼 이 우주선의 공간이 수축되는 현상을 우주선 안에 있는 철수 본인은 전혀 깨닫지 못한다. 다만 거의 광속으로 달리고 있는 철수가 바라보기에는 자신이 달리고 있는 방향으로 공간 자체가 수축된 것으로 보인다. 분명 철수 본인이 지구에 있을 때 관찰하기에는 엄청나게 멀리 떨어져 있던 거리가 공간이 빛에 근접하는 속도로 이동하고 있는 우주선에서 바라보니 철수와 안드로메다 은하까지의 공간이 수축됨으로 인해서 매우 가까운 거리에 있는 것처럼 보이는 것이다. 따라서 지구에 있을 때에는 230만 광년만큼 멀리 떨어져 있던 안드로메다 은하가 매우 빠른 속도로 달리고 있는 우주선을 타고 있는 철수의 눈에는 마치 코앞에 있는 것처럼 가깝게 보이는 것이다.

그렇다. 이것이 빠르게 달리고 있는 우주선을 타고 있는 철수가 아무런 문제없이 안드로메다 은하까지 빠른 시간 내에 도착할 수 있는 이유였던 것이다. 철수의 입장에서는 이렇게 짧아진 거리를 빠른 시간 내에 이동하는 것은 당연히 아무런 문제가 없다. 이렇게 광속 근처까지 빠르게 달리고 있는 우주선을 타고 이동을 하면 수축되는 공간으로 인하여 수백만 광년에 달하는 아주 먼 거리도 실제로 여행을 하는 철수의 입장에서는 아주 짧은 시간에 도달할 수 있는 거리가 된다. 하지만 이를 지구에 있는 관찰자인 영이가 바라본다면 철수와 안드로메다 은하까지의 거리가 줄어든 것이 아니고 우주선 안에 있는 철수의 시간이 천천히 가기 때문에 일어나는 현상으로 보인다. 반면에 우주선에 있는 철수가 느끼기에는 본인의 시간의 빠르기는 전혀 아무런 변화가 없으며 오히려 230만 광년 떨어져 있는 안드로메다 은하까지의 거리가 수축되면서 엄청나게 빨리 도착할 수 있었던 것으로 느끼게 되는 것이다. 이 두 가지 관점은 모두가 옳다. 철수가 230만 광년이나 떨어져 있는 안드로메다 은하까지 한 달도 안 되어 도착할 수 있었던 것은 철수 우주선의 속도가 광속보다 빨랐기 때문이 결코 아니다. 철수의 관점에서는 단지 공간이 수축되었기 때문에 가능한 일이었으며, 관찰자인 영이 입장에서는 철수의 시간이 느리게 흐르기 때문에 가능한 일이었다. 철수와 영이의 관점 차이만 있을 뿐, 이렇게 먼 거리를 짧은 시간에 도착할 수 있는 결과에는 아무런 변화가 없다. 시간과 공간은 이런 방식으로 서로 연결되어 유기적으로 변한다. 이처럼 변하는 것은 빛의 속도가 아니라 오랜 시간 동안 변하지 않는 것이라고 생각했던 시간과 공간이었다. 이것이 그 유명한 아인슈타인의 특수 상대성 이론이 알려주는 핵심 중의 하나이다.

세상은 간혹 우리의 생각과는 전혀 다른 방법으로 움직이고 있어 우리를 놀라게 하고는 한다. 아인슈타인이 빛의 속도가 일정하다고 받아들인 것은 획기적인 발상의 전환이었다. 하지만 그 결과를 받아들이고 나니 그동안 풀리지 않았던 수수께끼들이 마법처럼 풀어질 수 있었던 것이다. 내가 빛의 속도에 근접한 속도로 빠르게 움직이면 움직일수록 나의 시간은 천천히 간다. 나의 시계가 천천히 움직이고 있으므로 내가 바라보는 빛의 속도는 내가 아무리 빨리 달려도 빛은 항상 저 앞에서 변함없이 빛의 속도로 달리고 있는 것으로 보일 수밖에 없는 것이다. 아직까지 시간이 느리게 가고 거리가 수축이 된다는 이야기가 감이 오지 않는 독자들이 많을 것이다. 누차 이야기했지만 그것은 자연스러운 것이다. 시간 팽창과 공간 수축이라는 현상에 우리가 익숙하지 않기 때문이다. 하지만 만약 빛의 속도의 99%에 이르는 우주선에서 태어난 아이가 있다면 그 아이는 이렇게 변하는 시간과 공간을 직관적으로 자연스럽게 받아들이며 우주선에서 바라보는 빛의 속도는 항상 초속 30만㎞임을 경험을 통하여 잘 이해하고 있을 것이다. 시공간이 가지고 있는 이러한 속성을 이해하고 우주 너머를 바라보는 것과 그렇지 않은 것은 엄청나게 큰 관점의 차이가 있다. 이는 앞으로 이어나가게 될 우리의 우주여행에서 여러분들이 꼭 인지하고 있어야 될 아주 중요한 관점이다. 따라서 혹시라도 아직 시공간이 변한다는 것을 이해하지 못한 독자가 있으시다면 앞부분을 다시 한번 더 읽어보실 것을 추천해드린다. 복습만큼 좋은 교재는 없으며, 반복되는 복습은 곧 우리의 경험이 된다.

이 세상의 어떠한 것도 빛의 속도를 넘어설 수 없다

아인슈타인의 상대성 이론이 우리 일상생활에 영향을 끼친 것은 무엇일까? 대량살상 무기인 원자폭탄 제조의 이론적 기반이 되어 인류에게 커다란 충격을 준 반면에, 원자력 발전을 통하여 우리에게 값싸고 편리한 전기를 공급해주고 있기도 하다. 또한 시공간의 개념을 획기적으로 바꾸고 중력이 무엇인가를 밝혀내어(중력에 대한 이야기는 일반 상대성 이론 편에서 이야기할 것이므로 그때 자세하게 알아보자) 시간 지연과 공간 수축의 비밀을 풀어내었다. 또한 블랙홀의 존재를 예측하였으며, 우주가 수축 또는 팽창 가능하다는 것을 알려주어 우주의 기원에 대한 실마리를 제공하였으며, 광전 효과를 통하여 빛의 입자성을 밝혀서 양자역학의 태동에도 기여하는 등 셀 수 없이 많다. 그야말로 그 없이는 현대 과학을 논하기조차 힘들다. 하지만 그중에서도 우리 같은 일반인들 모두에게 가장 영향을 끼친 것이 무엇이냐고 누군가 묻는다면 나는 단연코 '만물은 빛보다 빠를 수 없다'라는 명제라고 이야기하고 싶다. 초등학생부터 성인에 이르기까지, 남녀노소, 학위나 성별에 상관없이 대부분은 이러한 이야기를 들어본 적이 있을 것이다. 그만큼 이 명제는 간단하면서도 명확하게 모든 사람의 뇌리에 각인되어 있다.

필자는 개인적으로 이 명제가 이렇게 쉽게 사람들의 머릿속에 각인된 또 다른 이유는 바로 '자연의 한계'에 대해 하나의 문장으로 명쾌하게 결론을 내려줬기 때문이라고 생각한다. 자연이 만물에게 빛보다 빠르게 달릴 수 없다는 한계를 부여했다는 명제는 자연이 부여한 질서라는 명쾌한 논리 뒤에 빛의 신비스러움에 대한 동경도 포함되어 있는 것이다. 앞서 등장했던, 달리기에서 2등이었던 철수를 생각해보자. 철수는 본인이 열심히 훈련을 한다면 영이를 언젠가는 이길 수 있다고 생각하고 있다. 하지만 철수가 아무리 노력해도 세계적인 단거리의 황제 우사인 볼트를 이길 수는 없을 것이다. 이것은 노력의 범위를 뛰어넘어서 타고난 신체에 의존하는 부분도 있기 때문이다. 빛의 속도도 그런 것이다. 혹시나 빛의 속도에 아주 근접해서 조금만 더 노력하면 이를 뛰어넘을 수 있을 것처럼 보이는 상황이 되어도, 우리가 아무리 노력을 하더라도 그런 일은 결코 일어나지 않는다(나는 동일한 설명을 의도적으로 여러 번 반복하고 있다. 그 이유는, 반복되는 설명은 낯선 것에 대한 개념을 잡기 위한 최고의 방법이기 때문이다. 혹시라도 완전히 이해를 하신 독자들이 계시더라도 너그럽게 이해를 해주시기 바란다).

만물은 시공간 속에서 이미 빛의 속도로 달리고 있다

그렇다면 자연은 왜 이렇게 빛을 제외한 만물에게 불평등한 질서를 부여했다는 말인가? 역사 시대가 시작되기 이전부터 인류에게 추앙을 받던 태양이 뿜어내는 빛은 정말 그 어떠한 성스러운 비밀을 간직하고 있기라도 하다는 것인가? 어느 누구도 부인할 수 없는 것은, 빛은 태어나는 순간부터 이처럼 엄청난 속도로 이 세상을 달리고 있다는 것이다. 빛의 속도에 비하면 달팽이보다 더 느리게 움직이고 있는 우리는 이를 극복해보고자 고되게 노력하여 자동차를 만들고 비행기를 만들었으며, 이제는 우주선을 만들어 더 빨리 달리고자 한다. 그런데 우리가 아무리 노력한다 해도 우리가 결코 빛의 속도에 이르지 못한다고? 철수가 아무리 훈련을 한다 해도 우사인 볼트를 결코 따라잡을 수 없는 것처럼 이 세상의 근원조차도 마치 인간 세상처럼 불평등과 한계로 가득하다는 말인가? 정말 불완전하고 불평등에 가득 찬 이 세상의 법칙이 물질의 가장 근원이 되는 것에도 통용되고 있다는 것인가?

이러한 생각을 하면 가슴이 좀 답답해지는 것을 느낀다. 하지만 다행히도 아인슈타인은 이에 대해서 깔끔한 설명을 내놓았다. 바로 '모든 물질은 시공간 속에서 빛의 속도로 움직인다'라는 것이다. 그의 설명에 의하면, 신은 자연에 그러한 불평등한 제약을 부과하지 않았다는 것이다. 아니, 뭐라고? 모든 물질이 빛의 속도로 움직이고 있다고? 분명 지금의 나는 100m를 전속력으로 달리는 것도 숨이 차고 버거운데 이런 나조차도 지금 빛의 속도로 움직이고 있다니? 신이 모든 물질은 빛의 속도로 이동하도록 공평한 능력을 주셨다는 것은 분명 매우 환영할 만한 일이긴 하지만 도통 이해가 가지 않는다. 성급해할 필요가 없다. 이제 우리는 매우 단순한 논리로 그것을 이해하게 될 것이다. 아인슈타인에 따르면 매우 느리게 움직이는 달팽이조차도 '시공간' 속에서는 이미 빛의 속도로 달리고 있다. 이것이 자연의 법칙이라고 그는 말하고 있다. 여기에서 기존 가정과 다른 것은 단지 '시공간'이라는 단어가 추가된 것뿐이다. 말도 안 되는 소리를 하지 말라고 외치고 싶지만 잠시만 성질을 누그러뜨리고 이제 그의 논리를 천천히 들어보도록 하자.

차원의 개수에 따라 배분되는 운동량

설명을 하기 위하여 철수와 영이를 다시 불러보자. 영이에게는 평소에 자신이 그렇게 자랑하던, 얼마 전 구매했다는 멋진 스포츠카를 가지고 오라고 했다. 마침 새로 산 스포츠카를 누군가에게 자랑하고 싶었던 영이는 흔쾌히 요청을 수락하였다. 이제 주변이 한적한 도로에 나가서 영이의 스포츠카를 주차한 뒤 철수에게 스톱워치를 주고 정확히 일직선으로 북쪽으로 1㎞를 가서 깃발을 들고 있으라고 했다. 그리고 영이가 깃발이 있는 지점까지 도착하는 시간을 측정하라고 했다. 영이가 출발 지점에서 차를 움직여 정확하게 북쪽만을 바라보며 똑바로 운전을 해서 깃발이 있는 위치까지 도착하니 정확히 1분이 걸렸다. 이제 철수에게 깃발을 들고 현재 지점에서 정확히 동쪽으로 1㎞를 이동하라고 해보자. 이렇게 되면 현재 철수의 위치는 영이가 방금 출발했던 지점에서 대각선 방향에 위치하게 될 것이다. 그리고 영이에게는 방금 전과 같은 동일한 출발점에서 동일한 속도로 운전을 해달라고 요청하였다. 이제 영이가 같은 속도로 출발해서 철수에게 도착하려면 시간이 얼마나 걸릴까? 당연히 1분보다 더 걸릴 것이다.

왜 그럴까? 영이는 분명 종전과 마찬가지로 속도를 일정하게 유지했다. 이전보다 시간이 더 오래 걸린 이유는 깃발을 들고 있는 철수가 동쪽 방향으로 이동했기 때문이다. 이렇게 이동하면서 영이의 출발점과는 대각선 방향에 위치하게 되어 영이가 철수에게 도착하기 위한 거리도 함께 증가하게 된 것이다. 즉, 기존에 오직 북쪽 방향으로만 달렸을 때는 1분 만에 기점까지 도달할 수 있었다. 하지만 여기에 동쪽이라는 새로운 차원이 생기면서 북쪽뿐만 아니라 동쪽이라는 방향으로도 이동해야 하는 상황이 생긴 것이다. 그러므로 철수가 동쪽 방향으로 더 움직이면 움직일수록 영이가 철수의 기점까지 도달하는 데 걸리는 시간이 더 길어질 것이다. 분명 영이의 스포츠카 속도는 변하지 않았다. 변한 것은 깃발을 들고 있는 철수의 위치가 가지는 차원이 북쪽에서 동쪽을 더하여 추가로 하나 더 생긴 것일 뿐이다. 이렇게 차원이 추가될 때마다 새로 생긴 차원으로 운동량은 배분된다. 세상에 공짜는 없다는 것은 자연의 근원에서조차 여전히 유효한 명제인 것이다.

차원이 한 단계 높은 곳에서 바라보면 실체가 보인다

우리는 3차원 공간에서 살고 있다(사실은 시간까지 고려하면 4차원이지만 설명을 간단하게 하기 위해 여기에서는 공간만 생각하자). 보통 우리가 살아가는 세상에서 어떤 일이 벌어지고 있는지를 가장 잘 확인하는 방법은 차원이 한 단계 높은 곳에서 관찰하는 것이다. 이렇게 차원이 높은 곳에서는 차원이 낮은 곳에서 벌어지는 상황이 매우 잘 확인된다. 반면에 차원이 낮은 곳에서 높은 곳을 관찰하는 것은 사실상 불가능하다. 가령, 우리가 주말에 놀이동산을 방문했다고 해보자. 붐비는 나들이객들로 인하여 주차장은 꽉 차 있어 빈자리를 찾아보기가 힘들다. 주차장에 진입한 차들은 서로 주차할 곳을 찾아 동분서주하고 있다. 주차장에서 지금 차를 몰고 돌아다니고 있는 나는 지금 2차원 평면에서 이동하고 있는 것이나 마찬가지다. 이때 만약 나의 친구가 마침 근처 높은 건물 최상층에 근무하고 있다고 해보자. 만약 그 친구에게 전화를 걸어 도움을 요청할 수 있다면, 주차장의 어느 곳에 빈자리가 있는지 정보를 쉽게 얻을 수 있을 것이다. 높은 건물 최상층의 위치는 주차장 평면에서 바라보았을 때 높낮이 차원이 추가된 3차원 공간이다. 따라서 이 위치에서 주차장을 내려다보면 2차원 평면의 주차장 사이사이를 비집고 다니는 차들과 함께 주차 가능한 빈자리도 쉽게 확인이 된다. 나의 친구는 높은 위치에서 3차원 세상의 특혜를 누리며 친절히 2차원 평면에서 이동하는 나에게 주차할 자리를 가르쳐줄 수 있을 것이다.

이와 마찬가지로 우리 세상에서 어떤 일이 일어나는지를 쉽게 이해하기 위해서는 우리보다 차원이 낮은 세상에서 어떤 일이 일어나는지를 확인하는 방법이 많이 사용된다. 앞서 등장했던 영이의 자동차 실험도 마찬가지이다. 처음에 영이가 오직 북쪽으로만 이동한 것은 1차원으로의 이동만 허용한 것이다. 이어 동쪽으로 이동하면서 차원이 하나 추가되어 2차원이 되었다. 영이가 1차원 방향으로만 이동할 때의 속도는 2차원으로 차원이 확장되었을 때 추가된 다른 차원으로도 속도가 배분되게 된다. 따라서 목적지까지 도착하는 데 걸리는 시간이 더 늘어났다. 만약 위의 상황에서 높이 방향의 차원을 하나 더 늘리면 3차원 세상이 되고, 영이가 동일하게 시속 100㎞의 속도로 차를 운전하더라도 철수에게 도착하는 시간은 더욱 늘어나게 될 것이다. 이렇게 차원을 축소해서 상황을 이해한 후 차원을 확장하면서 우리와 비슷한 상황으로 만들어가며 추정해보는 방법은 사고 실험에 있어서 매우 효과적이다. 특히 이제 앞으로 이야기할 공간 문제를 이해하는 데 매우 효율적인 방법이므로 잘 활용해보도록 하자. 이 사고 실험에서 알 수 있었던 것은, 차원이 늘어날수록 그 차원에서 적용되는 물리량은 새로운 차원으로도 배분된다는 것이다.

질량을 가진 물질은 공간을 점유하게 된다. 공간을 점유하는 순간 시간의 흐름도 시작된다. 빠르게 달리는 우주선은 공간 속을 더 빠르게 움직이며 시간의 흐름을 느리게 할 수 있지만 결코 빛의 속도에 도달할 수 없다. 빛은 자신의 모든 역량을 공간 이동에 분배하고 있다. 그래서 빛의 속도로 달리면 시간조차 흐르지 않는다.

내 방에서 책을 보고 있는 나에게 공간의 이동은 매우 느리지만 대신 시간 차원은 엄청나게 빠른 속도로 달리고 있다. 우리는 자신에게 부여된 운동량의 대부분을 공간 이동이 아닌 시간 차원 방향으로 사용하고 있는 것이다. 빛이나 우주선, 우리, 그리고 길가에 굴러다니는 돌멩이조차도 우리는 시공간 속에서 모두 같은 속도로 이동하고 있다. 그렇게 시공간 속에서 같이 부여받은 운동량을 어느 차원에 사용하고 있느냐에 따라 우리에게 주어진 공간과 시간에서의 빠르기가 정해지는 것이다.

이 세상 만물은 단 하나의 예외도 없이 모두 시공간 속에서 항상 빛의 속도로 달리고 있다. 그렇게 이 세상 만물은 차별 없이 모두 공통된 속성을 가지고 있다.

빛은 공간 차원을 따라 빛의 속도로 달리고 있으며
우리는 시간 차원을 따라
'거의' 빛의 속도로 달리고 있다

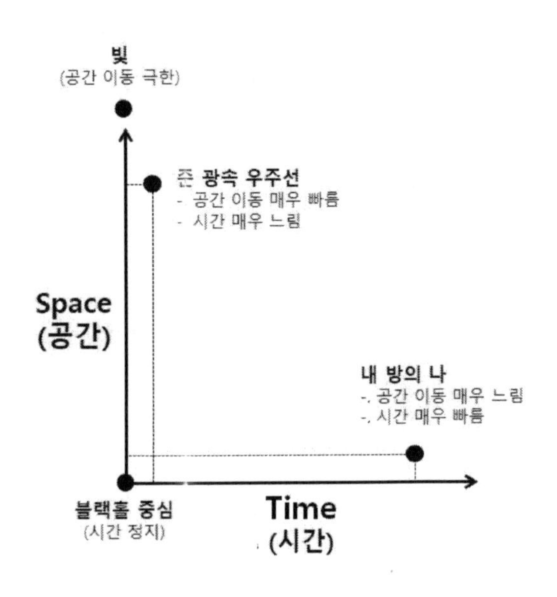

자, 이제 영이의 스포츠카 실험을 동일하게 빛에게도 적용해보자. 지금부터는 공간만이 아니라 시간도 같이 고려해야 한다. 앞서 언급했듯이 시간과 공간은 서로 분리하여 이야기할 수 있는 성질의 것이 아니다. 빛의 속도를 일정하게 유지시키기 위해서는 시간만 변하는 것이 아니라 거리(공간)도 같이 변해야 한다. 바꿔 이야기하면, 거리(공간)가 변하면 시간도 변해야 하는 것이다. 시간과 공간은 각각 독립적으로 존재하는 것이 아니라 하나가 변하면 다른 하나도 같이 변해야 하는, 서로 영향을 주고받는 대상이다. 이것이 바로 아인슈타인이 이야기하는 '시공간'이다. 우리는 이 시공간 속에서 살아가고 있다. 앞서 영이가 스포츠카를 타고 시험을 했던 경우처럼 이 시공간을 시간과 공간으로 차원을 분리해보도록 하자. 일상생활 속에서 살아가고 있는 우리는 질량을 가지고 있기 때문에 공간을 점유하고 있다. 공간을 점유하는 순간 시간의 흐름이 만들어진다. 우리보다 속도가 빠른 우주선에서도 우리보다 시간은 천천히 가겠지만 여전히 시간은 흘러간다. 그런데 빛의 속도로 움직이게 되는 순간 시간은 전혀 흘러가지 않는다. 바꿔 이야기하면, 시간의 차원으로는 전혀 운동이 배분되지 않는다는 의미이다. 빛은 단지 공간의 차원을 통해서만 이동할 뿐이다. 즉, 빛의 입장에서는 자신이 가진 모든 운동량을 시간 차원 쪽으로는 전혀 분배하지 않고 오직 공간 차원만을 따라 이동하기 때문에 우리가 볼 수 있는 자연에서의 최대 속도인 광속으로 달리고 있는 것이다. 반면 질량을 가지고 있는 물질인 우리는 공간뿐만 아니라 시간의 차원을 동시에 같이 점유하고 있다. 그렇기 때문에 항상 시간 차원으로도 운동이 배분되어야 한다. 더군다나 빛의 속도에 비하면 매우 느리게 움직이고 있는 우리의 입장에서 본다면, 우리는 빛과는 반대로 오히려 시간의 차원을 따라 거의 광속으로 이동하고 있는 셈이다.

정리하면, 빛은 공간 차원을 완전히 광속으로 움직이고 있으며 우리는 시간 차원을 '거의' 광속으로 움직이고 있는 것이다. 사실 빛뿐만 아니라 나, 그리고 온 만물이 태초에 신으로부터 부여받은 운동량은 모두 동일하다. 다만 질량을 가지지 않은 빛은 그 운동량을 모두 공간 차원으로 전환시켜서 그토록 빠르게 움직이고 있는 것이다. 보잘것없어 보이는 나에게도 신은 동일한 운동량을 부여하였으나, 그 대부분은 시간 차원으로 전달되어 나는 거의 광속의 빠르기로 시간 차원을 이동하고 있는 것이다. 이것이 빛보다 우리의 시간이 상대적으로 엄청나게 빠르게 흐르는 이유이다. '시공간'의 차원 속에서는 빛뿐만 아니라 나, 그리고 여러분 모두는 같은 속도로 움직이고 있었던 것이다. 빛은 공간을 제약 없이 무서운 속도로 이동하고 있으며 대신 우리는 시간 차원 속을 무서운 속도로 달리고 있다. 이것이 우리가 빛과 비교했을 때 엄청나게 빠르게 늙어가는 이유이다.

내가 처음 이 개념을 접하였을 때 나는 무언가로 머리를 얻어맞은 듯한 느낌을 한동안 지울 수 없었다. 이 세상 모든 것이 이 시공간 속에서(시공간 속에서는 공간도 이동하지만 시간도 이동하는 것이다. 이 점을 명심해야 한다) 같은 속도로 움직이고 있다니…. 우리가 익숙하게 들어왔던, '우리는 결코 빛의 속도 이상으로 달릴 수 없다'라는 것은 오직 빛만이 특별하게 가지고 있는 자연의 한계를 설명하는 말이 아니었다. 우리가 빛의 속도 이상으로 달릴 수 없는 이유는 바로 우리가 이미 '시공간' 속에서 빛의 속도로 달리고 있기 때문이다. 따라서 빛보다 빨리 달릴 수 없다는 이야기는, 사실 우리 모두가 같은 속도로 시공간 속을 이동하고 있다는 이야기였던 것이다. 이미 빛과 같은 속도로 달리고 있는데, 무슨 재주로 빛보다 더 빨리 달릴 수 있겠는가?

이 만물은 태어나는 시점에 자연으로부터 모두 평등한 속성을 부여받았다. 심지어 빛조차도 우리와 같은 속성을 가지고 있어서, 지금도 우리와 완전히 같은 속도로 시공간 속을 이동하고 있는 것이었다. 다만 한 가지 아쉬운 것이라면, 하필이면 우리는 시간 차원을 거의 광속으로 이동하고 있기에 불로불사의 생을 살 수 있는 빛과는 달리 세월 속에 묻혀 이내 사라져가야 한다는 것이다. 하지만 그것 또한 자연이 부여한 질서이다. 불로불사의 삶을 살고 있는 빛에게는 시간이라는 것이 전혀 존재하지 않기 때문에 자신의 존재조차 느낄 수 없는, 어찌 보면 우리보다 더 우울한 존재일지도 모른다.

만물이 하나의 형제라는 또 다른 증거

이제 여러분들은 왜 우리가 빛의 속도를 넘어설 수 없는지를 알게 되었을 것이다. 만물이 빛의 속도를 넘어설 수 없는 이유는 바로 만물이 이미 시공간 속에서 모두 빛과 같은 속도로 움직이고 있기 때문이다. 빛이 우리 주변의 어떤 것보다 유독 빠르게 움직이고 있는 것은 빛의 운동이 시간의 차원이 아닌 공간의 차원으로만 배분되었기 때문이다. 따라서 빛은 공간을 빛의 속도로 달리고 있는 것이다. 반면 우리에게는 시공간에서의 속도가 시간 차원으로 대부분 분배되고 극히 일부만 공간의 차원으로 배분이 되고 있다. 따라서 우리는 빛에 비하여 공간 속에서 매우 천천히 움직이고 있으며, 공간에서 천천히 움직이는 만큼 시간 속에서는 엄청난 속도로 흘러가고 있는 것이다.

그렇다면 만약 누군가가 시간을 조금이나마 천천히 가게 만들고 싶다면 어떻게 해야 할까? 우리는 시간 차원으로 배분되는 속도를 공간 차원으로 전환하는 방법을 이미 상대성 이론을 통하여 알게 되었다. 그 방법은 바로 공간 속에서 이동속도를 빠르게 하는 것이다. 이렇게 되면 정확히 공간 차원으로 이동된 운동량의 양만큼 시간이 천천히 가게 되는 것이다. 우주선을 타고 거의 광속으로 날아가고 있는 철수는 대부분의 운동량을 공간 쪽으로 배분하여 엄청난 빠르기로 이동하는 대신에 매우 천천히 흘러가는 시간의 흐름을 가질 수 있다. 하지만 물론 이러한 경우에도 '시공간' 속에서 전체를 보면 결국 철수의 이동속도는 지구에 남아 있는 영이와 여전히 동일하다.

자연은 이런 방식으로 운영되고 있다. 그러므로 아무리 시간 차원으로 배분된 운동을 빠르게 움직이는 방법을 통하여 공간 차원으로 전환해서 공간에서의 속도를 증가시키더라도 결코 빛의 속도를 초과하는 일은 발생하지 않는다. 왜냐하면 시공간에서 만물에게 주어진 시간과 공간 각각의 운동량 총량은 항상 같기 때문이다. 이것이 바로 만물이 빛의 속도 이상을 낼 수 없는 이유인 것이다. 그렇다. 빛이 그렇게 빠른 속도로 달리는 이유는 자연이 부여한 모든 힘(?)을 공간으로만 전환하여 이동하기 때문이다. 우리는 같은 힘을 부여받았지만 느리게 움직이는 공간에서의 속도로 인하여 그 대부분을 시간 차원으로 전환하여 이동하고 있다. 빛만 처음부터 특별한 능력을 부여받은 것이 아니다. 빛을 포함한 우리 모두는 자연으로부터 같은 힘을 부여받았으며, 단지 그 부여받은 힘의 쓰임새를 어느 차원으로 전환해서 쓰고 있느냐에 따라 그 빠르기가 결정되고 있었던 것이다.

이것으로 자연에 존재하는 빛을 포함한 모든 만물은 평등해졌다. 분명 자연은 빛에게만 특별한 권능을 부여한 것이 아니었던 것이다. 따라서 만물이 가지고 있는 이러한 공통된 속성은 모두가 같은 날 같은 곳에서 태어난 형제라는 또 다른 증거가 되는 것이기도 하다.

불변성의 원리

사실 만물은 빛의 속도 이상으로 움직일 수 없다는 표현은 자연이 어떤 특정한 한계를 가지고 있다는 의미로 받아들여질 수 있다. 이러한 자연의 한계를 이해할 수 없었던 많은 학자들로 인하여 초기 상대성 이론은 많은 공격을 받았으며, 왜 만물은 빛의 속도 이상으로 움직일 수 없는지에 대하여 의문을 만들어내게 했다. 하지만 지금까지의 아인슈타인의 설명을 받아들이고 나서 찬찬히 생각해보면, 빛의 속도 이상으로 움직이는 것이 나온다는 것 자체가 오히려 특수한 상황을 부여하게 만드는 것이라는 것을 알 수 있다. 왜냐하면 이미 만물은 태어나면서부터 시공간 속에서 항상 같은 속도로 움직이고 있었기 때문이다. 그러므로 이런 질서가 부여된 세상에서 다른 것보다 더 속도를 낼 수 있는 방법이 있을까? 분명 없을 것이다. 그것은 자신이 가지고 태어난 DNA를 부정하는, 불가능한 일이기 때문이다.

상대성 이론은 그 이름에서처럼 시간과 공간이 서로의 상대속도에 따라 상대적으로 가변될 수 있는 값임을 이야기하고 있다. 하지만 그 상대성 이론의 근원을 살펴보면, 사실 만물은 시공간 속에서 모두 같은 속도로 움직이고 있는 것이라는 만물의 속도 불변성의 원칙이었다. 그래서 아인슈타인은 '상대성'이라는 말을 별로 좋아하지 않았다고 전해진다. 오히려 그는 상대성 이론을 '빛의 불변성 원리'라고 부르는 것을 더 좋아했다고 한다. 이 세상 만물은 이미 시공간 속에서 빛의 속도로 이동하고 있다는 말을 이해한 독자들은 이 불변성 원리가 더 알맞은 이름이라는 것에 동의하게 될 것이다. 질량 보존의 법칙, 에너지 보존의 법칙 등과 마찬가지로 만물은 자신이 창조된 순간에 부여된 절대 속성을 잃지 않으려고 한다. 이와 같은 원리로 필자뿐만 아니라 이 글을 읽고 있는 당신도 지금 이 순간 시공간을 빛의 속도로 움직이고 있다.

서로에게 영향을 주고받으며 변화하는 시간과 공간

지금까지 우리는 오랜 시간 동안 시간과 공간, 그리고 빛의 속도에 대하여 중점적으로 이야기해왔다. 그 과정은 기존에 내가 가지고 있던 고정관념을 버리는 것이 요구되는, 쉽지 않은 여정이었다. 그 힘든 과정을 지나온 당신은 이미 이 세상을 다른 시선으로 바라볼 수 있는 놀라운 관점을 가지게 되었다(사실이다. 자신도 모르는 사이에 이미 당신에게는 자연 속에 숨겨진 속성을 꿰뚫어볼 수 있는 시선이 생겼다). 따라서 이제부터 하게 될 이야기는 훨씬 직관적으로 이해하기 쉬운 여정이 될 것이다. 다만 다시 한번 강조하고 싶은 것은, 시간과 공간은 절대 분리되어 설명할 수 있는 것이 아니라는 것이다. 이제 우리는 '시공간'에 대한 개념을 명확히 세울 필요가 있다. 이는 시간이 변하면 공간도 변해야 하며, 반대로 공간이 변하면 시간도 변해야 한다는 것을 의미한다. 이 시공간에 대한 이해는 앞으로 이어질 중력에 대한 이야기에 있어서 중요한 역할을 할 것이다. 그렇게 되면 중력을 다루는 마지막 장에서 여러분들은 우리가 사실은 엄청나게 역동적이며 변화무쌍한 시공간의 세계 속에서 살아가고 있다는 것을 자연스럽게 이해할 수 있게 될 것이다.

시간과 공간의 연결 구조

시간과 공간은 서로 연결되어 있다. 우리 주변을 한번 둘러보자. 내 휴대폰 바탕화면에서 지금도 흘러가고 있는 시간은 현재 내 주위를 둘러싸고 있는 공간과 서로에게 전혀 영향을 미치지 않는 독립적인 존재처럼 느껴진다. 시간은 언제나 동일한 빠르기로 흘러가고 있으며, 나는 시간과는 상관없이 이곳저곳의 공간 속을 돌아다니고 있다. 이것이 아인슈타인 이전까지 인류가 시간과 공간에 대하여 가지고 있던 인식이었다. 즉, 시간은 시간대로 무슨 이유에서인지 한 방향으로 흘러가고 있으며 이와는 독립적인 공간 속에서 우리는 숨 쉬고 움직이며 살아가고 있다. 우리는 시간과 공간 사이의 어떠한 연결고리도 발견하지 못한 채 오랜 시간을 그렇게 살아왔다.

하지만 조금만 더 주의 깊게 생각해보면 시간과 공간은 어디인지 모르게 서로 엮여 있음을 어렵지 않게 느낄 수 있다. 우리는 누군가와 만나기 위해 약속을 잡을 때 반드시 시간과 공간(장소)을 이야기한다. 혹시 누군가가 "우리 내일 3시에 만나자"라든가 "우리 서울역에서 만나자"처럼 시간 혹은 공간 중 하나만을 이야기하면서 약속을 정하려고 한다면 우리는 그에게 화를 낼지도 모를 일이다. 우리가 누군가를 만나기 위해서는 반드시 시간과 공간, 2가지를 동시에 이야기해줘야 하는 것이다. 어제 오후 3시의 서울역 광장과 오늘 오후 3시의 서울역 광장은 분명 다르다. 즉, 시간과 공간이 동시에 정해진 후에야 우리는 비로소 서로 만날 수 있는 것이다. 뚜렷하지는 않지만 서로 독립적인 것처럼 보이는 시간과 공간이 사실은 무엇인가로 연결되어 있다는 것을 어렴풋하게 느낄 수 있는가? 그렇다면 여러분은 이미 시간과 공간의 속성을 제대로 이해하기 위한 5부 능선을 넘은 것이다.

그러면 시간과 공간은 어떠한 방식으로 서로 연결이 되어 있을까? 결론부터 이야기하면, 시간이 느리게 가면 공간은 수축되고 시간이 빠르게 가면 공간은 팽창한다. 시간과 공간은 상호 간에 영향을 주는, 서로 구분될 수 없는 한 몸인 것이다. 오랜 시간 동안 시간과 공간은 인간에게 자연이 부여한 절대 시간과 절대 공간으로 인식되어왔다. 즉, 시간의 흘러가는 속도는 변하지 않으며 내 주위의 공간 또한 항상 그 상태로 보존되는 절댓값이었다. 하지만 인류의 지성이 발전하면서 아인슈타인 이후에 이 절대 시간과 절대 공간의 개념은 완전히 폐기되고 시간과 공간이 유연하게 변화하면서 서로에게 영향을 미치는 시공간이라는 숨겨진 속성을 찾아내는 데 성공하고야 말았다.

이쯤 되면 혹시 후두부에서 서서히 통증이 올라오며 이만 책을 덮고 싶어 하시는 분이 있을 수도 있겠다. 하지만 조금만 더 인내심을 가지고 앞으로 나아가다 보면, 우리의 선입견에 가려져 있어 볼 수 없었던 시공간의 놀라운 비밀을 확인할 수 있다. 사실 아인슈타인까지 소환하지 않더라도, 여러분이 한 번쯤은 보았을 초능력 히어로들이 출연하는 영화를 활용한다면 시공간의 숨겨진 속성을 더욱 쉽게 간파할 수 있다. 그러므로 화제를 잠시 전환하여 히어로가 등장하는 영화 속으로 들어가보자.

시간과 공간이 아니라 '시공간'이다

홍미로운 다양한 능력을 가진 히어로들 중에서 우리가 관심을 가져야 하는 능력자는 '시간을 천천히 흐르게 하는 능력'과 '공간을 빠르게 달리는 능력'을 가진 히어로들이다. 시간을 천천히 흐르게 하는 능력을 가진 히어로는 발사된 총알을 손으로 집어서 방향을 바꾸기도 하고 떨어지는 물방울을 잡아서 맛을 보기도 하며 거의 멈춰 있는 주변 사람들 사이를 여유를 부리며 돌아다닌다. 빠르게 달리는 능력을 가진 히어로는 눈 깜짝할 사이에 눈앞에서 사라지고는 수십㎞ 멀리 떨어져 있는 장소까지 순식간에 이동하며 달리기 시합을 통하여 자신이 얼마나 빨리 달릴 수 있는지를 대중 앞에서 뽐내기도 한다.

한 명은 시간을 천천히 흐르게 하는 능력을 사용하였고 다른 한 명은 공간을 빠르게 달리는 능력을 사용하였다. 그런데 서로 다르게 보이는 이 능력은 사실상 우리에게는 차이가 없는 하나의 같은 능력으로 관찰된다. 잠시 위의 상황으로 다시 한번 되돌아가 생각을 해보자. 만약 우리 눈앞에서 두 히어로들이 서로의 능력을 과시하고 있다고 생각해보자. 서로가 자신의 능력을 과시하며 자신이 더 뛰어난 능력을 가지고 있다는 것을 보여주려고 노력하고 있다. 하지만 우리가 관찰하기에 그들이 보여주는 능력에는 어떠한 차이점도 보이지 않는다. 시간을 천천히 흐르게 하는 능력자도 우리가 보기에는 공간을 빠르게 이동하는 능력자와 정확하게 같은 모습으로 행동하는 것처럼 보인다.

이것은 우리가 일으키는 착각이 아니다. 시간이 천천히 흐르면 공간이 수축되고, 공간이 수축되었기 때문에 먼 거리를 단숨에 이동하며 빠르게 이동하는 것처럼 보이는 것이다. 결국 시간을 천천히 가게 하는 능력과 공간을 빠르게 달리는 능력은 서로 다른 것이 아니고 같은 능력을 가진 서로 다른 사람에 불과한 것이다. 이는 역으로도 성립하게 된다. 즉, 공간이 수축되면 시간은 천천히 흐르게 된다. 이렇게 시간과 공간은 서로 독립적인 것이 아니다. 그것은 마치 풍선의 가로와 세로의 길이처럼 한쪽을 누르면 다른 한쪽이 즉각 반응하며 변하게 되는, 시공간이라는 하나의 통합된 개념이었던 것이다. 시간과 공간은 변하지 않는 절댓값이 아니라 상대적인 값을 가지는 하나의 '시공간'이다.

이것이 아인슈타인이 등장하기 이전까지는 우리가 전혀 눈치채지 못했던, 시간과 공간이 가진 숨겨진 비밀이었다. 그렇다면 왜 오랜 시간 동안 인류는 시간과 공간이 가진 이러한 비밀을 보지 못했던 것일까? 고전 물리학을 완성시키면서 인류가 낳은 최고의 천재 중

한 명으로 인정받고 있는 뉴턴조차도 시공간 속에 감춰져 있던 이러한 비밀을 전혀 눈치채지 못하였다. 그 이유는 바로 우리가 살아가는 주변 환경에서 우리에게 관찰되는 대상의 속도가 대부분 매우 느렸기 때문이다. 물론 이렇게 낮은 속도의 변화도 미세하게나마 시간과 공간을 변형시킨다. 하지만 그 정도가 너무 미미해서 당시 기술로는 우리가 인지할 수 있는 방법이 전혀 없었던 것이다. 우리가 거실에서 시청하는 TV를 한번 살펴보도록 하자. TV 모니터를 통해서 보여지는 화면은 우리에게 빈틈없이 매끄러운 인물들의 영상을 보여주지만 현미경을 사용하여 모니터를 확대해서 보게 되면 수많은 작은 픽셀로 만들어져 있는, 완전히 다른 세상과 마주하게 된다. 현미경이 없던 세상에서는 멀리서 보는 시각만으로는 TV 모니터가 수많은 픽셀로 이루어져 있다는 것을 확인하기 어려웠다. 시공간의 속성도 이와 마찬가지 이유로 자신의 본모습을 드러내지 않고 오랜 세월 동안 베일에 가려진 채 숨겨져 있었던 것이다.

관점에 따라 달라지는 공간 수축과 시간 지연

팽창한다는 것은 어떤 의미일까? 공간이 수축된다면 평소에 비만으로 고민 중이었던 철수가 날씬해지기라도 하는 것일까? 매우 빠른 속도로 이동하는 우주선에 철수가 타고 있다고 생각해보자. 지구상에서 철수를 바라보고 있는 영이가 보기에 빠른 속도로 이동하고 있는 철수에게는 시간이 천천히 흐르며 움직임은 매우 느려 보인다. 이에 따라서 공간도 수축되기 때문에 철수는 지구상에 있을 때보다 상당히 날씬해 보인다. 하지만 이것은 철수를 바라보는 관찰자인 영이의 눈에만 그렇게 보이는 것이다. 정작 우주선 안에 있는 철수는 아무런 변화를 느끼지 못한다. 우주선 안에서의 시간은 언제나처럼 정상적으로 흐르고 있으며 따라서 공간의 수축으로 인해 날씬해진 자신의 모습을 보는 것도 불가능하다. 우리가 시공간의 비밀을 이해했다고 해서 다이어트 없이도 날씬해진 자신의 모습을 볼 수 있는 상황은 일어나지 않는다.

우리는 지금까지 시간과 공간이 서로 영향을 주고받으며 변화하는 시공간의 실체를 들여다보는 여정을 거쳐왔다. 지금부터는 실제 우리 주변에서 이러한 시공간의 변화가 발생하는 현상을 관찰하며 시공간의 개념을 한 번 더 정립해보도록 하자. 우주 공간에서 지금도 지구로 쏟아지고 있는 것 중 '뮤온'이라는 소립자가 있다. 뮤온은 전자와 같이 음의 극성을 가지고 있지만 질량이 전자보다 훨씬 크고 매우 불안정하다. 따라서 뮤온 입자의 수명은 백만 분의 2초에 불과하기 때문에 만들어진 후 거의 바로 소멸된다고 보는 것이 맞을 정도이다. 이러한 뮤온 입자는 태양으로부터 뿌려진 우주선이 지구 대기층과 충돌할 때 대량으로 발생하게 된다. 과학자들은 뮤온 입자의 속도가 매우 빠르다고 하더라도 그들의 짧은 수명을 고려했을 때 뮤온 입자가 만들어진 시점부터 많아야 약 1~2km를 이동할 수 있을 것이라고 예측하였다. 이것은 보통 지상 10km 이상의 높은 고도의 대기층에서 형성되고 있는 뮤온 입자가 지상에서는 결코 발견될 수 없을 것이라는 것을 의미하는 것이었다.

그러나 실제 지상에서 관측해본 결과, 놀랍게도 지상에서도 매우 많은 뮤온 입자가 관측되고 있었다. 어떻게 이런 일이 가능하게 되었을까? 지구에서 뮤온 입자를 바라보는 관찰자 시점에서 보면 뮤온은 상당히 빠르게 움직이고 있다. 따라서 지구상에 있는 관찰자보다 시간이 천천히 흐른다. 그러므로 뮤온 입자는 관찰자가 바라보기에 상당히 오랜 기간 동안 생존하면서 이동을 하는 것으로 보이는 것이다. 즉, 관찰자 입장에서는 시간 지연 효과로 불과 백만 분의 2초에 불과한 뮤온 입자의 수명이 대폭 늘어난 것으로 보이게 된다. 그러면 이제 시선을 바꿔서 뮤온 입자가 느끼는 관점에서 이 현상을 바라보도록 하자. 지구상에 있는 관찰자 입장에서 보면 뮤온 입자의 수명이 대폭 늘어난 것처럼 보이지만 사실 뮤온 입자 관점에서 보면 자신의 수명은 변한 것이 없다. 자신은 여느 때처럼 백만 분의 2초만큼 찰나의 시간을 불꽃처럼 살다가 사라졌다. 그런데 빠르게 움직이는 속도로 인하여 공간이 수축되면서 자신과 지구와의 거리가 실제보다 가까워지면서 더 먼 거리를 이동할 수 있게 된 것이다. 이것이 바로 공간 수축 현상이다. 이처럼 빠르게 움직이는 물체에 대하여 관측되는 시간 지연과 공간 수축 현상은 별개의 것이 아니며 서로에게 관측되는 운동 관점의 차이에 따라 필연적으로 발생할 수밖에 없는 자연의 원래 모습인 것이다. 결국 시간 지연이라는 말 자체가 바로 공간 수축을 의미하는 것이다. 변화하는 시공간을 이해하기 위해서 우리는 이 점을 잊어서는 안 된다. 이것은 곧 시간과 공간이 서로 분리될 수 없는 하나의 시공간이라는 것을 증명하는 것이기도 하기 때문이다. 이처럼 우리에게 실제 실험으로도 잘 관찰되는 뮤온 입자의 거동은 상대성 이론이 설명하는 시공간의 본질을 극명하게 잘 보여주고 있다.

영화 '인터스텔라'에 등장하는 우주선의 모습. 원통형 몸체가 회전 운동을 하면서 원의 중심에서 바깥쪽으로 향하는 인공 중력을 만들어낸다. 장기간의 우주여행에서는 우주선에서 생활하는 우주인의 건강을 유지하기 위해 지구와 유사한 정도의 중력을 만들어주는 것이 매우 중요하다. 이런 방식으로 만들어진 인공 중력은 지구와 같은 편안한 환경을 만들어낸다. 위와 같은 형태의 비행체를 대기가 존재하는 지구상에서 빠르게 운행한다면 아마 공기의 저항으로 우주선이 부서져버리든지 공기와의 높은 마찰력으로 인하여 불에 타버리게 될 것이다. 하지만 우주 공간에서는 공기의 저항을 걱정하지 않아도 되기 때문에 이런 걱정을 전혀 할 필요가 없다. 우리 주변에서 벌어지는 현상이 이 우주 어느 곳에서나 동일할 것이라고 절대 생각해서는 안 된다. 그리고 이것이 우리가 너무나도 당연하게 관찰되어지는 운동들에 대한 법칙을 세우고 만들어가는 이유이다.

❾
중력의 비밀을 풀다, 일반 상대성 이론

모든 물질에는 끌어당기는 힘이 있다

오래전 사람들은 지구가 평평하다고 생각했다. 그래야 사람들이 땅 위에서 마음 편하게 걸어다니고 바닷속의 동물들이 평온을 유지하는 것이 가능하다고 생각했기 때문이다. 지구가 둥글다는 것을 우리가 알게 된 것은 꽤 오래전 일이다. 고대 그리스 학자였던 아르키메데스는 지구가 둥글다는 가정하에 유클리드 기하학을 활용하여 둥근 지구의 크기를 거의 근사적으로 구하기도 하였다. 하지만 그도 어떻게 지구 반대편의 사람이 땅에 붙어 있을 수 있는지는 이해하지 못했을 것이다. 사실 우리가 지구가 둥글다는 것을 받아들이고 난 이후에 이를 설명하려는 시도가 아주 많았을 것이라고 생각된다. 하지만 무엇이 우리를 잡아끌고 있는지에 대해 과학적으로 나름 명쾌한 해석을 해준 사람이 바로 뉴턴이다. 만유인력의 법칙이라고 명명된 그의 생각은 매우 단순하다. '모든 물질에는 잡아끄는 힘인 인력이 있다'라는 것이다. 그리고 그는 이 인력의 세기가 물체가 가진 질량이 커질수록 증가하며 두 물체 사이의 거리가 멀수록 감소한다는 것을 밝혀내었다. 즉, 지구뿐만 아니라 질량을 가진 모든 물체는 근본적으로 잡아당기는 힘이 있다는 것이다. 만물이 끌어당기는 힘을 가지고 있다니…. 좀 당황스러운 상황이긴 하지만 이러한 설명으로 과거 아르키메데스가 품었던 의문, 즉 지구 반대편의 사람이 떨어지지 않고 지구에 붙어 살 수 있는 이유는 어느 정도 설명될 수 있었을 것이다.

중력의 근원을 설명하지 못하다

하지만 조금 더 깊게 들어가면 분명 무엇인가 아쉬운 측면이 있다. 모든 물체에 끌어당기는 힘이 있다니…. 사람을 비롯한 생물은 물론이고 길가에 굴러다니는 돌덩어리도 끌어당기는 힘이 있다고? 우리 몸이나 돌에 어떤 접착제가 붙어 있거나 자석이 들어 있는 것도 아닌데 도대체 왜 만물에게는 주변의 물질들을 끌어당기는 힘이 있는 것일까? 우리와 같은 보통 사람이 가진 합리적인 사고로는 도저히 이해가 가지 않는 것이었다. 하지만 이것은 이러한 현상을 발견하게 된 뉴턴과 같은 천재 과학자 또한 도저히 논리적으로 설명할 수 없는 현상이었다. 뉴턴은 중력이 보여주는 현상을 잘 설명하고 수학적인 수식으로 그 크기까지도 정량적으로 거의 정확하게 산출할 수 있었다. 하지만 뉴턴조차도 중력이 무엇이며 왜 작용하는지에 대해서는 알 수 없었다. 그와 같은 천재 과학자로서도 무슨 이유에서인지는 모르겠지만 만물에게 끌어당기는 힘이 있다는 정도가 이야기할 수 있는 전부였던 것이다.

어떤 사람은 이렇게 질문할 수도 있을 것이다. 뉴턴의 중력 법칙만으로도 천상의 법칙을 설명할 수 있는데 이 정도면 충분한 것이 아닌가? 중력이 무엇인지를 모르면 어떠한가? 그것이 무엇인지는 몰라도 우리는 지상계와 천상계의 법칙을 통일하지 않았는가? 물론 일리가 있는 이야기이다. 하지만 그것은 우리 같은 일반인들이 할 수 있는 이야기이며, 과학자의 도리는 아니다. 진리의 바다를 여행하는 과학자들의 임무는 그 근원을 설명하는 길을 찾아야 하는 것이다. 그러한 과정 속에서 비로소 깊숙하게 숨겨져 있는 진실과 마주할 수 있기 때문이다. 뉴턴은 이렇게 중력의 근원을 설명하지 못하고 있었으므로 출발부터 이미 불완전한 중력 법칙이었다. 그렇기 때문에 천문학의 관측 기술이 발달할수록 점점 이러한 뉴턴의 중력 법칙과 맞지 않는 현상이 발견되기 시작하였다. 마치 과거 지구를 중심으로 모든 천체가 공전하고 있다는 천동설과 배치되는 현상들이 관측되기 시작했던 것과 마찬가지로 말이다. 역사의 수레바퀴는 이러한 방식으로 반복되어 굴러가고 있는 것이다.

뉴턴의 중력 법칙에 대한 도전

뉴턴의 중력 법칙과 배치되는 관측 결과 중 대표적인 것이 바로 태양과 가장 가까운 수성이 보여주는 근일점의 세차 운동이었다. 근일점이라는 것은 수성이 태양과 가장 가깝게 접근할 때의 위치를 나타낸다. 이러한 근일점의 위치는 항상 고정된 것이 아니라 시간이 지나면서 조금씩 위치가 변하게 된다. 뉴턴의 중력 법칙을 따르려면 태양을 중심으로 타원 궤도를 공전하는 수성 근일점의 위치는 매우 느리게 변화해야 했다. 하지만 우리 눈에 관찰되고 있는 수성의 근일점은 뉴턴의 중력 법칙이 예견하는 것보다 오차범위를 넘어설 정도로 훨씬 과도하게 움직이고 있었다. 아인슈타인 이전의 물리학자들에게 이것은 커다란 의문이었다. 천상계의 운동을 거의 모두 정확하게 예견하였던 뉴턴의 중력 방정식이 다른 행성들과는 달리 오직 수성에게만 큰 오차를 보이며 적용되지 않았던 것이다. 이것은 학자들 사이에서 오랜 시간 동안 풀리지 않는 수수께끼였다.

이런 미해결의 수수께끼 같은 현상의 비밀은, 중력이란 무엇인가라는 중력의 근원에 대하여 정확한 설명을 할 수 있는 사람이 등장하게 되면서 비로소 풀리게 된다. 그 사람이 바로 아인슈타인이었다. 앞서 1905년 아인슈타인이 특수 상대성 이론을 발표한 이후 학계는 그의 이론의 참신함에 놀랐지만 그 이론의 전제 조건이 되는, '항상 등속으로 이동하는 물체'에서만 적용된다는 한계성으로 인하여 당시 학계의 주류로는 인정받지 못하고 있었다. 우리가 살아가는 세상은 일반적으로 온통 속도와 방향이 바뀌고 있는 가속도 운동으로 가득 차 있기 때문이다. 어떤 물체가 항상 등속으로 이동하는 이상적인 상황은 실제로는 거의 존재하지 않는다. 특수 상대성 이론에는 그만큼 이상적인 조건만을 전제로 한다는 한계가 있었다. 이상과 현실은 항상 큰 간극을 가지고 있기 마련이다. 아인슈타인도 물론 이 점을 잘 알고 있었다. 따라서 그는 이러한 특수한 상황을 일반적인 상황에서도 적용되는 법칙으로 만들기 위하여 엄청난 노력을 기울이고 있었다. 인류 역사상 손꼽을 만한 천재성을 가지고 있던 그도 이 문제를 해결하는 데에는 특수 상대성 이론을 발표한 이후 무려 10년이나 걸렸다.

수성의 세차 운동을 설명하다

1915년 그는 드디어 이동속도에 상관없이 모든 관측자를 기준으로 언제 어디에서나 항상 적용될 수 있는 이론을 발표하게 되는데, 이것이 바로 상대성 이론의 완성본인 일반 상대성 이론이다. 일반 상대성 이론은 특수 상대성 이론의 한계였던 등속 운동이라는 제한 조건을 깨뜨리고 이동속도에 상관없이 가속 운동을 하는 모든 대상에게도 적용될 수 있는 이론이었다. 이 이론은 주로 우리 주변에 항상 존재하는 중력의 근원에 대한 설명을 하는 것이었으므로 아인슈타인의 중력 법칙이라고도 불린다.

그가 일반 상대성 이론으로 중력을 설명하는 과정에서 사용했던 논리적인 도약은 바로 이 시공간이 질량에 의해서 휘어지고 구부러진다는 것이었다. 앞서 그는 시간과 공간의 정의를 통째로 갈아엎어버리는 시공간이라는 개념을 인류 최초로 찾아내었다. 이제부터 그가 이야기하려고 하는 것은, 이렇게 그에 의해 처음으로 세상 밖으로 나오게 된 시공간의 놀라운 비밀이었다. 중력에 의해 시공간이 휘어지고 구부러지고 있다는 것은 분명 매혹적인 아이디어긴 했으나 아인슈타인 같은 천재에게도 이를 수학적으로 증명해나가는 과정은 매우 어려웠다. 특수 상대성 이론과는 달리 일반 상대성 이론은 시공간의 휘어짐을 고려해야 했기 때문에 수학적으로 매우 복잡한 기하학을 동반해야 했기 때문이다(일반 상대성 이론은 1915년 발표되었지만 그가 휘어지는 시공간에 대한 아이디어를 가졌던 것은 이보다 훨씬 전으로 알려져 있다. 그만큼 이를 증명하는 과정은 난이도가 높은 과정이었다). 하지만 많은 어려움을 극복하고 아인슈타인은 드디어 일반 상대성 이론을 완성하게 된다. 그리고 이런 힘든 과정을 거쳐서 만들어진 그의 중력 방정식이 정말 현실에서 잘 적용이 될 수 있는지를 확인하기 위하여 가장 먼저 오랜 시간 동안 수수께끼로 남아 있던 수성의 세차 운동에 적용해보았다. 결과는 놀라웠다. 뉴턴의 중력 법칙으로는 전혀 들어맞지 않았던 수성 근일점이 보여주는 세차 운동이 자신이 만든 중력 이론으로는 정확하게 설명이 되었던 것이다.

수성의 근일점이 보여주는 세차 운동이 다른 행성들의 세차 운동보다 훨씬 더 큰 폭으로 움직이고 있었던 것은 수성이 태양과 가장 가깝게 있기 때문이었다. 태양과 가장 가까이에 있던 수성 주변의 시공간은 태양의 질량에 의하여 과격하게 더 많은 폭으로 휘어져 있었던 것이다. 그동안 오직 수성의 세차 운동만이 뉴턴의 중력 법칙에 따르지 않는 것으로 보였던 것은, 우리 눈에는 보이지 않았지만 수성 주변의 시공간이 태양에 의해 많이 휘어져 있기 때문이었다. 물론 수성 이외의 다른 행성들도 태양에 의해 휘어져 있는 시공간의 영향을 받고는 있었지만 태양과의 거리가 멀었기 때문에 휘어진 공간의 차이가 미미하여 우리 눈에 그 차이가 보이지 않았던 것뿐이었다. 따라서 태양과 수성을 단순히 평면에 두고 보는 것이 아니라 태양의 질량에 의해 휘어져 있는 시공간을 고려하여 수성의 세차 운동을 들여다보면 과연 우리에게 관측되는 결과와 정확히 일치했던 것이다.

뉴턴의 중력 방정식은 중력이 무엇인지 그 근원을 설명하지 못하였다. 따라서 시공간이 질량에 의해 휘어진다는 생각을 전혀 하지 못했다. 그러므로 시공간이 휘어져 있지 않은, 평평한 공간에서는 잘 들어맞는 것처럼 보였던 뉴턴의 중력 방정식이 수성에서는 적용되지 않는 것처럼 관찰되었던 것이다. 수성은 태양과 가장 가까이 위치해 있기 때문에 태양의 질량에 의해 시공간이 훨씬 많이 휘어져 있을 수밖에 없었다. 따라서 이 휘어진 공간을 반드시 고려해야만 수성의 세차 운동을 설명할 수 있었던 것이다. 수성을 제외한 다른 행성의 운동이 뉴턴의 중력 법칙으로 잘 들어맞는 것처럼 보였던 것은 그 행성들이 태양으로부터 멀리 떨어져 있기 때문에 그만큼 시공간의 휘어짐이 적은, 거의 평평한 공간이었기 때문에 발생하는 현상이었던 것이다. 즉, 뉴턴의 중력 방정식은 평평한 시공간만을 고려한 근사적인 중력 법칙이었던 것이다.

아인슈타인은 후에 자신이 만들어낸 중력 법칙으로 수성의 세차 운동을 설명할 수 있다는 것이 처음 확인되었을 때를 자신의 인생에서 가장 기뻤던 때 중의 하나였다고 회고하곤 했다고 한다. 아인슈타인, 그는 이 세상의 시간과 공간이 가진 속성을 가장 먼저 이해하면서 '시공간'이라는 개념을 처음으로 밝혀내었으며 이러한 시공간이 질량에 의하여 휘어지고 구부러지며 변형되는 역동적인 세상이라는 것을 인류 역사상 처음으로 깨달은 사람이었다. 그러므로 시공간의 이면에 숨겨져 있던 이러한 비밀을 자신의 손으로 또다시 찾았다는 사실을 깨닫고 얼마나 기뻐했을지 충분히 추정해볼 수 있다. 이 정도면 그를 인류 최고 학자의 반열에 올려놓는다고 해도 전혀 이상하지 않을 것이다. 수성의 세차 운동에 대한 설명은 바로 태양 근처의 시공간이 질량에 의하여 휘어져 있다는 것을 증명해주는 완벽한 증거였다. 이로써 불완전했던 뉴턴의 중력 방정식이 아인슈타인을 통하여 완전한 중력 법칙으로 완성이 되었다.

아인슈타인이 뉴턴의 중력 법칙을 깨트리고 새로운 중력 이론을 제시할 수 있었던 것은, 그가 중력이 왜 발생하는지 그 근원을 깨달았기 때문이었다. 공간이 휘어져 있다는 사실이 지금은 조금 낯설게 들릴지 모르지만 우리는 이 현상을 곧 이해하게 될 것이다. 여기에서 우리가 배워야 할 교훈은, 이처럼 근원을 설명하지 못하는 법칙은 한계가 있을 수밖에 없다는 것이다. 그러므로 우리는 밝혀지지 않은 근원을 찾아낸 이후에야 그 내면에 숨겨진 진정한 속성을 이해할 수 있다. 이것이 과학자들이 근원을 탐구하기 위하여 지금도 지속적으로 진리의 바다를 항해하는 이유이다. 그러면 도대체 중력의 근원은 무엇인가에 대해서 아인슈타인의 설명을 조금 더 들어보도록 하자.

중력이란 무엇인가

우리가 느끼는 중력이란 무엇인가? 지구가 나를 잡아당기는 힘이다. 지구가 나를 잡아당기고 있기 때문에 둥그런 지구에 살고 있는 우리는 땅으로부터 떨어져나가 저 우주로 날아가버리지 않고 지구에 얌전히 발을 붙이고 살고 있다. 뉴턴이 만유인력의 법칙을 발견하고 모든 질량을 가진 물질이 끌어당기는 힘이 있다는 것을 발견하기 전까지는 우리는 왜 우리가 이렇게 땅에서 걸을 수 있으며 물체가 땅으로 떨어지는지 알지 못했다. 비록 뉴턴이 모든 물질은 끌어당기는 힘이 있다는 모호한 설명만을 함으로써 그 근원이 무엇인지는 알아내지 못했지만 중력이라는 힘이 질량을 가진 물질들 사이에 존재하는 것이며 그 크기를 산출하는 공식을 근사적으로나마 제시함으로써 중력에 대한 이해를 비약적으로 크게 증가시킨 것은 분명하다. 그렇게 만물이 가지고 있다는 중력이 무엇인지에 대한 설명은 오랜 시간이 지난 후인 아인슈타인에 이르러서 비로소 설명이 된다.

그럼 아인슈타인이 설명하는 중력에 대하여 본격적으로 알아보도록 하자. 먼저 원형으로 만들어진 커다란 고무판을 설치해보자. 그리고 그 중앙에 볼링공을 올려놓는다. 그러면 고무판은 볼링공의 무게로 인하여 밑으로 많이 쳐지게 될 것이다. 그러면서 고무판에는 볼링공의 존재로 인하여 생긴 휘어진 곡면이 만들어지게 된다. 그런 다음 조그만 얌체공(작은 고무공, 어디로 튈지 모른다고 해서 필자가 어린 시절에는 이런 귀여운 이름으로 불렀다)을 볼링공 근처로 굴려보자. 분명 얌체공은 볼링공 주위를 따라 휘어진 고무판을 따라서 자연스럽게 회전하면서 볼링공 쪽을 중심으로 공전하게 될 것이다. 물론 얌체공과 고무판 사이의 마찰력으로 인하여 얌체공이 굴러가는 속도가 점점 떨어지면서 이내 얌체공은 볼링공과 충돌하게 될 것이다. 하지만 마찰력이 없다고 가정한다면 얌체공은 볼링공과 충돌하지 않는 이상 오랜 시간 동안 가고자 하는 최소 경로를 따라 계속해서 볼링공 주위를 돌 것이다.

자, 이제 한 발짝 떨어진 곳에서 볼링공 주위를 돌고 있는 얌체공을 관찰해보도록 하자. 분명 얌체공은 볼링공 주위를 회전하고 있다. 그런데 얌체공이 볼링공 주변을 공전하고 있는 이유가 뉴턴이 이야기했던 것처럼 볼링공이 얌체공을 끌어당기고 있기 때문인 것일까? 만약 그렇다면 볼링공과 얌체공을 고무판에서 다시 들어 땅 위에 나란히 놓아두면 마치 자석처럼 두 개의 공이 달라붙기라도 해야 할 것이다. 분명 그러한 일은 일어나지 않는다. 그렇다! 이것은 볼링공이 얌체공을 끌어당기기 때문이 아니다. 얌체공이 볼링공 주변을 공전하고 있는 이유는 단지 볼링공에 의해 휘어져 있는 고무판의 평면을 따라서 자연스럽게 움직이고 있는 것일 뿐이다. 볼링공과 얌체공 사이에 존재하는 인력 따위는 전혀 존재하지 않는 것이다. 이렇게 간단한 실험을 통하여 확인된 이 현상을 우리 태양계라는 현실로 확장시켜 상상해보면 그것이 바로 태양 주위를 공전하고 있는 행성들의 운동이 된다.

시공간이 휘어짐에 따라 발생하는 가상의 힘

자, 어떠한가? 왜 지구가 태양 주위를 돌고 있는가? 그것은 태양이 지구를 잡아당기기 때문이 아니다. 태양의 무거운 질량이 마치 고무판 위에 있는 볼링공이 고무판을 휘어지게 만드는 것처럼 공간을 휘어지게 만들고 있기 때문이다. 이렇게 휘어진 공간을 따라서 지구는 태양을 향해 영원히 떨어지고 있는 것이다. 마치 지구 주위를 돌고 있는 달이 지구를 향해 영원히 떨어지고 있는 것처럼 말이다. 고무판 실험과 태양계의 상황에 차이가 있다면, 우주 공간의 휘어진 공간은 우리 눈에 보이지 않는다는 것뿐이다. 이렇게 태양에 의하여 시공간이 휘어지고(공간뿐만 아니라 시간도 같이 휘어진다. 시간이 휘어진다는 이야기는 시간의 빠르기가 변한다는 이야기이다) 지구는 그 휘어진 시공간을 따라서 태양 주위를 자연스럽게 회전하고 있을 뿐이다. 중력은 뉴턴이 이야기했던 것처럼 모든 물질이 서로를 끌어당기는 힘을 가지고 있기 때문에 발생하는 힘이 아니었다. 중력은 그저 질량을 가진 물체에 의하여 휘어진 시공간을 따라서 주변을 이동하는 물체들이 자신의 몸을 맡긴 채 자연스럽게 운동을 하는 것일 뿐이다.

무거운 볼링공일수록 고무판을 더욱 휘게 만들듯이 질량을 더 많이 가진 물체도 시공간을 더욱 크게 휘게 만든다. 지구 입장에서는 태양으로부터 직접적인 어떠한 힘도 받지 않고 있다. 지구는 다만 휘어진 시공간을 따라 묵묵히 운동하고 있을 뿐이다. 만약 고무판 위의 상황에서처럼 우주 공간에서도 지구의 운동을 방해하는 마찰력 같은 어떤 힘이 있다고 한다면 얌체공의 운명이 그러했던 것처럼 지구도 점차 태양에 접근하다가 이내 충돌하게 되는 파국을 맞이할 것이다. 그러나 걱정하지 않아도 좋다. 우리 모두가 알듯이 우주 공간에 마찰력 따위는 존재하지 않는다. 이러한 시공간에 숨겨진 비밀을 우리가 깨닫지 못했다면 얼핏 보기에 분명 태양계의 행성들은 태양이 잡아당기는 힘에 사로잡혀 있는 것처럼 보인다. 하지만 설명한 것처럼 중력은 물질이 잡아당기는 힘과는 전혀 거리가 멀다.

중력이 잡아당기는 힘이 아니라고? 그러면 지구 위에 서식하고 있는 우리가 지구로부터 느끼는 이 실질적인 힘은 무엇인가? 지구 반대편 호주에 살고 있는 내 친구 철수는 우주 공간으로 떨어져나가지 않고 지면에서 잘 생활하고 있다. 그리고 오늘 아침 출근길 계단을 오르면서 유난히 힘들어했던 상황들을 생각해보면 분명 지구는 나를 잡아당기고 있는 것이 분명하지 않은가? 하지만 실상은 전혀 그렇지 않다. 볼링공과 얌체공이 서로 잡아당기고 있지 않았던 것처럼 지구와 나 사이에도 잡아당기는 힘 같은 것은 전혀 없다. 지구가 나를 잡아당기는 것처럼 느끼고 있는 것은, 지구와 나 사이를 지표면이라는 장애물이 가로막고 있기 때문이다. 지구는 질량이 거대하다. 그러므로 지구 중심을 향하여 시공간을 휘어지게 만들고 있다. 지표면이 없다면 나는 이 휘어진 시공간을 따라 자연스럽게 떨어지게 된다. 이렇게 떨어지고 있는 순간의 나는 분명 아무런 힘을 받지 않는다. 우리는 앞서 뉴턴의 운동 법칙에 대하여 이야기할 때 어디에서인가 힘을 느끼게 된다면 그것은 우리가 가속 운동을 하고 있는 것이라는 것을 알게 되었다. 그렇다. 지금 이 순간 우리가 느끼는 이 힘은 우리가 가속 운동을 하고 있다는 것을 보여준다. 아니, 지금 나는 편안하게 소파에 앉아 책을 읽고 있는데 도대체 무슨 가속 운동을 하고 있다는 것인가 하는 의문이 들 수도 있지만 사실 당신은 지금 이 순간도 지구가 만들어낸 휘어진 시공간으로 인하여 아래로 떨어지고 있다. 지금 내가 느끼고 있는 중력이 바로 지금 내가 이러한 가속도로 운동을 하고 있다는 것을 보여주는 증거인 것이다.

지금 소파에 편하게 앉아 책을 읽고 있는 당신은 사실 지구의 질량으로 인하여 휘어진 시공간을 따라 자연스럽게 떨어져야 한다. 하지만 당신의 엉덩이를 받쳐주고 있는 소파가 놓인 지표면이 당신이 지구 중심으로 떨어지지 못하도록 막고 있는 것이다. 그렇다. 중력이라는 것은 휘어진 시공간에 의하여 발생하는 가상의 겉보기 힘이다. 지구에 있는 모든 만물은 지금도 지구에 의하여 휘어진 시공간을 따라서 자연스럽게 떨어지는 가속 운동을 하고 있다. 그리고 이러한 가속 운동의 결과로 인하여 지금의 우리가 느끼고 있는 힘, 그것이 바로 중력인 것이다. 뭐라고? 지금의 나도 사실은 지구에 의해 휘어진 시공간을 따라 떨어지고 있는 것이라고? 혹시 이런 아인슈타인의 설명이 맞는지를 확인해보기 위하여 내가 딛고 있는 지표면이 없는 장소를 찾아서 테스트해볼 생각은 하지 않는 것이 좋겠다. 크게 다치고 후회만을 불러올 뿐이다. 여유가 되면 번지점프나 비행기에서 하는 낙하산 강하 체험을 해보시는 것을 추천해드린다(필자는 매우 무서워하는 레포츠이다). 자유낙하를 하는 대상은 지구의 휘어진 시공간을 따라 자연스럽게 이동하게 된다. 따라서 지표면의 존재로 인하여 발생하는 겉보기 힘이 발생하지 않는다. 겉보기 힘이 발생하지 않는다는 것은 중력이 발생하지 않는다는 것이다. 그래서 떨어지는 모든 것은 무중력 상태가 되는 것이다. 만약 자유낙하를 하는 동안에 공기의 저항마저 없다면 당신은 아무런 힘이 작용하지 않는 우주 공간에 있는 것과 같은, 극히 평온한 상태를 경험하게 될 것이다. 이렇게 중력은 실제로 무엇인가를 끌어당기는 힘이 아니라 질량에 의해 시공간이 휘어져서 발생하는 겉보기 힘이다. 따라서 만약 우리가 휘어진 시공간을 따라 자연스럽게 자신의 몸을 맡기는 순간 우리는 어느 곳에서도 힘을 받지 않는 무중력 상태가 된다. 이것이 뉴턴이 풀지 못하였던, 중력이 발생하는 이유였던 것이다.

보이지 않는 존재를 확인하는 방법

시공간이 휘어진다는 것은 세상을 이루는 모든 것들이 같이 휘어지는 것을 의미한다. 따라서 빛조차도 이 휘어진 시공간을 따라 움직인다. 빛이 휘어진다고? 그렇다. 하지만 여기에서 명확히 해야 할 것은 빛 자체가 휘어지는 것은 아니다. 빛은 어떠한 경우에도 항상 직진성을 잃지 않는다. 휘어지는 것은 시공간이며 단지 빛은 휘어진 시공간을 따라서 자연스럽게 직진성을 유지하며 이동하는 것이다. 하지만 우리 눈에 휘어진 시공간은 보이지 않기 때문에 시공간이 휘어져 있는 곳에서는 빛이 휘어지는 것처럼 보일 것이다. 만약 우리가 어디에서인가 빛이 휘어지고 있는 지역을 발견하게 된다면 그것은 그 주위의 시공간이 거대한 질량에 의하여 휘어져 왜곡되어 있다는 것을 확실하게 알려주는 것이다. 따라서 우리는 실제 보이지는 않지만 빛이 휘어지는 정도를 파악하여 그 주변에 있는 존재가 얼만큼 무거운지도 미루어 짐작할 수 있다. 실제로 우리 우주 공간에서는 빛이 휘어진 시공간을 따라 이동하는 것을 심심치 않게 확인할 수 있다. 이 중 빛을 가장 극적으로 많이 휘게 만드는 것은 무엇일까? 그렇다. 그것은 블랙홀이다. 블랙홀은 매우 작은 공간을 차지하고 있음에도 그 질량이 엄청나게 커서 주변의 시공간을 극적으로 휘어지게 만든다. 따라서 빛조차도 이 휘어진 시공간을 따라 이동하다가 특정 경계선을 넘어서게 되면 다시는 외부로 탈출하지 못하고 영원히 갇히게 된다. 이것이 블랙홀이 검게 암흑으로 보이는 이유이다. 천문학자들은 공간이 얼마나 휘어 있는지를 확인함으로써 우주 스케일에서 그 지역에 있는 물질의 질량이 어느 정도나 되는지 확인하고 있다. 이러한 방법을 통하여 블랙홀이 가진 크기를 추정하거나 눈에 보이지 않는 별들의 크기나 질량을 확인하는 방법으로도 많이 활용하고 있다.

정리하면, 우리가 둥그런 지구의 지표면 위에서 아무런 문제없이 땅 위에 서 있을 수 있는 것은 지구의 무거운 질량에 의하여 시공간이 지구 중심 방향으로 휘어져 있기 때문이다. 그리고 우리는 그저 이 휘어진 시공간을 따라서 영원히 떨어지고 있는 것이다. 사실 떨어진다는 것보다는 휘어진 시공간을 따라서 자연스럽게 이동한다고 표현하는 것이 더 맞다. 하지만 우리의 직관에 더 이해가 잘될 수 있도록 떨어진다는 표현을 쓰고 있는 것이다. 사실은 영원히 떨어져야 할 우리의 몸은 땅으로 인해서 더 이상 떨어지지 못하고 이러한 결과로 땅에 붙어 있을 수 있으며 이로 인하여 중력이라는 겉보기 힘을 느끼게 되는 것이다. 잠시 뛰어오르면서 우리의 몸을 땅에서 떨어뜨려보자. 의심할 여지 없이 우리는 땅으로 다시 떨어지게 된다. 만약 우리의 몸을 지구로부터 대기권까지 더욱 높이 들어올린다면 중력이 어느 정도 약해진 상태가 된다. 여기에 우리의 몸이 어느 정도의 적절한 초기 운동 조건만 가지고 있게 되면 마치 지구의 인공위성처럼 지구 주위를 공전하게 될 것이다. 그러다가 지구에서 더 멀어지게 되어 지구의 휘어진 시공간의 영향을 더 이상 받지 않게 되는 순간 영원히 우주 밖으로 밀려나게 된다. 우리가 땅을 지지하고 서 있을지, 아니면 지구 궤도를 영원히 공전할지, 그것도 아니면 우주 저편으로 날아가서 우주의 방랑자가 될지는 끌어당기는 힘이 아니라 지구에 의하여 휘어진 시공간에 의해 결정되는 것이다.

중력의 또 다른 이름, 가속도

이렇게 우리는 뉴턴이 설명하지 못했던 중력이란 무엇인가에 대하여 알게 되었다. 중력은 만물이 가지고 있는 신비한 끌어당기는 힘이 아니었다. 질량에 의하여 휘어진 시공간을 따라서 그냥 만물이 자연스럽게 운동하는 과정에서 발생하는 겉보기 힘 이었다. 중력이 작용하는 이유는, 모든 만물이 인력을 가지고 있어서가 아니라 질량에 의하여 시공간이 휘어져 있기 때문이다. 아인슈타인은 이런 중력의 근원을 정확히 간파하였다. 아인슈타인이 중력의 근원을 정확히 이해함으로써 그는 일반 상대성 이론의 근간이 되는 또 하나의 엄청난 숨겨진 사실을 알게 된다. 그것이 바로 중력-가속도 등가 원리이다. 이것은 말 그대로 중력과 가속도가 너무 똑같아서 서로 구분할 수 없다는 것이다. 뭐라고? 중력은 지구가 나를 잡아당기는 힘이 아니던가? 앞서 나온 논리를 받아들여 시공간이 휘어짐으로 인해서 내가 받게 되는 힘이 중력이라고 하더라도 가속도는 물질이 이동하는 속도가 얼마나 증가하는지를 이야기하는 것인데 이 두 가지가 도대체 무슨 상관이 있다는 것인가? 당연히 나올 수 있는 의문이다. 심지어 필자도 학창 시절에 중력-가속도 등가 원리를 배웠음에도 이것이 가지는 심오한 원리를 제대로 이해하지 못하고 그냥 덤덤하게 외우고 넘어갔던 기억이 난다. 일반적인 경우라면 그냥 이렇게 단순하게 외우고 넘어가도 되겠지만 진리로의 여정을 하고 있는 우리는 이것이 의미하는 바를 한 번 더 살펴보고 가는 것이 중요하다.

앞서 우리는 중력이 무엇인가를 설명할 때 지구의 인력에 의하여 붙어 있는 것이 아니라 지구에 의하여 휘어진 시공간의 중심으로 떨어짐으로써 발생하는 겉보기 힘이라고 했다. 아인슈타인은 여기에서 발생하는 이 겉보기 힘이 가속 운동을 할 때 발생하는 힘과 동일하다고 생각한 것이다. 실제로 지금도 우리는 떨어지고 있다. 떨어지고 있는 물체는 가속 운동을 한다. 다만 우리는 지표면에 의해 지지되면서 떨어지지 않고 있을 뿐이다. 이때 우리는 떨어지지 않는 대신에 밑에서 무엇인가 우리를 잡아당기는 힘을 느끼는데 이것이 바로 중력이라는 가상의 힘이다. 그렇다면 이러한 원리는 우리 주변에서 발생하는 어떤 현상과 매우 유사하지 않은가? 그렇다. 바로 앞서 이미 살펴보았던, 가속 운동을 할 때 발생하는 힘이 바로 그것이다.

정지해 있던 버스가 다시 출발하며 가속 운동을 할 때 우리는 뒤에서 누군가 잡아당기는 힘을 느낀다. 이것이 중력에 의해 우리를 잡아당기는 힘이 발생하는 원리와 동일한 것이다. 즉, 버스의 속도가 계속 증가하는 가속 운동을 하면서 앞으로 움직이게 되면 무엇인지 모르지만 우리는 뒤에서 우리를 잡아끄는 힘을 느끼게 된다. 만약 내가 앉아 있는 의자가 없다면 나의 몸은 뒤로 나뒹굴고 있을 것이다. 버스의 가속에 의해서 발생하는 힘과 지구의 중력에 의해서 발생하는 힘은 같으며 지구의 지표면은 바로 버스의 의자와 마찬가지인 것이다. 이렇게 중력에 의해 발생하는 힘은 바로 떨어지는 가속 운동을 할 때 발생하는 힘과 구분할 수 없이 완전히 동일한 것이다. 중력의 또 다른 이름은 바로 가속도였던 것이다. 이것이 오랜 시간 동안 우리 주변에 항상 존재해왔지만 우리가 미처 눈치채지 못했던 자연의 속성 중 하나였던 것이다. 지구가 나를 잡아당기는 힘과 아침 출근길에 갑자기 출발하던 버스에서 내 뒷덜미를 잡아끌었던 힘이 같은 원리로 만들어진 것이었다니…. 별것 아닌 것 같아도 이것은 자연의 본질을 이해하기 위한 매우 혁명적인 중요한 발견이었다. 만약 우리가 느끼는 중력과 가속도가 동일하다면 등속 운동에만 한정되어 있던 특수 상대성 이론을 가속 운동에도 적용시키면서 언제 어디에서나 활용할 수 있는 일반 상대성 이론으로 완성시킬 수 있기 때문이다. 우리 주변에서 운동하고 있는 물체는 대부분 가속 운동을 하고 있다. 그런데 만약 가속도와 중력이 동일하다고 한다면 가속 운동을 하는 대상 주변에 적당한 질량을 부과하여 중력을 만들어준다면 일반 중력장 안에 있는 등속 운동으로 전환하여 설명이 가능해지기 때문이다. 이 발견을 통하여 특수한 상황에서만 적용할 수 있었던 특수 상대성 이론은 전 우주 어디에서나 적용될 수 있는 일반 상대성 이론으로 거듭나게 된다.

지금까지의 여정을 잘 따라오고 계신 독자들도 슬슬 두통이 올라오고 있을지 모르겠다. 중력의 근원에 대해서 이야기하고 있는 와중에 왜 갑자기 가속 운동이 등장하는 것인가? 그리고 중력과 가속도가 도대체 어떻게 같은 것이란 말인가? 또 반복되는 이야기지만 이러한 당신의 반응과 생각은 매우 당연한 것이다. 지금은 이해가 가지 않을 수 있다. 그러므로 단계를 밟아가며 차근차근 접근해보도록 하자. 그러기 위해서 우리는 먼저 중력과 가속도가 같다는 것이 도대체 무엇을 의미하는지를 먼저 알아보도록 하자.

가속도가 만들어내는 중력

철수와 영이는 오랜만에 데이트를 위해서 63빌딩 스카이라운지에서 만나기로 하였다. 63빌딩에 도착한 철수는 스카이라운지로 가기 위하여 엘리베이터에 탑승하였다. 물론 전망 좋은 스카이라운지는 빌딩의 가장 높은 층인 63층에 위치해 있다. 철수는 엘리베이터에 탑승해서 63층 버튼을 눌렀다. 엘리베이터가 서서히 위쪽으로 움직이기 시작하자 철수는 무엇인가가 밑에서 잡아당기는 듯한 힘을 느낀다. 철수가 이때 느끼는 힘의 정체는 무엇일까? 지금 철수는 자신이 엘리베이터를 탑승한 상태에서 63층으로 올라가려고 한다는 것을 잘 알고 있다. 그러므로 자신이 느끼고 있는 이 힘이 엘리베이터의 가속 운동으로 인해서 생기는 것이라고 자연스럽게 생각하게 될 것이다. 그런데 만약 철수가 외부에 창이 없는, 철저히 차단된 엘리베이터 안에 들어 있다고 한다면 이때 잡아당기는 힘이 지구의 중력에 의한 것인지 아니면 엘리베이터가 위로 이동하는 가속 운동을 하기 때문에 발생하는 힘인지 구분할 수 있을까? 만약 철수가 탄 엘리베이터를 몰래 우주 공간에 가져다놓고 엘리베이터가 움직이는 가속도를 적절히 조정해서 지구의 중력과 똑같이 만든다면 외부와 격리된 엘리베이터 안에 들어 있는 철수가 이 두 힘을 구분할 수 있는 방법은 절대 없다. 이것이 바로 중력-가속도 등가 원리인 것이다.

아인슈타인은 가속 운동에서 발생하는 힘이 우리가 느끼는 중력과 동일하다는 사실을 처음 깨달았을 때 환호성을 지를 정도로 엄청난 기쁨을 느꼈다고 한다. 중력에서 느끼는 힘과 가속도로 인하여 느끼는 힘이 사실은 서로 구분할 수 없는 같은 것이었다니…. 우리가 태어나면서 부터 느껴왔던, 나를 잡아당기는 이 중력이 사실은 우리가 매일 타는 엘리베이터나 자동차, 그리고 놀이동산에서 느꼈던 바로 그 힘과 동일한 것이었다. 이러한 사실을 염두에 두고서 고개를 들어 세상을 한번 찬찬히 바라보자. 세상은 지금 이 순간도 가속도 운동을 하고 있는 물체들로 가득하다. 가속도와 중력이 동일하다고 한다면 이러한 가속도 운동도 마치 중력(질량)이 그러한 것처럼 주변의 시공간을 휘어지게 만들 것이다. 지금 당신의 눈앞에서 뛰어다니고 있는 개구쟁이 조카조차도 미미하지만 자신이 만들어낸 가속도만큼 자신 주변의 시공간을 휘어지게 만들고 있다. 마치 질량에 의해 중력이라는 겉보기 힘이 만들어지는 것처럼 가속 운동에 의해서도 중력과 동일한 겉보기 힘이 만들어진다는 것이다. 이것이 중력의 근원을 밝혀낸 엄청난 발견이었다. 이러한 엄청난 발견을 찬찬히 음미하다 보면 당시의 아인슈타인이 자연을 바라보는 통찰력이 얼마나 대단한 것이었는지에 대해서 정말 감탄을 금할 수 없다. 한번 생각을 해보자. 인류가 출현한 이후 얼마나 많은 사람들이 가속 운동 시 발생하는 어떤 힘의 존재를 느껴왔는가? 그렇게 오랜 기간 동안 살아온 수많은 인류 중에서 오직 아인슈타인만이 이 두 힘이 서로 구분할 수 없는 동일한 것임을 간파한 것이다. 이것이 결코 우연하게 얻어진 결과물은 아닐 것이다. 중력의 본질을 이해하고자 하는 그의 치열한 노력이 결국은 이러한 엄청난 발견으로 이어지게 된 것이다.

지금도 우리는 초당 9.8㎧2의 가속도로 떨어지고 있다

우리가 느끼는 중력의 세기는 어느 정도일까? 지구가 발휘하는 중력의 크기는 1G라고 정의한다. G는 Gravity(중력)의 약자이다. 그리고 1G=9.8㎨이라는 수치로 표현된다. 이는 1초에 9.8㎧의 속도가 증가하는 것을 의미하며 이 가속도는 중력에 의해 가속되는 것이므로 이를 중력가속도라고 한다. 우리는 지금 중력을 이야기하고 있다. 그런데 중력을 이야기하는데 왜 갑자기 중력의 크기 단위가 가속도로 표현이 되는 것일까? 그것은 앞서 설명했던 것처럼 지금 이 순간도 우리는 지구에 의해 휘어진 시공간 속으로 초당 9.8㎧의 속도로 떨어지고 있기 때문이다. 앞서 가속 운동이 일어나면 등속 운동과는 달리 우리는 어떤 힘을 느끼게 된다고 하였다. 즉, 우리는 지구에 의하여 휘어진 시공간을 따라서 지금 이 순간도 떨어지는 가속 운동을 하고 있으며 이 순간 가속 운동으로 인하여 발생하는 힘이 바로 중력인 것이다. 따라서 중력이 발휘하는 힘이라는 것은 내가 떨어지면서 가속 운동을 할 때 발휘하는 힘과 정확하게 동일한 것이다. 따라서 우리는 중력의 세기가 어느 정도인지를 가속도라는 형식으로 표현하고 있는 것이다.

1G는 우리 지구의 중력이기 때문에 만약 우리가 $9.8m/s^2$으로 우주 공간에 있는 엘리베이터를 가속시키면 우주선 안에 타고 있는 철수는 본인이 지구에서 정지해 있는 것인지 아니면 우주 공간에 나가 있는지를 확인할 방법이 없다. 두 힘은 완전히 동일하기 때문이다. 만약 우주 공간에 나가 있는 밀폐된 엘리베이터의 속도를 더 증가시켜서 가속도가 $9.8m/s^2$이 넘어가는 순간이 되면 비로소 그때부터 철수는 아래에서 잡아당기는 힘이 지구와는 달리 더 세다고 느끼기 시작한다. 따라서 이러한 상황이 발생하면 철수도 여기는 지구가 아닌 우주 공간에서 가속되고 있다는 것을 알아차릴 것이다. 엘리베이터를 더 가속시켜서 $19.6m/s^2$이 되면 지구에서 느끼는 중력보다 2배의 힘을 느끼게 된다. 즉, 지구보다 중력이 2배 커진 2G 상태가 되는 것이다. 이 상황에서 철수는 엘리베이터를 타고 $19.6m/s^2$으로 가속되고 있다고 이야기해도 되지만 지구보다 중력이 2배 큰 어느 행성에 서 있다고 할 수도 있다. 이렇게 중력이 큰 별에서 똑바로 서 있는 것도 좀 힘든 일이 될 수 있다. 파일럿이 되기 위한 훈련 과정을 보면 10G까지 중력가속도를 증가시켜서 참아내는 훈련을 하곤 하는데 그것은 $98m/s^2$의 가속도로 움직이는 회전체 내에서 진행된다. 이때 훈련생들이 느끼는 힘은 지구 중력의 10배에 이르는 어마어마한 힘이다. 이러한 충격으로 그들은 때로 기절할 수도 있다.

중력에 대한 이해를 통하여 인공 중력을 만들어내다

이제 우리가 느끼는 중력과 떨어지는 가속 운동을 할 때 느끼는 힘이 동일하다는 것이 조금씩 이해가 될 것이다. 우리는 땅에 발을 딛고 서 있지만 사실 지구의 질량에 의하여 휘어진 시공간을 따라 9.8㎨의 속도로 떨어지고 있는 것이다. 다시 이야기하면, 우리가 중력을 느끼는 이유는 지금 우리가 9.8㎨의 속도로 떨어지는 운동을 하고 있기 때문인 것이다. 따라서 이때 우리가 느끼는 중력은 떨어지는 가속 운동으로 인하여 느끼는 힘과 정확히 같다. 만약 우리가 떨어지는 것을 막고 지지해주는 땅이 없어지면 어떻게 될까? 이것이 바로 우리가 자유낙하를 하는 상황이다.

중력에 대한 보다 명확한 이해를 위하여 철수를 다시 출동시키자. 철수는 비행기를 타고 높은 상공으로 올라갔다. 비행기로부터의 강하가 처음이라서 별로 내키지는 않았지만 눈을 질끈 감고 비행기에서 뛰어내렸다. 철수가 뛰어내리는 순간 철수는 더 이상 아무런 중력을 느끼지 못한다. 자유낙하를 하고 있는 철수는 지구에 의해 휘어진 시공간을 따라서 자신의 몸을 맡긴채 그냥 이동할 뿐이다. 우리가 땅에 발을 딛고 서 있으면 떨어지려는 우리의 몸이 땅에 의해 지지되어 그 힘을 느끼게 된다. 하지만 비행기에서 떨어지는 순간에는 우리를 지지해주는 땅이 존재하지 않기 때문에 우리는 아무런 힘을 느끼지 못하게 되는 것이다. 이것이 바로 자유낙하를 하게 되면 아무런 힘도 받지 않는 '무중력 상태'가 되는 이유이다(놀이동산의 자이로드롭이 갑자기 떨어지는 바로 그 순간에도 우리는 잠시지만 거의 이 느낌을 느낄 수 있다). 자유낙하를 하고 있는 철수의 뺨을 때리는 공기의 저항만 없다면 철수는 지금 그 어떤 힘도 느끼지 않은 채 우주 공간 속을 떠돌고 있는 것처럼 느끼게 될 것이다. 실제로 우주 조종사들은 지구 밖의 무중력 상태에 대한 훈련을 하기 위하여 높은 고도까지 비행기를 타고 올라가 비행기의 출력을 끈 상태로 떨어지는 방법을 사용한다. 자유낙하하는 비행기 내부는 자유낙하의 짧은 시간 동안이나마 우주와 동일한 무중력 상태가 되기 때문이다.

이렇게 떨어지는 비행기 내부는 지구의 중력이 작용하지 않는 무중력 상태의 우주선 내부와 완전히 동일한 상태이다. 중력이 무엇이며 왜 발생하는지를 이제 우리가 알고 있으므로, 우리는 지구의 중력을 벗어나서 무중력 상태가 되어버린 우주선에도 지구와 동일한 인공 중력을 만들 수 있다. 만약 우리가 우주 공간에서 무중력 상태가 되는 우주선에 지구와 같은 중력을 만들어준다면 그 우주선 안에 승선해 있는 사람들은 마치 지구에 있는 것과 같은 편안함을 느낄 수 있을 것이다. 무중력 상태에서 오래 머무르게 되면 몸의 근력이 약해지고 뼈에서 칼슘이 빠져나가는 등 몸이 급격하게 쇠약해진다. 그러므로 우주선에 있어서 지구와 동일한 중력 조건을 만들어주는 것은 장거리 우주여행을 하는 우주선에 매우 중요한 과제이다. 우리는 이미 앞서 중력과 가속도가 동일한 것임을 이해하였다. 중력과 가속도가 동일하므로 지구와 동일한 중력을 얻기 위해서는 그만큼의 힘을 만들어낼 수 있는 가속 운동을 하면 될 것이다. 그렇다. 어려울 것도 별로 없다. 우리가 1G만큼의 가속 운동을 만들어주면 지구에 있는 것과 같이 편안한 인공 중력을 만들어낼 수 있다. 물론 우주선이 나아가는 방향을 기준으로 가속을 시켜 중력과 동일한 힘을 얻을 수도 있지만 이렇게 되면 우주선을 항상 9.8㎨의 가속도로 움직여야 한다. 그러나 이렇게 느린 우주선으로는 결코 먼 거리의 우주여행을 할 수 없을 것이다. 그러므로 공상 과학 영화에 등장하는 우주선처럼 우리는 우주선을 원운동시켜(원운동도 방향이 바뀌므로 가속 운동이다) 직선 가속 운동을 하는 것과 같은 힘을 얻게 되면 우주선에 있더라도 지구에 있을 때와 동일한 환경에서 편안하게 지낼 수가 있게 되는 것이다. 중력에 대한 이해가 깊어지게 되면서 이제 우리는 별다른 어려움 없이 가상의 중력도 만들어낼 수 있는 수준이 된 것이다. 이것이 우리가 진리의 바다를 탐구하는 이유이다. 거대한 진리의 바닷속에서 우리가 거두어들이는 열매는 우리의 노력을 충분히 보상할 만큼 크고 의미가 있는 것이다.

지구가 존재하지 않아도 떨어지는 사과

이제 중력-가속도 등가 원리가 의미하는 것에 대하여 종합적으로 상황을 만들어서 정리를 해보도록 하자. 이번에는 영이를 우주 밖으로 출동시켜보도록 하자. 나는 영이가 타고 나간 우주선 내부의 중앙 광장에 커다란 사과나무를 하나 심었다. 실험을 위하여 심은 것이지만 삭막한 우주여행에서 영이의 정서 안정에 도움이 될 것 같기도 하다. 한참을 달려서 영이는 지구의 중력이 작용하지 않는 공간으로 나갔다. 무중력 상태가 되니 영이의 몸은 공중으로 떠올랐다. 영이가 우주선의 창밖을 바라보니 지구는 거의 한 점으로 아주 희미하게 빛날 뿐이다. 지구의 영향으로부터 완전히 벗어났다고 생각한 영이는 이제 우주선을 9.8㎨으로, 우주선에 심어져 있는 사과나무 위쪽 방향으로 가속시켰다. 영이는 즉시 지구와 동일한 중력을 느끼고 우주선 바닥에 설 수 있게 되었다. 그때 마침 지구에서 출발할 때 심어놓았던 사과나무에서 사과 하나가 떨어졌다. 이 우주선 안에서 방금 떨어진 사과는 17세기 영국의 어느 한 한적한 교외에서 뉴턴에게 떨어졌던 그 사과와 완전히 동일한 힘에 의해 떨어진 것이다(9.8㎨의 가속도는 우리가 받는 중력의 힘과 동일함을 상기하자). 영이는 그 떨어진 사과를 주워들었다. 영이가 손에서 사과를 다시 놓으면 우주선은 여전히 9.8㎨의 가속 운동을 하고 있으므로 그 사과는 다시 우주선 바닥으로 떨어질 것이다. 영이는 지금 지구의 영향을 전혀 받지 않는, 지구로부터 매우 멀리 떨어진 우주 한복판에 나와 있다. 지금 우주선 주변에는 영이나 사과를 끌어당길 만한 어떠한 물질도 존재하지 않는다. 그럼에도 불구하고 사과는 지구에 있을 때와 동일한 방식으로 바닥에 떨어지고 있다.

이제 모든 것이 명확해졌다. 우리가 지구 표면에 붙어 있는 이유는 만물이 끌어당기는 힘을 가지고 있기 때문이 아니다. 지금 우주 공간 한복판에 나와 있는 우주선에는 지구는 물론 영이와 사과나무에게 영향을 미칠 어떠한 물질조차 존재하지 않는다. 그럼에도 사과는 여전히 바닥에 떨어지고 있다. 그렇다. 당신은 지금 지구가 당기는 힘에 의하여 지구에 붙어 있는 것이 아니다. 우리 모두는 지금 이 순간도 지구에 의하여 휘어진 시공간 속으로 떨어지고 있는 것이다. 그리고 지금 당신의 발이 땅에 붙어 있다는 것이 그것을 증명해주고 있다.

우주의 질서를 설명해주는 이론으로 완성되다

이제 우리는 중력이 무엇이고 왜 작용하는지를 알게 되었다. 또한 중력-가속도 등가 원리를 통하여 이 두 힘이 서로 구분될 수 없는 것임도 알게 되었다. 여기에서 매우 중요한 점이 있다. 중력과 가속 운동의 힘이 동일한 것이라면 우리가 어떤 운동을 하든지 우리 주변에 적절한 질량을 배치하면 관측자의 속도와 상관없이 어떤 시점에서도 우리가 원하는 현상을 설명할 수 있게 된 것이다. 예를 들어서 한번 생각해보자. 철수는 가속 운동을 하고 있다. 그런데 가속도와 중력은 동일하다. 따라서 철수 주변에 가속 운동을 하는 만큼의 중력을 만들어서 시공간을 휘어지게 만들면 철수가 어떤 중력장 속에서(휘어진 시공간 속에서) 등속 운동을 하는 것으로 생각을 해도 되는 것이다. 이것이 등속 운동에만 성립이 되던 특수 상대성 이론을 어떤 가속 운동에서도 설명할 수 있게 확장시켜 주는 마법인 것이다. 아인슈타인은 이렇게 기존 특수 상대성 이론이 가지고 있던, 등속 운동하에서만 적용된다는 한계를 중력과 가속도가 동일한 현상으로 볼 수 있다는 것을 밝혀냄으로써 어떤 운동하에서도 일반적으로 적용될 수 있는 만물의 이론인 일반 상대성 이론을 만들 수 있게 된 것이다.

이론이 인정을 받기 위해서는 수학적 방법뿐만 아니라 그를 증명할 수 있는 실험 결과들이 뒷받침되어야 한다. 아인슈타인은 자신의 일반 상대성 이론을 증명하기 위하여 그동안 뉴턴의 중력 법칙으로는 설명이 되지 못하였던 수성의 세차 운동을 자신의 방정식을 통하여 정확하게 해석함으로써 자신의 생각이 옳다는 확신을 가질 수 있었다. 질량에 의하여 시공간이 휘어진다는 주장은 지금 생각해도 매우 기이한 생각이었다. 따라서 학자들뿐만 아니라 이에 관심이 있는 많은 사람들의 호기심을 자극하기에 충분한 내용이었다. 그래서 많은 사람들이 수학이라는 언어로 아름답게 증명이 되고 있는 아인슈타인의 이론이 정말 맞는 것인지를 확인할 수 있는 방법을 찾고 있었다. 그러던 중 1919년 영국의 학자 에딩턴이 일식이 발생하는 날, 원래는 태양의 뒤편에 존재하기 때문에 지구에서는 결코 관측이 될 수 없는 별이 지구에서 명확하게 관찰이 되는 것을 직접 관측함으로써 태양의 중력으로 인하여 시공간이 휘어진다는 것을 직접 확인하게 된다. 이러한 에딩턴의 관측 결과는 다음 날 당시의 모든 언론의 1면에 대서특필되면서 300년 이상 진실로 추앙받던 뉴턴의 중력 법칙을 단숨에 깨트리고 우주의 질서를 설명해주는 이론으로 학자들뿐만 아니라 일반인들에게까지 머릿속에 깊이 각인된다.

아인슈타인의 상대성 이론이 몰고 온 파장은 상당한 것이었다. 절대 시간과 절대 공간의 개념을 완전히 폐기시키고 시공간이 변할 수 있는 물리량임을 증명하였으며 중력의 실체를 발견하면서 지금 이 순간도 이 우주 공간이 질량에 의하여 왜곡이 되고 변형이 되는 역동적인 시공간으로 이루어져 있다는 것을 우리에게 알려주었기 때문이다. 에딩턴의 관측 결과가 언론에 의하여 대대적으로 공개되며 온 세상이 떠들썩해진 것과는 달리 아인슈타인은 에딩턴의 관측 결과를 신문을 통하여 처음 접하였을 때 담담하게 아침의 따뜻한 모닝 커피만을 즐길 뿐 별다른 반응을 보이지 않았다고 한다. 왜냐하면 그는 앞서 수성의 세차 운동을 통하여 자신의 중력 방정식이 옳다는 것을 이미 확신하고 있었기 때문이다. 아무튼 에딩턴에 의하여 관측이 된, 휘어지는 시공간에 대한 결과로 인하여 아인슈타인은 일거에 전 세계에서 가장 유명한 학자가 된다. 미국의 물리학자 존 휠러는 아인슈타인의 상대성 이론에 대해 이렇게 이야기하고 있다.

"질량은 시공간이 어떻게 휘어져야 하는지를 결정해주고, 휘어진 시공간은 질량을 가진 물체가 어떻게 운동해야 하는지를 결정하게 한다."

이처럼 일반 상대성 이론은 우주에서 일어나는 천체의 운동을 완벽하게 설명함으로써 뉴턴의 운동 법칙을 폐기시켰다(우주 스케일에서 뉴턴의 운동 법칙이 맞지 않는다는 것이다. 지구 스케일에서는 그 오차가 미미하여 뉴턴의 운동 법칙은 여전히 유효하다. 이것이 우리가 지금도 여전히 뉴턴의 운동 법칙을 배우는 이유이다. 하지만 뉴턴의 운동 법칙은 단지 '근사적인 법칙'임을 잊지 말기 바란다). 이는 과학계뿐만 아니라 문화, 예술 등 우리의 일상생활에도 많은 영향을 끼쳤다. 아인슈타인의 상대성 이론을 바탕으로 한, 휘어지는 시공간에 대한 세계관과 우주관은 일반인은 물론이고 당 시대의 예술가들에게도 큰 영향을 주었다. 이 시기에 피카소나 달리 같은 추상파 예술가들이 전성기를 맞게 된 것은 결코 우연이 아니다. 뿐만 아니라 이는 영화나 소설 등에도 흥미로운 소재로 자주 등장하게 된다. 사실 그 대부분은 시공간의 변화를 제대로 이해하지 못한 상태에서 실제 상대성 이론이 설명하는 상황과는 거리가 먼 것이었다. 하지만 예술과 소설의 차원에서 과학적으로 옳고 그름은 그리 중요한 것이 아니었다. 중요한 것은 한 학자에 의해서 정립이 된 세계관에 의하여 인류가 세상과 우주를 바라보는 가치관과 시각 자체가 완전히 바뀌게 되었다는 것이다. 또한 이 영향은 학문으로써 뿐만 아니라 문학, 예술, 영화 등 인류 거의 모든 분야에 막대한 영향을 끼치게 되었으며 인류는 신이 만들어놓은 이 놀라운 세계를 기존과는 완전 다른 시각으로 바라볼 수 있는 진실의 눈을 가지게 된 것이다. 혹자는 이야기하기도 한다. 상대성 이론을 전혀 몰라도 인간이 살아가는 것에는 아무 지장이 없다고…. 양자역학을 모른다고 해서 내가 컴퓨터를 사용하지 못하는 것은 아니라고…. 전적으로 동의한다. 학문으로서 상대성 이론과 양자역학은 어려울 뿐만 아니라 구태여 그 깊은 수준까지 알아야 할 필요성이 없다. 하지만 단지 교양으로서의 상대성 이론과 양자역학이 우리에게 주는 메시지를 이해하는 것은 분명 의미가 있다. 이들은 우리 주변의 만물을 기존에 바라보던 관습적인 시각과는 전혀 다른 시야로 볼 수 있는 힘을 제공하기 때문이다. 즉, 같은 현상과 사물을 보더라도 이것을 보고 느끼는 감정과 생각의 크기와 폭이 전혀 달라지는 것이다. 그리고 결국 이러한 것들이 우리에게 깊은 영감을 주어 예술, 영화, 음악, 문학, 과학 등의 각종 영역에서뿐만 아니라 개인의 가치관이나 세계관에도 영향을 미칠 수 있는 매우 중요한 역할을 하게 되는 것임을 잊지 말아야 한다.

휘어지는 시간

우리는 빠르게 이동하는 물체에서는 시간이 천천히 흐른다는 것을 이제 잘 알고 있다. 시간과 공간은 서로 연결이 되어 있다. 즉, 시간이 변하면 공간도 변하고 공간이 변하면 시간도 변한다. 그런데 질량을 가지고 있는 물질은 주변의 공간을 휘어지게 만든다. 그렇다면 이렇게 휘어진 공간을 따라서 시간도 휘어져야 할 것이다. 그러면 이렇게 질량에 의하여 공간이 휘어짐에 따라 시간이 휘어진다는 의미는 무엇일까? 이렇게 시공간이 휘어지면 휘어진 공간을 따라서 빛도 휘어지게 된다(빛은 휘어진 공간을 따라 무조건 직진을 할 뿐이다. 휘어지는 것은 공간이다). 그런데 빛의 속도는 어떠한 조건에서도 항상 동일하다. 따라서 공간이 휘어진다는 것은, 빛의 입장에서는 직선일 때보다 그만큼 이동해야 할 거리가 늘어났다는 것을 의미한다. 따라서 이 휘어진 공간에서 빛이 이동하는 데에는 그만큼 더 오랜 시간이 걸릴 것이다. 이것은 곧 시간의 속도가 느려진다는 것을 의미한다.

그렇다. 중력에 의해 왜곡되는 시공간의 변형은 우리를 잡아당기는 것과 같은 겉보기 힘을 발생시키는 것과 동시에 시간도 천천히 가게 만든다. 즉, 중력장 안에서는 시간이 천천히 흐른다. 중력에 의하여 휘어짐의 정도가 심할수록(중력이 셀수록) 시간은 더욱 느리게 간다. 그러므로 속도가 증가하면 증가할수록 시간이 천천히 가는 것과 동일한 원리로 중력이 세면 셀수록 시간은 천천히 흐른다. 엄밀하게 이야기하면 아파트 1층에 사는 사람의 시간은 30층에 살고 있는 사람보다 시간이 천천히 흐른다. 이것은 지구 중심으로부터의 거리가 1층이 조금이나마 더 가깝기 때문이다. 이렇게 더 가까운 거리로 인하여 1층에서의 시공간은 고층보다 더 많이 휘어져 있고 그에 따라서 시간도 조금 더 천천히 흐른다. 따라서 아파트 저층에 살고 있는 사람이 고층에서 살고 있는 사람보다 상대적으로는 아주 조금이나마 더 젊게 살아갈 수 있는 것이다. 물론 평생을 살아간다고 하더라도 그 차이는 미미하겠지만 말이다. 알아두어야 할 것은 시간이 흘러가는 빠르기는 각자의 운동 속도에 따라서도 모두 다양하지만 이렇게 중력의 차이에 의해서도 모두 다른 값을 가진다. 시간의 빠르기는 이처럼 중력장 안에서도 다양하게 변화하는 값인 것이다. 지금도 내 시간의 빠르기는 내가 이동을 하면서 속도가 변경이 되거나 혹은 계단을 오르내림에 따라서 중력의 크기가 바뀔 때마다 수시로 변하고 있다. 우리는 이렇게 항상 역동적으로 변화하고 있는 시공간 속에서 살아가고 있다.

쌍둥이 패러독스

이렇게 중력에 의하여 왜곡되는 시공간은, 중력과 가속도가 구분할 수 없는 동일한 존재임이 밝혀짐으로써 그동안 특수 상대성 이론에서는 설명되지 못하였던 '쌍둥이 패러독스' 상황을 설명할 수 있는 계기도 되었다. 그러면 특수 상대성 이론으로는 설명되지 않았던 '쌍둥이 패러독스' 상황이란 무엇인지를 잠시 먼저 짚고 넘어가보도록 하자. 아인슈타인의 특수 상대성 이론에 따르면 우리의 시공간은 관측자의 상대속도에 따라 변하는 물리량이다. 따라서 빠르게 이동하는 물체에서는 시간이 천천히 흐르게 됨을 알 수 있었다. 하지만 이런 방식으로 특수 상대성 이론만을 주장하다 보면 이내 상당히 곤혹스러운 상황과 마주하게 된다.

특수 상대성 이론에 따르면 빠르게 움직이는 물체에서는 시간이 천천히 흐른다. 우리는 빨리 움직이는 물체에서의 시간은 천천히 간다는 아인슈타인의 주장을 실험해보기 위하여 모든 신체조건이 동일한 쌍둥이 형제를 초빙하였다. 그중 형에게 매우 빠른 속도로 움직일 수 있는 우주선을 타고 약 10년간의 우주여행을 하고 다시 지구로 돌아오게 하였다. 형이 우주여행에서 돌아올 때까지 동생은 지구에 있는 연구소에서 생활하게 될 것이다. 특수 상대성 이론이 맞다면 빠르게 이동하고 있는 우주선을 타고 있는 형의 시간은 지구에 남아 있는 동생보다 천천히 흐를 것이다. 그렇다면 우주여행을 마치고 돌아온 형은 분명 지구에 남아 있던 동생보다 젊은 상태를 유지하고 있어야 한다. 결과는 과연 그렇게 될까?

이에 대한 결과를 알기 위해서 우리는 동생과 형이 바라보는 관점에서 어떤 일이 벌어지는지를 각각 생각해보아야 한다. 먼저 동생의 관점에서 바라보도록 하자. 동생은 형이 우주여행을 무사히 끝내기를 기원하면서 이별을 하고 빠른 속도로 이동하고 있는 형의 우주선을 10년 동안 잘 관찰하였다. 분명 형은 동생보다 빨리 움직이고 있으므로 시간이 천천히 흐른다. 따라서 10년간의 우주여행을 마치고 돌아오는 형은 분명 동생보다 젊은 상태를 유지하고 있을 것이다. 지금까지의 논리는 아무런 문제가 없다. 그러면 이번에는 반대로 형의 관점에서는 어떠할까? 우주선을 타고 우주여행을 하고 있는 형의 관점에서 보면 오히려 지구에 있는 동생이 움직이는 것으로 보인다(빠르게 달리는 자동차 안에서 바라보면 움직이고 있는 것은 내가 아니라 바깥 풍경이다). 그러므로 우주선에 있는 형의 관점에서 지구에 있는 동생을 바라보면 분명 동생의 시간이 천천히 가야 한다. 그렇다면 오랜 시간 동안의 우주여행을 마치고 지구로 돌아왔을 때 오히려 동생이 형보다 젊은 상태를 유지해야 한다. 정리하면 동생의 관점에서는 형이 젊은 모습으로 돌아와야 하고, 형의 관점에서는 동생이 젊은 모습이 되어야 하는 상황이 되는 것이다. 이게 도대체 어떻게 된 일일까?

단순히 빠르게 움직이는 물체에서는 시간이 천천히 간다는 전제하에서 생각해보면 동생의 관점에서는 형의 시간이 천천히 가게 되고 형의 관점에서는 동생의 시간이 천천히 가게 된다. 등속도로 움직이는 두 물체에서 각각 상대방을 바라보는 모든 관점은 분명히 옳다. 양쪽에서 바라보면 모두 시간이 천천히 가는 상황이라고? 분명 이것은 모순되는 상황이다. 우리는 이러한 상황을 '쌍둥이 패러독스'라고 부른다. 무엇인가 잘못되어도 단단히 잘못된 것 같다. 그렇다면 어디에서부터 잘못되었을까?

가속 운동 시 발생하는 힘이 누가 움직이고 있는지를 알려준다

앞서 특수 상대성 이론에서는 중요한 전제 조건이 있었다. 모든 설명은 등속 운동에서만 성립한다는 것이다. 등속 운동은 가속도가 없는 운동이다. 가속도가 없으면 운동 과정에서 어떠한 힘도 받지 않는다. 따라서 외부에 참조할 만한 기준점이 없다면 등속 운동을 하고 있는 두 명의 사람은 상대방이 움직이고 있는 것인지, 아니면 내가 움직이고 있는 것인지를 명확하게 이야기할 수 없다. 두 사람의 관점이 동등하게 모두 옳기 때문이다. 앞서 등속으로 달리는 고속 열차에서 창문을 닫은 상태에서 열차의 진동이 전혀 없다고 가정한다면 이 열차가 달리는 것인지 정지해 있는 것인지 알 수 없었다는 것을 상기하자.

하지만 가속 운동은 상황이 완전히 다르다. 가속 운동을 하게 되는 순간 우리는 어떤 힘을 느낀다. 따라서 운동을 하고 있던 두 명의 사람 중 어떤 사람이 힘을 느꼈다면 움직이고 있는 대상은 바로 힘을 느낀 쪽이 되는 것이다. 그렇다. 가속 운동은 등속 운동 상황과는 달리 누가 움직이고 있는지를 즉각적으로 알 수 있게 해준다. 바로 어떤 힘을 느끼고 있는 쪽이 움직이고 있는 것이다. 그러므로 가속 운동에서는 두 사람이 바라보는 관점이 결코 동일해질 수가 없다. 힘을 받지 않는 쪽은 움직이는 것이 아니고, 힘을 받는 쪽이 움직이는 것이기 때문이다. 앞서 쌍둥이 형제의 경우를 들어 설명해보자. 좀 더 객관적인 실험을 위해서 우리는 실험에 참석한 쌍둥이 형제에게 블라인드 테스트를 하기로 하였다. 외부를 볼 수 없도록 차폐가 되어 있는 컨테이너에 쌍둥이 형제를 들어가게 한 다음 동생은 지구에 남겨놓고 형은 우주선에 태웠다. 정지해 있던 우주선이 지구를 떠나서 우주여행을 하기 위해서는 반드시 가속 운동을 해야 한다. 가속 운동이라는 것은 속도를 증가시키는 것뿐만 아니라 방향을 바꾸는 것에도 해당된다. 형이 타고 있는 컨테이너에서는 속도가 증가 혹은 감소하거나 방향을 바꿀 때마다 가속 운동에 의한 힘을 느끼게 될 것이다. 이는 등속 운동을 설명할 때 레일의 단차로 인하여 발생하는 열차의 진동과는 완전히 다르다. 레일의 단차를 전혀 없게 만들면 등속 운동을 하는 열차는 전혀 힘을 받지 않는다. 하지만 가속 운동을 하는 열차는 레일의 단차가 전혀 없더라도 가속 운동에 의한 힘을 받을 수밖에 없다. 따라서 지구에 남아 있는 동생과 우주선을 타고 있는 형 중에서 가속 운동에 의하여 힘을 느끼는 것은 형이 될 수밖에 없다. 이처럼 가속 운동을 하는 상황에서는 서로 간의 관점이 동등해지지 않고 비교 대상 중 움직이고 있는 것이 누구인지가 명확해진다.

그렇다. 이제 무엇인가 명확해졌다. 분명 움직이고 있는 것은 우주선을 타고 있는 형인 것이다. 비밀은 바로 가속 운동 시에 발생할 수밖에 없는 힘에 있었다. 가속 운동 시 발생하는 힘이 누가 움직이고 있는 것인지를 알려주며, 그에 따라 시간의 빠르기가 느려지는 쪽도 결정이 되는 것이다. 이 세상은 다행히도 그와 같은 모순된 상황은 허용하지 않고 있었던 것이다. 따라서 빠른 속도로 우주여행을 하고 돌아온 형이 지구에 남아 있던 동생보다 천천히 흘러가는 시간으로 인하여 상대적으로 젊은 상태를 유지한 채로 두 형제는 지구에서 다시 상봉하게 될 것이다. 쌍둥이 패러독스와 같은 상황은 결코 일어나지 않는다.

특수 상대성 이론은 모든 물체가 등속도로 움직인다고 가정하자는 것이었다. 하지만 현실에서 우리가 보는 운동들은 속도뿐만 아니라 방향까지도 수시로 변하는 가속 운동으로 가득 차 있다. 특수 상대성 이론은 시간과 공간이 서로 독립적인 것이 아니고 시공간이라는 통합된 개념이며 그 시공간이라는 것도 상대적으로 변하는 물리량이었다는 획기적인 내용을 가지고 있었다. 그럼에도 불구하고 이러한 등속 운동 상태라는 가정의 제약으로 인하여 실제 현실에서 이 이론을 일반적으로 적용하기에는 많은 어려움이 있었다. 아인슈타인은 관측자가 등속도로 운동할 때뿐만 아니라 방향 및 속도가 바뀌어도 전 우주에서 동일하게 적용되는, 단순하면서도 아름다운 법칙을 만들기를 원했다. 결국 10여 년의 연구 끝에 중력과 가속도는 동일한 현상으로 설명할 수 있다는 중력-가속도 등가 원리를 밝혀냄으로써 1915년 일반 상대성 이론을 발표하게 되었다. 아인슈타인은 이제 관측자의 관점 차이 없이 온 우주 만물에 적용할 수 있는 법칙을 만들어낸 것이다. 이로써 특수 상대성 이론만으로는 설명이 안 되었던 쌍둥이 패러독스의 상황은 일반 상대성 이론으로 그 모순이 풀어지게 된다.

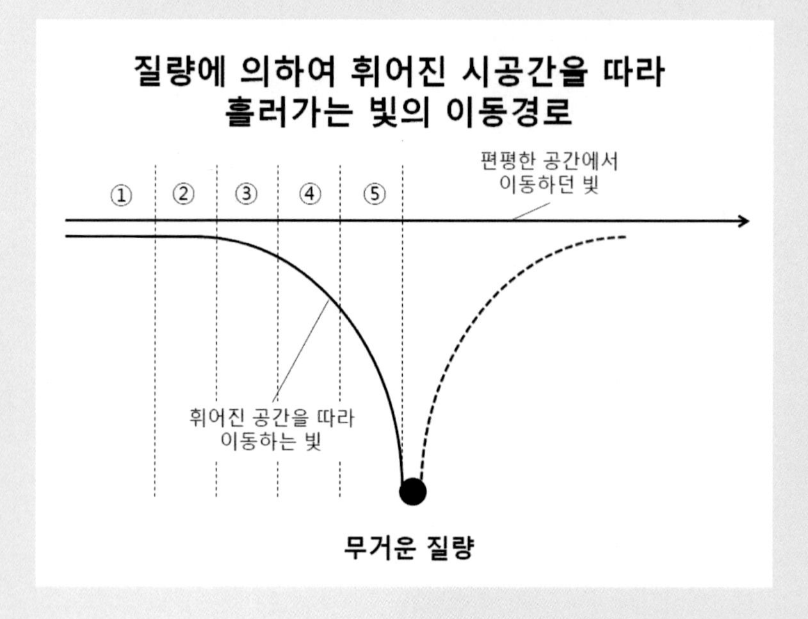

질량은 눈에는 보이지 않지만 주변의 시공간을 휘어지게 만든다. 따라서 질량이 존재하는 주변의 시공간은 휘어지기 전보다 더 길어지게 된다. 무거운 질량이 존재하는 중심에 접근할수록 시공간이 휘어지는 정도는 점점 더 커지게 된다. 따라서 빛이 공간 속에 존재하는 물체를 향하여 접근하고 있다면 이렇게 길어진 공간을 통과하기 위해서는 공간이 휘어지기 이전보다 더 긴 거리를 이동해야 하기 때문에 더 오랜 시간이 걸릴 것이다. 그런데 빛의 속도는 어느 곳에서나 항상 일정해야 하므로 이를 일정하게 맞추어주기 위해서 시간이 천천히 흘러가게 되는 것이다. 위 그림에서 1번에서 5번으로 갈수록 휘어져 늘어난 공간의 길이는 질량이 존재하는 중심으로 갈수록 점점 더 커지며, 이에 따라 시간의 빠르기도 중심으로 갈수록 점점 느리게 흘러가게 된다.

지구도 동일한 원리로 우주의 시공간을 휘어지게 만들고 있다. 따라서 지구의 중심에서 가까울수록 시간이 천천히 흐른다. 이는 곧 35층에 살고 있는 철수보다 1층에 살고 있는 영이의 시계가 천천히 흘러간다는 의미다. 정말이다! 아주 미세한 차이지만 조금이라도 상대적으로 더 오래 살기 위해서는 최대한 낮은 곳에서 살면 된다. 진시황제가 찾던 불로초는 이 세상에 존재하지 않지만 아주 짧은 시간이나마 상대적으로 더 오래 살 수 있는 방법은 분명 존재한다.

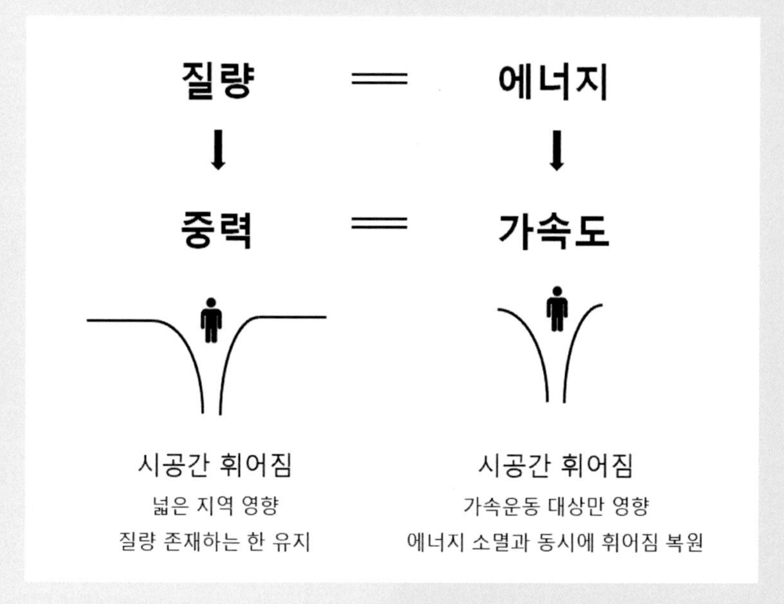

질량이 존재하면 중력이 만들어지고, 에너지가 존재하면 가속도가 만들어진다. 질량과 에너지는 서로 같은 것이다. 그러므로 질량에 의해 만들어진 중력과 에너지에 의한 가속도도 같은 것이라고 할 수 있다. 이러한 관계를 표로 나타내보면 이들과의 관계가 훨씬 잘 보인다. 즉, 물질은 질량으로 그 존재를 드러내며 이는 시공간을 휘게 하고 중력을 만들어낸다. 이와 동일한 원리로, 에너지도 시공간을 휘게 하며 가속도를 만들어낸다. 차이점이 있다면 물질은 거기에 항상 존재하고 있으므로 자신이 존재하는 한 계속 중력을 유지하고 있지만 에너지는 공간을 점유할 수 없으므로 투입이 중단되는 순간 사라지고 따라서 가속도의 힘도 사라진다.

질량과 에너지는 동일한 것의 다른 모습이다. 따라서 이들이 세상에 자신의 흔적으로 만들어내는 물리 현상도 동일하다고 보는 것이 자연스러운 것이다. 아인슈타인이 발견해낸 중력-가속도 등가 원리는 이렇게 질량과 에너지 등가 원리와 자연스럽게 연결이 된다. 그리고 이러한 사실을 이해하는 순간 당신은 아침에 자동차를 가속시키는 순간 마치 닥터 스트레인지처럼 주변의 시공간을 일순간에 휘어지게 만들었던 자신의 능력을 각성하게 될 것이다. 그리고 이러한 세계관을 가지고 세상을 바라보고 있다면 당신은 이미 닥터 스트레인지인 것이다.

⑩
상대성 이론의 의미

질량과 에너지 모두 시공간을 휘게 만든다

아인슈타인에 의하여 이제 우리는 중력과 가속도는 서로 구분할 수 없는 동일한 현상임을 알게 되었다. 여기에서 이야기를 조금 더 확장해보도록 하자. 이러한 단계를 하나씩 따라가다 보면 왜 우리가 둥그런 지구에 아무렇지 않게 붙어 있으며, 아침 지친 몸을 이끌고 탑승한 출근 버스가 갑자기 출발할 때 무엇이 내 몸을 사정없이 뒤로 잡아당기며 나를 힘들게 했는지를 이해할 수 있다.

중력은 가속도와 동일하다. 그런데 중력은 질량에 의해 형성된다. 질량의 존재는 곧 중력의 존재를 의미하는 것이다. 그렇다면 가속도는 어떨까? 가속도는 바로 에너지에 의해서 만들어진다. 따라서 에너지의 존재는 곧 가속도를 의미한다(버스를 가속하기 위해서는 석유의 발화 에너지가 필요하며, 멈추기 위해서는 브레이크의 마찰 에너지가 필요하다). 정리하면, 중력은 질량에 의해 형성되고 가속도는 에너지에 의해서 형성된다. 중력과 가속도가 동일하므로 이를 형성시키는 질량과 에너지도 동일하며 물론 이의 역도 성립한다. 아인슈타인이 설명한 위와 같은 관계식으로 정리해보면, 중력과 가속도 그리고 질량과 에너지가 서로 유기적으로 연결되어 있다는 것을 잘 알 수 있다.

중력은 질량이 존재하는 동안 지속적으로 그 지역의 시공간을 휘게 하여 대상에게 영향을 미친다. 따라서 중력이 만들어내는 힘은 질량이 사라지는 순간까지 유지된다. 우리가 여전히 지구의 지속적인 영향을 받으면서 지구에 붙어 있을 수 있는 이유이다. 가속도의 경우도 마찬가지이다. 가속도가 만들어지기 위해서는 에너지가 투입되어야 한다. 에너지가 투입되면 질량과 마찬가지로 시공간이 휘어진다. 이것이 가속도로 운동하는 대상이 즉각적으로 힘을 느끼게 되는 이유이다. 그러다가 에너지가 사라지는 순간 휘어졌던 시공간은 언제 그랬냐는 듯이 바로 원 상태를 회복하며, 가속운동에 의하여 만들어졌던 힘도 즉각 사라진다.

즉, 질량이 시공간을 휘게 만드는 것과 같이 에너지도 시공간을 휘게 만든다. 이것은 질량과 에너지가 같은 것이라는 아인슈타인의 논리와도 잘 부합된다. 질량이 시공간을 휘게 만든다면 그와 동등한 위치에 있는 에너지도 시공간을 휘게 만들어야 될 것이기 때문이다. 두 가지 사이에 차이가 있다면 질량이 갑자기 사라지는 일은 일어나기 힘든 반면, 투입된 에너지는 공급이 중단되는 순간 즉각 사라진다. 이러한 논리를 확장하면 나를 땅 위에 붙어 있게 만드는 힘과 오늘 아침 출근 버스가 출발하며 나를 뒤로 잡아당겼던 힘이 다른 것이 아니라 동일한 현상인 것을 알 수 있다.

혹시 이러한 설명이 믿기지 않는 분이 계실 수도 있다. 어쩌면 그는 이렇게 질문할 수도 있을 것이다. 질량이 중력을 만들어내고 에너지가 가속도를 만들어내며 중력과 가속도가 서로 동일한 것이라고? 아인슈타인에 따르면 질량과 에너지는 같은 것이라고 하였다.

그렇다면 에너지와 질량은 같은 것이므로 에너지를 사용한다면 중력이 만들어지기라도 한다는 것인가? 그렇다. 우리는 에너지를 투입해서 어렵지 않게 인공 중력을 만들어낼 수 있다. 오늘 아파트 20층에 사는 당신이 집에 귀가하기 위해 사용했던 엘리베이터는 전기 에너지를 주입해서 엘리베이터가 위쪽 방향으로 가속되는 순간 인공 중력이 만들어졌다. 엘리베이터가 올라가는 순간 당신이 느꼈던 그 힘은 바로 에너지에 의해 만들어진 인공 중력이었다. 앞서 설명했던 것처럼 인류는 이와 동일한 원리로 우주선에 원심력을 발생시켜 인공 중력을 어렵지 않게 만들 수 있다. 따라서 지구와 아무리 멀리 떨어져 있더라도 우주선 내에 있는 당신은 지구에 있을 때와 아무런 차이를 느끼지 못할 만큼 동일한 세기의 중력을 만들 수도 있는 것이다.

역동적으로 변화하는 휘어진 시공간으로 가득 차 있는 세상

지금까지 이야기했던 논리를 잘 따라오신 분이라면 이 우주 공간이 고요하고 안정된 것이 아니라 공간 속을 이리저리 운동하는 행성, 항성 같은 천체들의 질량으로 인하여 수시로 휘어지며 변화하는 역동적인 공간이라는 것을 잘 이해할 수 있을 것이다. 한번 상상해보도록 하자. 이 우주 공간은 수많은 천체로 가득 채워져 있다. 그리고 이 수많은 천체들은 지금도 모두 각자의 속도로 운동을 하고 있다. 태양계의 주인인 태양조차도 은하계 중심의 중력에 이끌려 지금 이 순간도 맹렬하게 움직이고 있으며 그 주위를 공전하는 우리의 지구도 이렇게 움직이는 태양을 놓칠세라 맹렬하게 태양을 뒤쫓음과 동시에 태양에 의해 휘어진 시공간을 따라 공전궤도를 움직이고 있다. 이렇게 맹렬하게 움직이는 천체들의 질량으로 인하여 시공간은 역동적으로 휘어지고 있으며, 이러한 휘어짐을 유발시킨 천체들이 지나간 직후에는 이내 언제 그랬냐는 듯이 공간은 다시 말끔하게 자신의 상태를 회복한다. 이렇게 이 우주 공간은 휘어지고 있으며, 운동하는 질량을 가진 천체들에 의하여 수시로 변형되었다가 다시 펴지기를 반복하는 변화무쌍한 세상인 것이다. 비록 우리 눈에 보이지는 않지만 이 우주는 그러한 원리로 움직이고 있다.

우리는 지금까지 질량이 만들어내는 시공간의 변화를 이야기하였다. 이제 시선을 잠시 우리 주변으로 돌려서 한 번 더 상상력을 발휘해보도록 하자. 오늘 아침에 출발하는 버스에서 내 등을 잡아 당겼던 그 알 수 없는 힘은 에너지가 전달된 버스라는 한정된 공간에서의 시공간 비틀림에 의한 것이다. 눈을 돌려 이 세상에서 가속 운동을 하는 수많은 것들을 한번 관찰해보자. 저 우주 공간 못지않게 우리 주변 또한 에너지가 만들어낸 작은 규모의 시공간 변형이 지금도 끊임없이 일어나고 있다. 움직이는 버스에 의해 쉼 없이 변형되던 시공간은 버스가 정지하게 되면 언제 그랬냐는 듯이 평온한 공간으로 회복된다. 그에 따라 내 몸을 요란하게 이리저리 흔들던 힘 또한 순식간에 사라지면서 내 몸에 평화가 오게 되는 것이다. 아인슈타인의 질량과 에너지가 같다는 명제를 받아들였는가? 그렇다면 질량이 시공간을 휘게 만드는 것과 같은 원리로 에너지도 시공간을 휘게 만들 수 있다는 것을 받아들인 것이다.

당신도 이미 닥터 스트레인지다

나는 이러한 상상을 할 때마다 자동차의 움직임조차도 예사롭게 느껴지지 않는다. 자동차의 움직임으로 인하여 만들어내는 국부적인 시공간의 비틀림과 그로 인하여 반응하는 물체나 사람들의 모습을 관찰하고 있노라면 별것 아닌 것처럼 보이는 우리의 평범한 일상조차 하나의 끊임 없이 요동치는 시공간을 보여주는 거대한 SF 영화와 같이 느껴진다. 내 손에 쥐어져 있는 비행기 장난감을 상상해보자. 당신이 이리저리 팔을 휘저을 때마다 비행기는 미세하게 휘어진 시공간에 의하여 힘을 받고 있다. 영화 속의 히어로인 닥터 스트레인지만이 시공간을 휘게 만들 수 있는 것이 아니다. 지금 당신의 손끝에서 가속 운동을 하고 있는 작은 비행기는 미세하게 주변의 시공간을 변형시키고 있다. 이렇게 휘어지고 변형되는 시공간은 다름 아닌 지금 당신의 손끝에서 나오고 있는 것이다.

이런 상황이 상상이 되는가? 만약 그렇다면 영화 속의 키아누 리브스가 그러했던 것처럼 당신은 이미 시공간 속에 숨겨져 있는 매트릭스 세계의 숨겨진 비밀을 눈치챈 것이다. 이제 이러한 세계관으로 세상을 한번 바라보자. 당신은 이미 시공간을 휘게 만드는 능력을 가진 닥터 스트레인지다.

세상을 가장 단순하게 이해할 수 있게 해주는 열쇠

상대성 이론은 어려운 수학 공식으로 중무장한 까다롭고 난해한 개념이 아니다. 지금까지 일관되게 이야기했듯이 우리는 수학 공식과는 별개로 상대성 이론이 내포하는 철학만 흡수하면 된다. 이것을 받아들이는 순간 이 세상을 구성하고 있는 셀 수 없는 물질들과 우리 주변에서 벌어지고 있는 다양한 운동 상태가 거짓말처럼 단순해진다. 물질의 양을 나타내는 질량과 일을 할 수 있는 힘인 에너지는 서로 다른 것이 아니었다. 이 세상에 존재하는 모든 물질과 우리 주변에 존재하는 모든 에너지는 수많은 다양한 형태와 자신만의 고유한 방식을 가지고 있는 것처럼 보인다. 하지만 사실 이들은 모두 서로 같은 것이었다. 심연에 가려져 있던 이 놀라운 발견은 인류 역사에 혁명적인 변화를 가지고 왔다. 인류가 질량 속에 숨겨져 있던 에너지를 추출하는 방법을 찾아낸 것이다. 이러한 기술은 핵분열 발전소를 거쳐 핵융합 발전소의 실현으로 이어지고 있다. 인류가 안정적으로 대량의 핵융합 발전에 성공하는 순간 신만이 만들 수 있던 것으로 여겨졌던 저 성스러운 빛나는 태양을, 그것이 만들어지는 것과 정확하게 같은 원리로 우리가 원하는 곳에 원하는 크기로 원하는 개수만큼 가질 수 있게 될 것이다. 이것은 인류가 영원히 에너지 문제로부터 완전히 독립할 수 있음을 의미하는 거대한 첫 발자국이 될 것이다. 이것이 바로 세상의 숨겨진 속성을 단순화시켜서 바라보는 시선이 만들어주는 거대한 힘인 것이다.

이뿐만이 아니다. 이 과정을 통해서 질량을 가지고 있는 다양한 물질 또한 수소라는 단 하나의 가장 가벼운 원소의 조합에 불과한 것으로 단순화되었다. 세상에 셀 수 없이 많아 보이는 모든 물질들은 결국 하나의 서로 다른 모습이었던 것이다. 이것은 적절한 환경 조건만 만들어낼 수 있다면 이 세상에 존재하는 어떠한 물질도 만들어낼 수 있다는 것을 의미한다. 중세 시대에 많은 사람들이 꿈꾸었던 연금술은 사실 과학적으로도 얼마든지 가능한 기술이었던 것이다. 미래 인류가 거의 무한한 에너지를 제어할 수 있는 기술을 확보한다면, 태초에 금이 만들어졌던 것과 정확히 같은 원리로 원하는 만큼의 금을 만들어낼 수 있을지도 모른다. 이것이 세상을 단순화시켜 바라보는 시각이 가지고 오는 구체적인 세상의 변화인 것이다. 당신과 나의 생김새는 완전히 다르지만 모두 호모사피엔스의 후손이다. 우리 모두는 서로 모습이 다르지만 호모사피엔스의 후손이기에 같은 생물학적 특성을 가지고 있다. 그러므로 만약 배가 아픈 증상이 나타난다면 병원에 가서 동일한 약으로 치료할 수 있을 것이다. 그런데 만약 단지 겉으로 드러난 당신과 나의 다른 외모로 인하여 우리의 생물학적 특성이 같다는 것을 알지 못하고 있었다면 어떤 일이 벌어질까? 우리 모두는 배가 아프다는 같은 증상을 가지고 서로 다른 해결 방법을 찾아서 여기저기를 방황해야 했을 것이다. 이처럼 세상을 단순화하여 바라보는 세계관은 우리에게 상상하는 것 이상의 큰 선물로 되돌아오게 된다.

또한 상대성 이론은 서로 완전히 다른 것으로 생각되었던 시간과 공간 또한 시공간이라는 하나의 통합된 개념으로 바꿔주었다. 시간과 공간은 고정되고 독립적이며 변하지 않는 절대적인 값이 아니었다. 시간이 변하면 공간도 변화하는, 시공간이라는 통합된 개념이었던 것이다. 평상시 고요하게 느껴졌던 밤하늘의 저 우주와, 나를 둘러싸고 있는 이 공간에서도 지금 이 순간 질량과 에너지에 의하여 격렬한 공간의 휘어짐이 발생하고 있으며 이것은 곧바로 시간의 휘어짐도 유발시키고 있다. 우리는 격렬하게 진동하는 시공간 속에서 살아가고 있는 것이다. 이러한 개념은 우리가 항시 느끼고 살아가고 있는 중력과 가속도가 서로 구분할 수 없다는 사실 또한 밝혀냄으로써 개념적으로는 물론 수학적으로도 아름답게 완성이 되었다. 이제 인류는 눈에는 보이지 않지만, 주어진 질량에 의해서 주변의 시공간이 얼마나 휘어지는지를 계산해낼 수 있게 된 것이다. 시공간 속에 숨겨진 이러한 비밀을 들여다볼 수 있게 된 인류는 우주에 있는 모든 천체들의 과거와 현재 그리고 미래를 정확하게 예측할 수 있게 되었고, 지구에서 발사된 보이저호를 안전하게 태양계 밖으로 여행시키고 있으며, 화성에 인류를 정착시키기 위한 준비를 착실히 해나갈 수 있게 되었다.

뿐만 아니라 시공간의 휘어짐 정도를 정확하게 예측해서 지구 궤도를 공전하는 위성과 지상에서 움직이고 있는 차량 사이에서 발생하는 시간차를 보정해주고 있다. 위성과 지상에서의 자동차는 각각 자신이 받고 있는 중력과 이동속도가 다르기 때문에 둘 사이에는 당연히 시간차가 발생한다. 위성의 속도는 자동차에 비하여 매우 빠르다. 따라서 위성에서의 시간이 더 천천히 흐를 것 같지만 사실 지구 표면에 있는 자동차에서의 시간이 더 천천히 흐른다. 이것은 위성보다 지구 중심에 가까이 있는 자동차가 더 큰 중력장의 영향을 받기 때문이다. 즉, 위성과 자동차의 속도 차이보다는 중력에 의한 시간 지연 효과가 더 크기 때문에 위성보다는 지상에 있는 자동차에서의 시간이 더 천천히 흐른다. 따라서 만약 위성과 자동차 사이에서 발생하는 이 시간 차이를 상대성 이론에서 도출되는 수치만큼 정확하게 보정해주지 않는다면 우리가 사용하는 GPS에는 최소 수십m의 오차가 발생하게 된다. 바로 앞의 교차로에서 좌회전해야 할지를 결정해야 하는 상황에서 이렇게 큰 오차가 발생하는 GPS는 결코 사용될 수 없을 것이다. 따라서 상대성 이론을 통하여 지표면 위에 있는 자동차와 지구 대기권에 있는 인공위성의 사이에서 발생하는 시간차를 계산하여 그 값을 보정해주고 있다. 이런 보정을 통해서 우리는 GPS를 모르는 길도 정확하게 찾아갈 수 있는 안내자로 사용할 수 있게 된 것이다. 이처럼 상대성 이론은 우리의 실생활까지 그 적용 영역이 점차 확대되고 있다. 이러한 자신감을 바탕으로 바야흐로 인류는 지구를 벗어나 달을 거쳐 화성은 물론 태양계를 넘어 저 우주로 나아갈 수 있는 놀라운 능력을 가지게 된 것이다.

자연의 근원을 볼 수 있게 해주는 설명서

우리는 지금까지 상대성 이론에 대하여 막연한 거부감을 가지고 있었다. 그것은 알 수 없는 복잡한 수식으로 가득 차 있으며 시공간과 중력에 대하여 이해할 수 없는 언어로 우리의 머리를 복잡하게 만드는 성가신 존재였다. 하지만 상대성 이론이 전달하고자 하는 메시지는 그와는 반대로 복잡해 보이는 이 세상을 오히려 단순화시켜서 그 속에 숨겨진 근원을 볼 수 있게 해주는 놀라운 설명서이다. 상대성 이론은 시간과 공간을 시공간이라는 하나의 통합된 개념으로 융합시켰으며 질량과 에너지 또한 동전의 양면처럼 같은 것의 서로 다른 모습이라는 것을 알게 해준다. 그리고 질량과 에너지에 의해 다시 영향을 받아 휘어지는 시공간의 연결 고리를 설명해줌으로써 중력과 가속도가 무엇인지에 대한 실체를 알 수 있게 해주었다. 결국 우리는 상대성 이론을 통하여 자연의 근원을 일부분이나마 들여다볼 수 있게 된 것이다. 이를 받아들이기 위해서 필요한 것은 물리학이나 수학과 같은 전문적인 지식이 전혀 아니다. 오히려 고전적인 학문에 능통한 사람들은 과거 아인슈타인 시대 이전의 학자들이 그러했던 것처럼 고정관념에 사로잡혀 자연 속에 숨겨진 진실을 발견하기 더 힘들 수도 있다. 심연에 가려져 있는 세상을 보기 위해서는 단지 우리가 그동안 단순히 경험에 의해 가지고 있던 고정관념을 포기할 준비만 하면 된다. 그렇다면 이 세상 누구나 세상의 이면을 가리고 있던 어두운 커튼을 걷고 그 속에 숨겨진 비밀스러운 속성을 느끼는 놀라운 경험을 할 수 있게 될 것이다. 이러한 시도들이 결국 지속적으로 발전하고 있는 지금의 인류를 만들었으며, 다가오는 우리의 미래 또한 우리가 이러한 속성들을 얼마나 잘 활용할 수 있느냐에 의해 결정이 될 것이다.

이처럼 상대성 이론은 세상을 바라보는 시각을 극단적으로 단순하게 만들어준다. 그리고 이것은 우리가 기존에는 보지 못했던 또 다른 세상으로 진입하는 길을 제시해주고 있는 것이다. 지구가 평평하다거나 심지어 이 우주의 중심이 지구라고 생각하고 있다고 하더라도 살아가는 데 아무런 문제는 발생하지 않는다. 과거의 우리의 선조들이 그러했던 것처럼 말이다. 하지만 지구는 실제로 둥그런 모습을 하고 있으며 이 세상의 중심이 아니라 사실은 태양 주위를 공전하는 아주 평범한 하나의 행성일 뿐이라는 것을 알고 있을 때 우리가 가질 수 있는 가치관과 세계관, 그리고 생각의 깊이와 폭에 대하여 생각해보라. 우리가 상대성 이론을 이해하게 되는 순간 얻게 되는 가치와 혜택도 바로 이와 같다. 이 거대한 우주에서 모든 만물이 시공간 속에서 질량과 에너지의 형태로 중력과 가속도라는 방식을 통하여 영향을 주고 있다. 이러한 신비스러운 속성을 이해하고 있는 사람과 그렇지 못한 사람이 세상과 우주를 바라보면서 느끼는 생각의 폭과 깊이도 마찬가지로 엄청난 차이가 날 수밖에 없는 것이다.

나는 어느 날 우연히 고등학생들도 상대성 이론을 배우고 있다는 것을 알고 적지 않은 충격을 받았다. 나의 학창 시절만 해도 상대성 이론에 나오는 시공간의 왜곡, 물질과 에너지의 관계 등과 같은 이야기를 하면 괴짜 취급을 받기 일쑤였다. 그것은 우리가 범접할 수 없는, 물리를 전공하는 학생들의 전유물이라고 생각했기 때문이다. 일반인들에게 상대성 이론은 시공간의 변화를 모티브로 한 영화의 소재에 잠시 인용되거나 원자폭탄이 만들어진 계기가 되었다는 $E=mc^2$ 등이 가끔 주제가 되어 나오는 수준에 그치고 있었던 것이다. 그런 상대성 이론이 고등학교 교과 과정에 등재되고 수능으로도 출제된다는 것은 이제 상대성 이론이 단순한 이론으로서가 아니라 법칙으로서 지위를 누리게 되었다는 의미로 생각된다. 우리가 우주선을 타고 지구와 행성을 여행할 수 있게 되는 먼 미래에는, 지구상에서만 근사적으로 적용되어지는 뉴턴의 고전 역학은 크나큰 오차로 인하여 아예 설 자리를 잃을 것이다. 스케일이 우주로 확장되는 순간 뉴턴의 방정식은 더 이상 통용될 수가 없기 때문이다. 빠른 속도로 이동하면서 시공간의 변화를 느끼며 우주의 무대에서 활동하는 미래에서는 이러한 다양한 현상들을 직접 경험할 수 있을 것이며, 아마 그 시절에는 초등학생마저도 중력에 의하여 휘어지는 시공간의 곡률을 이해하고 계산할 수 있을 정도로 상대성 이론이 지배하는 세상이 될 것이라고 조심스럽게 예측해본다.

우리가 지금까지 걸어온 길은 우리 앞에 펼쳐진 저 넓은 우주의 바다를 이해하기 위한 준비운동이었다. 저 넓은 바다를 제대로 즐기기 위해서 꼭 필요한 사전 설명서 같은 것 말이다. 이제 본격적인 우주여행을 하기에 앞서서, 이번 여행을 더 재미있게 즐기기 위해서 혹시라도 지금까지의 여정에 의문이 있으신 분들께는 앞서 나왔던 내용의 키워드만이라도 다시 펼쳐보시기를 추천드린다. 그것이 보다 더 깊은 눈으로 이 아름다운 우주를 실감나게 감상할 수 있는 방법이기 때문이다.

기억의 지속, 살바도르 달리, 에스파냐 출신 화가, 초현실주의

1931년 그려진 이 그림은 아인슈타인의 상대성 이론으로 인하여 시간과 공간이 휘어진다는 시공간에 대한 인식의 전환이 일반인은 물론이고 예술계까지도 엄청난 영향을 미쳤음을 알 수 있다. 초현실주의의 가장 유명한 화가인 피카소가 아인슈타인과 동시대에 활동했던 것은 결코 우연이 아니다. 이는 진리로의 여정에서 확인된 이 세상의 진실이 우리 인간의 정신뿐만 아니라 문화에 얼마나 큰 영향을 미치는지를 잘 알려준다.